# ZOOLOGISCHE ABHANDLUNGEN

Herausgegeben vom

STAATLICHEN MUSEUM FÜR TIERKUNDE IN DRESDEN

In Kommission

AKADEMISCHE VERLAGSGESELLSCHAFT GEEST & PORTIG KG

DDR — 701 Leipzig, Goldschmidtstraße 28

**Staatliches Museum für Tierkunde, 801 Dresden, Augustusstraße 2**
Redakteur: Dipl.-Biol. RÜDIGER KRAUSE

## ABHANDLUNGEN UND BERICHTE
## AUS DEM STAATLICHEN MUSEUM FÜR TIERKUNDE IN DRESDEN

### Hinweise für unsere Autoren

Die Publikationen des Staatlichen Museums für Tierkunde Dresden dienen der Veröffentlichung von Arbeiten aus dem Museum und solchen, die Material des Museums behandeln bzw. über Materialien berichten, von denen Belegstücke in die Sammlung des Museums kommen. Die Arbeiten müssen musealzoologischen Inhalts sein (Taxonomie, Entwicklungslehre, Faunistik, Ökologie, Tiergeographie, Morphologie, Anatomie, Museumsgeschichte, Musealtechnik).

Arbeiten, die diesen Voraussetzungen nicht oder nur teilweise entsprechen, können nur bedingt angenommen und zweitrangig veröffentlicht werden. Es werden nur Originalarbeiten veröffentlicht, die weder ganz noch teilweise anderwärts erschienen sind. Manuskripte können in deutscher, englischer und französischer Sprache eingereicht werden. Für Inhalt und sprachliche Gestaltung und Beachtung einer eventuellen Genehmigungspflicht durch Dritte sind die Autoren selbst verantwortlich. Eine redaktionelle Bearbeitung bleibt dem Herausgeber vorbehalten.

Die Autoren erhalten 100 Sonderdrucke ihrer Arbeiten, bei Veröffentlichungen, die mehr als 200 Seiten umfassen, 50 Sonderdrucke. Diese Zahlen können aus technischen Gründen auch bei zwei oder mehr Autoren nicht erhöht werden. Honorare können nicht gezahlt werden.

Der Eingang der Manuskripte wird bestätigt, über die Annahme wird nach Beratung im Redaktionskollegium entschieden und der Verfasser benachrichtigt.

### M a n u s k r i p t g e s t a l t u n g

Personennamen werden mit Großbuchstaben geschrieben (z. B. GANGLBAUER) bzw. wenn das nicht der Fall ist, einfach unterstrichen (Ganglbauer).

Beachte: GANGLBAUERsche Beschreibung (richtig),
GANGLBAUERSCHE Beschreibung (falsch).

*Kursivschrift* wird durch wellige Unterstreichung gefordert und nur bei wissenschaftlichen Tiernamen verwendet.

**Doppelte Unterstreichungen** werden für fetten Satz verwendet, S p e r r s a t z wird durch das Sperrungszeichen - - - - - - - - gekennzeichnet.

Kleinsatz wird durch eine senkrechte Wellenlinie am Rand der Seite vermerkt, die im gleichen Schriftsatz gesetzten Fußnoten werden durch fortlaufende Numerierung mit hochgestellter Zahl gekennzeichnet.[1]

Der Herausgeber behält sich in jedem Falle die Entscheidung über die zu verwendende Setzart vor.

Die Manuskripte sollen mit Schreibmaschine auf einseitig beschriebenem Papier mit fortlaufend numerierten Seiten eingereicht werden. Die Zeilen sollen $1^1/_2$–2 Zeilenabstände voneinander entfernt sein.

Die oft auf eingereichten Manuskripten vorhandenen Angaben: „Aus dem Institut für . . .“ usw. werden grundsätzlich nicht veröffentlicht.

Jede Veröffentlichung (außer den Arbeiten für Reichenbachia) muß eine kurze Zusammenfassung in 2 Sprachen enthalten, wobei zwischen Deutsch/Russisch, Deutsch/Französisch und Deutsch/Englisch die Wahl gelassen wird.

Das Literaturverzeichnis am Ende der Arbeit wird alphabetisch nach Autorennamen, bei mehreren Arbeiten eines Autors chronologisch, geordnet.

An den Schluß jeder Arbeit gehört die vollständige Adresse des Autors.

[1] Sämtliche Korrekturen und Setzhinweise sind stets mit weichem Bleistift vorzunehmen.

# ZOOLOGISCHE ABHANDLUNGEN

STAATLICHES MUSEUM FÜR TIERKUNDE IN DRESDEN

Band 33 | Ausgegeben: 15. Dezember 1974 | Nr. 1

## Der Sexualdimorphismus beim Habicht (Accipiter gentilis)

**(Aves, Accipitridae)**

UDO BÄHRMANN
Lauchhammer-Mitte

Von dem in der palaearktischen Region verbreiteten Habicht wurden von VAURIE (1965) 6 geographische Rassen anerkannt, die teils nach der Färbung ihres Gefieders, teils nach der Größe ihrer Flügellängen unterschieden wurden. Sowohl der Alters- als auch der Sexualdimorphismus, der bei ihnen stark ausgeprägt ist, wurden für ihre Unterscheidung nicht berücksichtigt. Über das unterschiedliche Geschlechtsverhältnis, das in der Verwandtschaftsgruppe des Habichts vorhanden ist, fehlen nähere Angaben in der Literatur. Die folgenden Ausführungen sollen dazu beitragen, diese Lücke zu schließen.

Nach Auswertung eines reichhaltigen Skelett- und Balgmaterials konnten von einigen europäischen Habichtsrassen und dem amerikanischen *Accipiter gentilis atricapillus* relative Größenunterschiede in ihrem Sexualdimorphismus festgestellt werden.

Besondere Aufmerksamkeit wird in mehrfacher Hinsicht den Größenverhältnissen von *Accipiter gentilis gallinarum*[1]) zugewendet. Ob sich der Sexualdimorphismus von den Flugorganen einerseits und im Knochenbau andererseits unterscheidet, konnte bei dieser Rasse eingehend nachgegangen werden.

Zum Schluß werden die relativen Größenunterschiede im Sexualdimorphismus von mehreren geographischen Rassen einzeln angegeben, wodurch zugleich ihre Unterscheidungsmerkmale ergänzt werden.

### Material

Das für diese Arbeit ausgewertete Material soll hier nicht im einzelnen aufgeführt werden. Der zahlenmäßige Umfang ergibt sich aus den einzelnen Angaben im Text und den Tabellen. Von 397 Brustbeinen insgesamt sind es 116 Stück, die als Leihgabe aus dem Fachbereich für Zoologie der Martin-Luther-Universität Halle/Wittenberg zur Verfügung standen. Herrn Dr. R. PIECHOCKI, der sie mir zukommen ließ, danke ich für das freundliche Entgegenkommen ganz verbindlichst.

---

[1]) Die auf den Gebieten der beiden deutschen Staaten vorkommende Rasse *Accipiter gentilis gallinarum* wurde von VAURIE (1965) nicht anerkannt. Sie unterscheidet sich von dem in Skandinavien verbreiteten *Accipiter gentilis gentilis*, der größer ist, durch kürzere Flügel und ein kleineres Brustbein. Die Mittelwerte der Skelettmaße sind signifikant. Die Unterschiede bei den Flügellängen konnten des geringen Materials aus den nordischen Ländern wegen auf ihre Signifikanz nicht geprüft werden. Die Gefieder- und Skelettunterschiede treten viel schärfer hervor als bei den anderen von VAURIE anerkannten Habichtrassen.

Die zum Vergleich herangezogenen Flügellängen von Habichten aus der Sowjetunion und einigen anderen Ländern wurden aus dem von Dr. URS N. GLUTZ VON BLOTZHEIM herausgegebenen „Handbuch der Vögel Mitteleuropas", Band 4, entnommen.

### **Accipiter gentilis gallinarum** BR.

#### 1. Bemerkungen zu den Größenverschiedenheiten der Brustbeine

Das gesamte Brustbeinmaterial stammt seiner Herkunft und Häufigkeitsverteilung nach zu 72 % aus der DDR, größtenteils aus dem Gebiet östlich der Elbe, und zu 28 % aus der BRD. Die einzelnen Brustbeine, die zu allen Jahreszeiten gesammelt wurden, verteilen sich zeitlich über das ganze Jahr. Ein Größenunterschied zwischen ihnen aus den Sommermonaten vom 1. April bis 30. September und den Wintermonaten vom 1. Oktober bis 31. März konnte nicht festgestellt werden.

Da die skandinavischen Habichte der Rasse *Accipiter gentilis gentilis* größere Brustbeine und Flügellängen (SCHIØLER 1914, BÄHRMANN 1936) haben als die in der DDR und der BRD verbreitete Rasse *Accipiter gentilis gallinarum*, ist nach den vorliegend untersuchten Brustbeinen eine Größenabnahme bei den westlichen Populationen erkennbar. Sie scheint sich in einem von Nordosten westwärts gerichteten Klin über mehrere tiergeographische Gebiete zu erstrecken. Es konnte aber nicht nachgewiesen werden, ob es sich um einen gleitenden Übergang oder um räumlich begrenzte Populationen einer stufenweisen Größenabnahme handelt. KLEINSCHMIDT (1935, 1938, 1939 und 1940) benannte die Habichte aus Rheinhessen nach osteologischen Merkmalen und Färbungsunterschieden *Accipiter gentilis koeneni*.

Leider wird immer wieder in faunistischen Arbeiten, die Anspruch auf Wissenschaftlichkeit erheben, die Rassenzugehörigkeit ignoriert. Bei einem großen Teil der Beringer und Berichterstatter ist heute die Formenkenntnis unserer Vögel verlorengegangen. Wo gebietsweise einwandfrei das Vorkommen z. B. von *Accipiter gentilis gallinarum* nachgewiesen ist, wird an seiner Stelle der Namen *Accipiter gentilis gentilis* angegeben. Beide geographischen Rassen sind nach ihren äußeren und anatomischen Merkmalen verschieden und bewohnen in den Sommermonaten geographisch getrennte Gebiete.

#### 2. Der Sexualdimorphismus

Dieser ist schon nach der äußeren Körpergröße im Freien gut zu erkennen, denn die ♂♂ sind viel kleiner als die ♀♀. Zu seiner metrischen Erfassung mußte eine Anzahl von Skelett- und Großgefiedermessungen durchgeführt werden. Welche relativen Größenunterschiede sich daraus im Knochenbau und den Integumentgebilden zwischen den Geschlechtern ergeben, ist beim Habicht noch unbekannt. Sie sollen zuerst nach den Variationsextremen und anschließend nach den Mittelwerten von verschiedenen Skeletteilen und den Flügel- und Schwanzlängen untersucht werden.

Von den einzelnen Skelettelementen berühren sich die Variationsbreiten der oberen Extreme der ♂♂ mit den unteren der ♀♀ fast oder ganz. Bei der Brustbein- und Beckenlänge greifen sie sogar etwas übereinander. Eine nicht so starke Annäherung zeigen die Humeri, denn zwischen den Variationsbreiten der ♂♂ und der ♀♀ beträgt die Lücke etwa 6 % (♂♂: $n = 34$; ♀♀: $n = 31$). Die Größendifferenz der Geschlechter bei den Femora ist nicht so groß; sie beträgt nur 1,8 % (♂♂: $n = 97$; ♀♀: $n = 77$).

Die Variationsextreme der Flügellängen berühren sich nicht. Zwischen ihnen klafft eine Lücke: am Jugendflügel von 2,4 % und am Altersflügel von 4,9 %. Die einjährigen

Habichte haben durchschnittlich etwas kürzere Flügel als die mehrjährigen, mit einer einseitigen Verschiebung ihrer Variationsbreite durch ein relativ tiefer liegendes Minimum in der Flügellänge der ♀♀ (♂♂ juv.: n = 52; ♀♀ juv.: n = 58; ♂♂ ad.: n = 53; ♀♀ ad.: n = 44).

Der altersbedingte Geschlechtsdimorphismus in der Schwanzlänge beruht darauf, daß die alten Habichte die maximale Schwanzlänge der einjährigen nicht erreichen. Der Schwanz ist im Alter kürzer und die Geschlechtsdifferenzierung größer.

Vergleicht man die oberen Extreme der Variationsbreite von ♂♂ und ♀♀, so ergeben sich aus den Differenzen der Sternumlängen Lücken der Variationsbreite von 11,9 % (♂♂: n = 200; ♀♀: n = 197), in der Flügellänge 11,4 % (juv.) und 12,0 % (ad.). Diese relativen Werte zeigen das gleiche Geschlechtsverhältnis sowohl im Knochenbau als auch in der Länge der äußeren Flugorgane, aber auch den großen Sexualdimorphismus bei den europäischen Habichten.

Man kann in jedem einzelnen Falle bei einem Vergleich der Geschlechtszugehörigkeit die größten ♂♂ mit den kleinsten ♀♀ nicht verwechseln. Das gilt für die Flügellänge der Rasse *Accipiter gentilis gallinarum* in allen Altersstadien. Die Größendifferenz der Geschlechter kann bei anderen Rassen größer oder kleiner sein. Der Sexualdimorphismus ist bei unserem Habicht von allen größeren oder gleichgroßen Tagraubvögeln der Familie *Accipitridae* in Europa am größten. Nur bei dem mit ihm in einer Gattung vereinigten, kleineren Sperber ist die Geschlechtsdifferenzierung noch größer.

Wie verhalten sich nun die aus den Meßwerten errechneten Mittelwerte von denselben Skeletteilen und den Flügel- und Schwanzlängen in ihrem Geschlechtsverhältnis zueinander? Siehe hierzu die folgenden tabellarischen Übersichten (Tab. 1 und 2).

Tab. 1. Das Geschlechtsverhältnis von verschiedenen Skeletteilen (in Prozentzahlen) von *Accipiter gentilis gallinarum* Br. aus der DDR und der BRD.

| Bezeichnung | Variationsbreite (mm) | M | Sex. | n | % |
|---|---|---|---|---|---|
| Sternumlg. + Cor. | 98,0–109,0 | 103,13 | ♂ | 93 | 88,42 |
| | 109,5–122,3 | 116,63 | ♀ | 86 | |
| Sternumlänge | 70,0–79,8 | 75,48 | ♂ | 200 | 89,71 |
| | 78,6–89,3 | 84,13 | ♀ | 197 | |
| Corpus sterni | 61,1–73,0 | 68,31 | ♂ | 75 | 88,24 |
| | 68,8–85,0 | 77,41 | ♀ | 75 | |
| Coracoid | 39,9–44,9 | 42,25 | ♂ | 137 | 89,16 |
| | 42,5–50,4 | 47,45 | ♀ | 143 | |
| Scapula | 54,9–64,0 | 59,98 | ♂ | 89 | 88,44 |
| | 63,0–74,0 | 67,82 | ♀ | 115 | |
| Humerus | 87,3–94,0 | 90,40 | ♂ | 33 | 89,96 |
| | 100,0–110,0 | 100,50 | ♀ | 28 | |
| Femur | 71,6–79,0 | 75,54 | ♂ | 97 | 88,96 |
| | 80,5–90,9 | 85,20 | ♀ | 77 | |
| Tibia | 95,5–106,0 | 100,36 | ♂ | 31 | 88,42 |
| | 108,0–120,0 | 113,50 | ♀ | 25 | |
| Beckenlänge | 48,2–57,9 | 51,29 | ♂ | 47 | 88,50 |
| | 53,2–61,4 | 57,91 | ♀ | 39 | |
| | Mittelwert von sämtlichen Skeletteilen: | | | | 88,86 |

Tab. 2. Das Geschlechtsverhältnis der Flügellängen (in Prozentzahlen) von *Accipiter gentilis* aus verschiedenen Ländern Mitteleuropas.

| Fundort | Variationsbreite (mm) | M | Sex. | n | % | Autoren |
|---|---|---|---|---|---|---|
| | Flügellänge | | | | | |
| DDR und BRD | 300—324 | 311,48 | ♂ juv. | 62 | 89,50 | BÄHRMANN |
| | 332—361 | 348,60 | ♀ juv. | 58 | | |
| DDR und BRD | 300—325 | 313,83 | ♂ ad. | 53 | 88,78 | BÄHRMANN |
| | 341—365 | 353,47 | ♀ ad. | 44 | | |
| | Schwanzlänge | | | | | |
| DDR und BRD | 218—243 | 230,12 | ♂ juv. | 62 | 89,06 | BÄHRMANN |
| | 238—276 | 258,39 | ♀ juv. | 58 | | |
| DDR und BRD | 210—235 | 222,96 | ♂ ad. | 51 | 87,50 | BÄHRMANN |
| | 243—270 | 254,81 | ♀ ad. | 43 | | |
| | Flügellänge | | | | | |
| Sowjetunion | 303—342 | 322,74 | ♂ | 71 | 87,1 | DEMENTJEW |
| | 350—385 | 370,47 | ♀ | 63 | | |
| Mittel- und Südschweden | 315—340 | 326,6 | ♂ | 25 | 88,9 | VAURIE |
| | 346—385 | 367,0 | ♀ | | | |
| Dänemark | 311—333 | 319,2 | ♂ | 17 | 89,3 | SCHIØLER |
| | 345—362 | 357,5 | ♀ | 8 | | |
| BRD und Niederlande | 303—322 | 312,6 | ♂ | 11 | 89,3 | U. GLUTZ |
| | 338—360 | 349,7 | ♀ | 14 | | |
| Schweiz | 308—328 | 316,6 | ♂ | 10 | 88,9 | SUTTER & U. GLUTZ |
| | 348—365 | 355,9 | ♀ | 8 | | |
| Slowakei | 300—327 | 314,5 | ♂ | 37 | 87,6 | MOŠANSKÝ (Fauna ČSSR) |
| | 345—375 | 358,7 | ♀ | 26 | | |
| Ungarn | 305—320 | 309,3 | ♂ | 17 | 89,3 | KEVE & PÁTKAI |
| | 338—358 | 346,3 | ♀ | 17 | | |
| USA | 309—338 | 322,8 | ♂ | 25 | 91,1 | STORER |
| | 339—374 | 354,2 | ♀ | 42 | | |

Die Tabelle 1 enthält die Variationsbreiten und Mittelwerte von verschiedenen Skeletteilen und die Tabelle 2 entsprechend von Flügellängen von Habichten aus verschiedenen Ländern Mitteleuropas nach Geschlechtern getrennt. Die angegebenen geographischen Größenvariationen stellen den gegenwärtigen Stand ihrer Erforschung dar. Die Berechnung der relativen Größenverhältnisse der Geschlechter erfolgte nach ihren Mittelwerten. Durch die Prozentzahlen wird der Geschlechtsanteil der ♂♂ von dem mit 100 % angesetzten Anteil der ♀♀ ausgedrückt. Diese relativen Werte sind in zweifacher Hinsicht aufschlußreich. Sie zeigen ein Geschlechtsverhältnis, das in seinen Anteilen bei den einzelnen Skeletteilen und bei den Flügellängen größtenteils übereinstimmt. Sie bestätigen gleichzeitig die vorangegangenen Feststellungen, die sich aus den oberen Variationsextremen ergeben.

Die geringen Abweichungen in den prozentualen Werten zwischen der Jugend- und Altersschwanzlänge scheint auf eine Proportionsverschiebung zu beruhen, die möglicherweise mit der Verkürzung der absoluten Schwanzlänge im Altersstadium zusammenhängt.

## 3. Der Geschlechtsdimorphismus unter den geographischen Rassen

Dieser variiert unter den geographischen Rassen in der Färbung und Zeichnung des Gefieders nicht selten. Es gibt innerhalb von Verwandtschaftsgruppen Größenunterschiede unter den Rassen ohne gleitende Übergänge. Andererseits können bei einer klinalen Verbreitung die Endglieder der Größe nach ganz verschieden sein. Ob so extreme oder andere Rassen, die sich nach ihrer Größe unterscheiden, in ihren relativen Größenverhältnissen zwischen den Geschlechtern miteinander übereinstimmen oder voneinander abweichen, scheint noch wenig untersucht zu sein.

In seinem monumentalen Werk hat HARTERT (1913) den Habicht, den andere Systematiker (REICHENOW 1913) von den Sperbern generisch trennten, mit ihnen in einer Gattung vereinigt. Gleichzeitig betrachtete HARTERT den nordamerikanischen Habicht, der in der damals maßgeblichen „Check-List of North American Birds" (American Ornithologists Union, 1910) in der Gattung *Astur* als selbständige Art angegeben war, als transatlantischen Vertreter des europäischen Habichts. Diesem Beispiel folgten später andere Ornithologen sowohl in Amerika als auch in Europa, so daß die subspezifische Stellung des nordamerikanischen Habichts unter dem Namen *Accipiter gentilis atricapillus* anerkannt wurde.

Wie verhält sich nun der Sexualdimorphismus bei ihm? STORER (1966) und später MUELLER und BERGER (1968) haben ihn nach den Flügellängen untersucht. Um bei einer vergleichenden Untersuchung der europäischen Habichte vergleichbare Werte zu erhalten, soll nach derselben Berechnungsmethode, die STORER angewandt hat, verfahren werden.

Tab. 3. Geschlechtsindex von Flügel- und Sternumlänge.

| Bezeichnung | n ♂ | n ♀ | Mittel (M) ♂♂ | Mittel (M) ♀♀ | A<br>M ♀♀-♂♂ (in mm) | B<br>M ♂♂/2 + M ♀♀/2 (in mm) | Geschlechtsindex A/B x 100 |
|---|---|---|---|---|---|---|---|
| *Accipiter g. gallinarum* BR. | | | | | | | |
| Flügellänge juv. | 62 | 58 | 311,48 | 348,60 | 37,12 | 330,6 | 11,2 |
| Flügellänge ad. | 53 | 44 | 313,83 | 353,47 | 39,64 | 333,6 | 11,8 |
| Sternumlänge | 200 | 197 | 75,48 | 84,13 | 8,65 | 79,7 | 10,9 |
| *Accipiter g. gentilis* L. | | | | | | | |
| Flügellänge | 71 | 63 | 322,74 | 370,47 | 47,73 | 346,6 | 13.7 |
| *Accipiter g. buteoides* MENZB. | | | | | | | |
| Flügellänge | 29 | 71 | 323,30 | 368,70 | 45,40 | 346,0 | 12,6 |
| *Accipiter g. atricapillus* WILSON | | | | | | | |
| Flügellänge | 25 | 42 | 322,80 | 354,20 | 31,40 | 338,5 | 9,3 |

Zur Erklärung von Tabelle 3:

Von *Accipiter gentilis gallinarum* wurde der Sexualdimorphismus nicht nur nach den äußeren Organen, sondern auch anatomisch untersucht. Die Zahlen von den Indexberechnungen weichen nur wenig voneinander ab. Die Differenzen zwischen dem relativen Geschlechtsunterschied aus den maximalen Längen der Brustbeine und Flügel (juv. und ad.) betragen 0,5 % bzw. 0,1 %, nach den Mittelwerten 0,21 % und 0,63 %; nach dem Geschlechtsindex nach der Berechnungsmethode von STORER 0,9 %. Vergleicht man von Tab. 1 den durchschnittlichen Wert aus der Summe der

Prozentzahlen von den einzelnen Skelettelementen mit denen der Flügellängen von *Accipiter gentilis gallinarum* auf Tab. 2, so beträgt die Differenz 0,64 % am Jugend- und 0,08 % am Altersflügel.

Die geringen Differenzen beweisen eine Übereinstimmung des Sexualdimorphismus im Knochenbau und in der Flügellänge, die zugleich als ein Beweis einer übereinstimmenden Proportionalität innerhalb der Geschlechter in ihrem Körperbau anzusehen ist.

Der Sexualdimorphismus nach der Flügellänge ist bei den in der Sowjetunion verbreiteten *Accipiter g. gentilis* und *buteoides* größer als bei *gallinarum* aus den Gebieten der beiden deutschen Staaten. Am kleinsten ist er bei dem nordamerikanischen *Accipiter g. atricapillus.*

Die ♂♂ der russischen Habichte *(Accipiter gentilis gentilis)* sind nach den Mittelwerten ihrer Flügellänge etwa 3 % und die ♀♀ etwa 5 % größer als die Habichte aus den Gebieten der DDR und der BRD. Vergleicht man den nordamerikanischen Habicht mit den Habichten aus der Sowjetunion, so sind die ♂♂ nach den Mittelwerten ihrer Flügellängen gleichgroß, dagegen sind die ♀♀ von *atricapillus* durchschnittlich kleiner. Sie sind nur wenig größer als die ♀♀ von *gallinarum* im Durchschnitt. Diese beiden Rassen unterscheiden sich nach der Größe ihrer ♂♂. Nach der mittleren Flügellänge sind die ♂♂ von *Accipiter gentilis atricapillus* so groß wie die größten ♂♂ von *Accipiter gentilis gallinarum.* Das ist ein ganz beachtlicher Größenunterschied. Zwischen ihren ♀♀ ist demgegenüber kein nennenswerter Größenunterschied vorhanden.

## Zusammenfassung

Von *Accipiter gentilis gallinarum* konnte eine Übereinstimmung des Sexualdimorphismus im Knochenbau und der Flügellänge nachgewiesen werden. Aus diesen Feststellungen ist zu schließen, daß ♂♂ und ♀♀ gleiche innere und äußere Proportionsverhältnisse in ihrem Körperbau haben.

Der Geschlechtsindex (Tab. 3) ist ein kennzeichnendes Unterscheidungsmerkmal der geographischen Rassen in der Verwandtschaftsgruppe des Habichts. Die Unterschiede beruhen auf einem ungleichen Größenverhältnis der Geschlechter. *Accipiter g. gentilis* ist in beiden Geschlechtern durchschnittlich größer als *gallinarum,* doch ist der Unterschied bei den ♀♀ relativ größer als bei den ♂♂. Verglichen mit *Accipiter gentilis atricapillus* sind die ♂♂ gleichgroß, dagegen sind die ♀♀ kleiner als bei *gentilis.* Umgekehrt verhält es sich bei einem Vergleich mit *Accipiter gentilis gallinarum;* denn nicht die ♂♂, die durchschnittlich viel kleiner sind, sind gleichgroß, sondern die ♀♀.


## Summary

SEXUAL DIMORPHISM OF THE GOSHAWK

(ACCIPITER GENTILIS)

It was possible to prove coincidence of sexual dimorphism in skeleton structure and wing length of *Accipiter gentilis gallinarum.* These findings have the result that ♂♂ and ♀♀ have the same internal and external proportions in their structure of the body.

The sexual index (table 3) is a characteristic differentiating feature of geographical races in the Goshawk's relation group. The differences are based on an unequal size relation of sexes. Both sexes of *Accipiter g. gentilis* are, on the average, bigger than of *gallinarum* but the difference for ♀♀ is relatively greater than for ♂♂. Compared with *Accipiter gentilis atricapillus*, the ♂♂ are of equal size while ♀♀ are smaller than of *gentilis*. The opposite ratio can be found by comparison with *Accipiter gentilis gallinarum;* not ♂♂ (they are, on an average, much smaller) are of equal size but ♀♀.

## Literatur

American Ornithologists Union 1910: Check-List of North American Birds. Third Edition, p. 156.
BÄHRMANN, U., 1937: Ein Beitrag zur Rassenfrage des deutschen Hühnerhabichts, *Accipiter gentilis* (L.). – Mitt. Ver. sächs. Orn., **5**, p. 133–144.
GLUTZ VON BLOTZHEIM, U., 1971: Handbuch der Vögel Mitteleuropas. Bd. 4, p. 444–478.
HARTERT, E., 1913: Die Vögel der paläarktischen Fauna. Bd. 2, p. 1145–1151.
KLEINSCHMIDT, O., 1935: Beiträge zur Ornis Skandinaviens. – Falco, **31**, p. 14.
–, 1938: Die Formrassen der deutschen Habichte I. – Falco, **34**, p. 5.
–, 1938: Deutsche Habichte II. – Falco, **34**, p. 63.
–, 1939: Die Formrassen der deutschen Habichte III. – Falco, **35**, p. 56.
MUELLER, H. C. und BERGER, D. D., 1968: Sex Ratios and Measurements of Migrant Goshawks. – The Auk, **85**, p. 431–436.
PETERS, J. L., 1931: Check-List of Birds of the World. Vol. 1, p. 205–209.
REICHENOW, A., 1913: Die Vögel. Handbuch der systematischen Ornithologie. Bd. I, p. 377–378.
SCHIØLER, L. R., 1914: Om forskellen mellem den danske Duehøg og den typiske *Astur palumbarius* L. – Dansk. Orn. Foren. Tidsskrift, **8**, p. 93–112.
STORER, R. W., 1966: Sexual Dimorphism and Food Habits in three North American Accipiters. – The Auk, **83**, p. 423–436.
VAURIE, Ch., 1963: The Birds of the Palearctic Fauna. Vol. II, p. 158–162.

Anschrift des Autors:
Dr. U. Bährmann, DDR - 7812 Lauchhammer-Mitte, Seewaldstraße 18.

ZOOLOGISCHE ABHANDLUNGEN
STAATLICHES MUSEUM FÜR TIERKUNDE IN DRESDEN

Band 33 Ausgegeben: 15. Dezember 1974 Nr. 2

# Das Nahrungsspektrum der Dorngrasmücke (Sylvia communis Lath.) in einem Gebüsch-Biotop der Insel Hiddensee

**(Aves, Sylviidae)**

(Ein Beitrag zur Kenntnis der Ernährungsbiologie von Singvögeln)

mit 6 Abbildungen

RAINER EMMRICH
Dresden

## II. Teil: DIE ALTVOGELNAHRUNG DER DORNGRASMÜCKE UND IHR VERGLEICH MIT DER NESTLINGSNAHRUNG[1])

Bedeutungsvoller, jedoch methodisch weitaus schwieriger zu erreichen, ist die Ermittlung des Nahrungsspektrums der erwachsenen, auf selbständigen Nahrungserwerb angewiesenen Vögel, wenn diese parallel zur Untersuchung der Nestlingsnahrung und über den Rahmen einzelner Stichproben hinaus vorgenommen werden soll. Der vorliegende Teil soll deshalb, wiederum vor allem von der aufgenommenen einzelnen Beuteform her, in Form einer qualitativ ausgerichteten Analyse die Nahrungswahl des erwachsenen Vogels sowie die dabei zutage tretenden Unterschiede gegenüber der den Nestlingen gefütterten Nahrung beinhalten.

### 1. Zur Sammlungs-, Determinations- und Auswertungsmethodik des Materials

Grundlage für die Ermittlung der Altvogelnahrung (hier verwendet für den nicht mehr an das Nest gebundenen Vogel, also vom Flügge-Stadium ab, welcher nur anfangs noch auf teilweise unselbständigen Nahrungserwerb angewiesen ist) bildete die Analyse von Mageninhalten; eine Methode, die bei einer solchen, schon der reinen Beobachtung schwer zugänglichen Art den einzigen Erfolg verspricht, und wohl auch als einzige effektiv ist.

Analysiert wurden die Mageninhalte von insgesamt 62 Exemplaren, welche während der Jahre 1966/67 innerhalb des im Teil I geschilderten Untersuchungsgebietes auf Hiddensee gefangen bzw. geschossen wurden.[2]) Es wurde Wert darauf gelegt, Mageninhalte zur Analyse während der gesamten Anwesenheitsperiode der Dorngrasmücke im Gebiet zu bekommen, was technisch nicht immer leicht war und in gewissen Perioden einen ziemlichen Arbeitsaufwand bedeutete (so mußten z. B. die während der Brutperiode gefangenen Vögel selektiv erbeutet werden, da hierfür nur nicht-

[1]) Der I. Teil der Arbeit erschien in: Zool. Abh. Mus. Tierk. Dresden, Bd. 32, Nr. 18, 1973.

[2]) Herrn Oberpräparator W. BERGER (Kloster/Hiddensee) gilt mein Dank für hierbei gewährte Hilfe.

brütende bzw. mit der Brut fertige Vögel in Frage kommen sollten). Die noch der Auswertung zugänglichen ca. 1200 animalischen Beuteobjekte aus den Mageninhalten fielen deshalb zeitlich nicht ganz gleichmäßig an, konnten aber vier getrennten Perioden zugeordnet werden, die ungefähr den vier biologisch unterschiedenen Lebensabschnitten der Art während ihrer Anwesenheit im Brutgebiet entsprechen (Tab. 1). Die Auswertung der Mageninhalte geschah grundsätzlich nach der numerischen Methode (da eine volumetrische Bestimmung der einzelnen Komponenten infolge der geringen Nahrungsproportionen und des meist fortgeschrittenen Verdauungszustandes nicht möglich war) über die Kategorien Frequenz (Anteil des Auftretens als Nahrungsform) und Abundanz (Anzahl der aufgenommenen Objekte der Nahrungsform). Nachteilig machte sich dabei bemerkbar, daß die vegetabilischen Objekte an Hand ihrer Rückstände nicht numerisch erfaßt und mit dem animalischen Anteil verglichen werden konnten, außer der Vergleichsmöglichkeit über die Aufnahmefrequenz. Das ist jedoch auf der anderen Seite auch ein Vorteil, da eine Auswertung über die Frequenz die Fehler verringert, die durch wenige Vogelindividuen infolge Aufnahme zahlreicher, jedoch untypischer Nahrungsformen entstehen können (individueller Aspekt, siehe ROOT 1967).

| | Anzahl der analys. MI 1966/67 | Anzahl der identifiz. taxonom. Objekte | Anzahl der registr. taxonom. Einheiten |
|---|---|---|---|
| I: Vorbrutperiode (4. 5.–31. 5.) | 10 | 199 | ca. 50 |
| II: Brutperiode (8. 6.–11. 7.) | 11 | 223 | ca. 45 |
| III: unmittelbare Nachbrutperiode (18. 7.–19. 8.) | 32 | 630 | ca. 100 |
| IV: späte Nachbrut- und Abzugsperiode (22. 8.–11. 9.) | 9 | 166 | ca. 35 |
| Gesamt | 62 | 1218 | |

Tab. 1. Anzahl der analysierten Mageninhalte (MI) der Dorngrasmücke, der darin identifizierten und taxonomisch eingeordneten animalischen Objekte sowie die Anzahl der darin feststellbaren taxonomischen Einheiten in saisonaler Sicht.

Die Möglichkeit, über die Analyse von Mageninhalten her Aufschlüsse über das Nahrungsspektrum speziell von Kleinvögeln zu erhalten, wurde bisher (abgesehen von der Tatsache, daß lebende Vögel getötet werden müssen, was natürlich nicht generell anwendbar ist) entschieden zu negativ beurteilt. Der Tatsache, daß mit der Auswahl einiger weniger Vogelindividuen eines bestimmten, begrenzten Zeitraumes Zufälligkeiten der Nahrungswahl jener Individuen zur aussagekräftigen Charakterisierung für die gesamte Population herangezogen werden, kann dadurch Rechnung getragen werden, daß nach Möglichkeit so viele Einzelanalysen wie möglich bzw. vertretbar aus verschiedenen Zeiträumen synthetisiert werden (SCHUBERT-SOLDERN 1954). Wenige Magenanalysen aus kurzen Zeiträumen können kaum allgemeine Aussagen erbringen, sondern höchstens qualitative Nachweise von Beuteformen führen (z. B. GYÖRY/REICHART 1964–65). Die bekannten und oft diskutierten Schwierigkeiten und Fehlerquellen von Mageninhaltsanalysen speziell bei Kleinvögeln (schnelle, jedoch verschieden rasche Verdauung der aufgenommenen Beuteformen, die rasch zur Zerstörung der äußeren Morphologie dieser Formen führt; weiterwirkend auch nach dem Tode des Vogels) sind m. E. nicht primär ausschlaggebend. Unter Berücksichtigung der Annahme, daß bei insektenfressenden Kleinvögeln eine Nahrungsaufnahme wohl während des größten Teils der täglichen

Aktivitätszeit erfolgt, erfassen wir mit der Analyse eines Mageninhaltes zwar ein Momentbild, aber in Form einer Stufenfolge, welche vom soeben aufgenommenen, noch fast völlig erhaltenen Beuteobjekt bis zu letzten Überresten, welche den Magen verlassen, alle Zwischenstufen im Verdauungsgrad enthält. Damit ist bei einer größeren Anzahl von Analysen sehr wahrscheinlich, daß sich unter den soeben aufgenommenen Objekten eine zur Charakterisierung genügende Anzahl derjenigen wenig chitinisierten Beuteformen befinden, deren Nachweis sonst nicht möglich wäre. Auf der anderen Seite ist in Übereinstimmung mit HAENSEL (1966), dessen Zählungsmethodik von Beutetierresten auch bei dem vorliegenden, etwas andersartigen Sachverhalt angewandt wurde, zu konstatieren, daß „nahezu von allen Insekten, die verzehrt werden, irgendwelche unverdauliche Reste übrigbleiben; die Schwierigkeit besteht nur darin, die oft winzigen Bruchstücke aufzufinden, zu bestimmen und möglichst auch quantitativ auszuwerten". Mithin reduziert sich eine solche Auswertung auf die Problematik der Erkennbarkeit von aufgenommenen Nahrungsformen an Hand kleinster Reste und Rückstände, mithin eine Frage der aufgewandten Geduld und Zeit.

Nicht sofort erkennbare Chitinbruchstücke wurden deshalb präpariert und zunächst zurückgestellt, um dann im Laufe des „Einsehens" nach und nach als zu einer bestimmten Arthropodenform bzw. -gruppe gehörig erkannt zu werden, oft im Vergleich mit Material aus parallelen Freilandfängen. Chitinreste mit typischen Kennzeichen, die das Ansprechen auch noch an Hand kleinster Bruchstücke ermöglichten, fanden sich für alle hier registrierten Beutetiergruppen und auch noch für eine Reihe häufiger Einzelformen. Verständlicherweise mußte jedoch sehr häufig auf eine pauschale Zusammenfassung zu größeren taxonomischen Einheiten zurückgegriffen werden. Alle Nahrungsformen bzw. -gruppen wurden, ähnlich wie im I. Teil für die Nestlingsnahrung genannt, nach verschiedenen Gesichtspunkten in protokollarischen Tabellen gefaßt, was hier nicht wiedergegeben wird. Eine zusammengefaßte Darstellung nach den taxonomischen Arthropoden- bzw. Insektengruppen gibt Tab. 2.

## 2. Die Ausgangssituation: bisher aus dem Schrifttum bekannte Fakten zur Altvogelnahrung der Dorngrasmücke

Allgemeingehaltene Angaben ohne zeitliche Markierung finden sich in den meisten regional-ornithologischen Handbüchern, am ausführlichsten noch bei WITHERBY (1952), welcher hierfür offensichtlich die von COLLINGE (1924—27) durchgeführten Mageninhaltsanalysen von Dorngrasmücken zugrunde legte. Aus Ost- bzw. Südosteuropa liegen eine Anzahl weiterer Mageninhaltsanalysen vor, leider oftmals ohne genaue Angaben über den Umfang des bearbeiteten Materials bzw. die Zeit, und wahrscheinlich auch meist ohne eingehende Analyse der kleinen und schon stärker verdauten Chitinstrukturen. Das sind im folgenden:

Ungarn (CSIKI 1907): 16 Mageninhalte verschiedener Jahre, vorwiegend aus den Monaten April, Mai und September. Nachweis von 30 *Col.*-Arten (auch *Carabidae*), 3 *Hym.*-Arten (davon 2 *Formicidae*) und 2 *Het.*-Arten (*Pentatomidae*), aber nur 1 *Lep.* L.-Art und 1 *Dipt.*-Art (*Tabanus*)!

Jugoslawien (KOVAČEVIĆ/DANON 1950—51): 2 Mageninhalte, August/September 1947: *Col. (Coccinellidae, Chrysomelidae), Hym. (Formicidae), Het. (Pentatomidae);* (KOVAČEVIĆ/DANON 1957): 1 Mageninhalt, April 1954: *Col. (Chrysomelidae, Curculionidae), Hym. (Formicidae);* 3 Mageninhalte, Juni 1954: *Col., Hym. (Formicidae, Vespidae), Het. (Pentatomidae), Dipt.;* 1 Mageninhalt, August 1954: *Col. (Cicindelidae, Chrysomelidae).*

Sowjetunion – Moldauische Region, Gartenbiotope (GANYA 1963): 14 Mageninhalte, Zeit?: *Col. (Curculionidae, Lamellicornia)*, bei den *Lep.* Im. mit Hinweis darauf, daß die letzteren in großem Maße erbeutet werden (Fütterung von Nestlingen?), ebenso *Hom. Aphididae* (nicht nachweisbar in Mageninhalten).

Sowjetunion – Ukraine, Waldschutzstreifen (VORONCOV 1947): 28 Mageninhalte, Zeit? : von 25 Insektenarten 18 Arten der *Col.* (u. a. 6 *Chrysomelidae*, 2 *Curculionidae*, 2 *Scarabaeidae*, 2 *Carabidae*), 4 *Het. (Pentatomidae)*, 2 *Hym. (Formicidae)*. (CHOCHLOVA 1960): 10 Mageninhalte aus dem gleichen Biotop bzw. der gleichen Region, interessant aber deshalb, weil die Analysen aus der Zeit der Ankunftsperiode der Dorngrasmücke im Frühjahr stammen. Nachgewiesen wurden *Lep.* L., *Col.* (6 *Curculionidae*, einzelne *Elateridae* und *Lamellicornia*), *Hym.* (fast ganz *Formicidae!*, nur wenige *Ichneumonidae* und *Apidae*), von den übrigen Insektengruppen nur ganz vereinzelt *Het.*- und *Dipt.*-Reste.

Sowjetunion – Region Kujbyshevsk, Waldschutzstreifen (MEL'NIČENKOV 1938): 4 Mageninhalte, Zeit ? : 29 % *Col.*, 28 % *Hom. Cicadellidae*, 27 % kleine *Dipt.*, 14 % *Lep.* L. Diese Analysen überraschen durch ihre realen, hohen Anteile kleiner und unchitinisierter Beuteformen.

Sowjetunion – Region Voronesh, Waldsteppe (KISTJAKOVSKIJ 1936): ? Mageninhalte, Zeit ? : 29 % *Col. (Curculionidae, Chrysomelidae)*, 22 % *Lep.* L.

Sowjetunion – Ukraine, südliche Waldsteppe (KOROL'KOVA 1963): 6 Mageninhalte, Zeit ? : 25 % *Col.*, 6 % *Hym. (Formicidae)*, 9 % *Dipt.*, 41 % *Lep.* (Im. oder L.?), 16 % *Arachnida* (nur hier findet sich ein Hinweis auf diese ansonsten so bedeutungsvolle Beutegruppe).

Sowjetunion – Südkarelische Region, Taigamischwald-Zone (NEJFELDT 1961): ? Mageninhalte, Zeit?: *Col. (Phyllodecta, Cyphon, Helodidae*, kleine *Carabidae, Curculionidae), Hym. (Formicidae), Hom. Cicadellidae.*

Wie die von FORMOZOV et al. (1950) zitierten Angaben zeigen, geht die Dorngrasmücke in noch einförmigeren Steppengebieten (Nordkasachstan) zu einer entsprechenden Ernährung über, indem in noch höherem Maße Bodenformen *(Col. Carabidae, Het., Hym. Formicidae)* aufgenommen werden.

Für spezielle Beutetiergruppen liegen einzelne Angaben vor, meist als zufällige oder kurzfristige Sichtbeobachtungen der Aufnahme von animalischer Nahrung (zur eigenen Ernährung der Altvögel oder zur Fütterung von Jungvögeln, was bei den Beobachtungen nicht immer klar getrennt wurde).

Als Vertilger der kleinen Homopteren *(Aphidoidea* und *Coccoidea)* ist neben den anderen Arten der Gattung *Sylvia* auch die Dorngrasmücke gut bekannt. So führt GERBER (1950, 1952, 1961) Beispiele an, welche zeigen, wie konsequent Dorngrasmücken diese kleinen Formen als Nahrung nutzen können, was die bisher vorliegenden Mageninhaltsanalysen, wohl aus methodischen Gründen, in keinem Fall bestätigen konnten.

Aus der Gruppe der Coleopteren werden als Beuteformen der Dorngrasmücke genannt der Kiefernblattkäfer *Luperus pinicola* DUFT. während Gradationsperioden (VIETINGHOFF-RIESCH 1927) sowie die etwas unwahrscheinliche Erbeutung imaginaler Kartoffelkäfer (AELLEN 1943/44), beide als wahrscheinlich nur zufällige und keinesfalls typische Beuteformen anzusehen. Beuteformen aus der Gruppe der Lepidopteren, welche genauso als Nahrung für den erwachsenen Vogel in Frage kommen können, wurden im I. Teil (Kap. 2) bereits genannt.

Bekannt ist, daß alle *Sylvia*-Arten je nach Angebot Beeren und Früchte aufnehmen können. Stellen wir hierzu einige erreichbare Mitteilungen für die Dorngrasmücke aus der Literatur zusammen (NAUMANN 1898, SUNKEL 1930, SCHUSTER 1930, WITHERBY 1952, WESTERFRÖLKE 1953, CREUTZ 1953, TURČEK 1961, NEJFELDT 1961, ǴANYA 1963, KOROL'KOVA 1963, SCHMIDT 1964, SCHLEGEL/SCHLEGEL 1965, HEYMER 1966), ergibt sich qualitativ eine Liste von 23 Pflanzenarten, von denen die Nutzung der Früchte als Nahrung bisher beobachtet wurde. Gehäuft genannt werden die Früchte von Rubus sp. (7 Autoren), Sambucus nigra (5), Ribes sp. (4) sowie Amelanchier canadensis, Morus sp., Prunus avium und Rhamnus frangula von jeweils 3 Autoren, was der Verbreitung bzw. Häufigkeit dieser Pflanzen in den Lebensräumen der Dorngrasmücke entsprechen dürfte.

## 3. Das Spektrum der Altvogelnahrung der Dorngrasmücke im Untersuchungsgebiet in autökologischer Betrachtung

| | Relativanteil (Stückprozent) | | | | |
|---|---|---|---|---|---|
| | I | II | III | IV | Gesamt |
| *Mollusca* | – | 0,5 | – | – | 0,1 |
| *Diplopoda* | 1,0 | 0,5 | 0,2 | – | 0,3 |
| *Opiliones* | – | 1,3 | 0,6 | – | 0,6 |
| *Araneae* | 8,5 | 7,6 | 9,7 | 7,2 | 8,8 |
| *Odonata* | – | – | 0,3 | 1,2 | 0,3 |
| *Trichoptera* | 4,5 | 0,9 | – | 0,6 | 1,0 |
| *Psocoptera* | – | 5,8 | 6,8 | 1,2 | 4,8 |
| *Orthoptera* | 1,0 | 0,5 | – | – | 0,3 |
| *Dermaptera* | – | 1,8 | – | 9,0 | 1,6 |
| *Heteroptera* | 13,6 | 2,2 | 8,1 | 7,2 | 7,8 |
| *Hom. Cicadell.* | – | 12,1 | 21,6 | 13,9 | 15,3 |
| *Hom. Aphid.* | 1,0 | 31,4 | 5,2 | – | 8,6 |
| *Hom. Psyllid.* | – | 5,8 | 1,7 | 6,0 | 2,8 |
| *Hymenopt.* Im. | 10,6 | 13,9 | 27,5 | 45,2 | 24,6 |
| *Hymenopt.* L. | – | 0,9 | 0,2 | 0,6 | 0,3 |
| *Diptera* Im. | 5,5 | 0,9 | 4,4 | 1,8 | 3,6 |
| *Diptera* L. u. P. | – | 0,9 | – | – | 0,2 |
| *Coleoptera* Im. | 34,7 | 9,4 | 7,8 | 4,2 | 12,0 |
| *Coleoptera* L. | 0,5 | 1,3 | 0,6 | – | 0,7 |
| *Lepidoptera* Im. | 0,5 | – | 1,1 | – | 0,7 |
| *Lepidoptera* L. | 18,6 | 0,5 | 4,0 | 1,8 | 5,4 |
| *Lepidoptera* P. | – | 1,8 | 0,2 | – | 0,4 |
| Absolutanteil (Stück) | 199 | 223 | 630 | 166 | 1218 |

Tab. 2. Zusammensetzung der Altvogelnahrung der Dorngrasmücke nach größeren taxonomischen Einheiten in saisonaler Sicht.

Ähnlich wie bei der Nestlingsnahrung sollen hier für die Altvogelnahrung die wichtigsten einzelnen Beuteformen diskutiert werden, wobei neben der saisonal-zeitlichen Betrachtung besonders Vergleiche zur Nestlingsnahrung interessant sind.

*Mollusca* $n_I = 1$ $n_A = 1$

$D = 0{,}1$

Diese für die Nestlingsnahrung kennzeichnende Beutetiergruppe wurde als Nahrung von den Altvögeln kaum berücksichtigt (Reste fanden sich nur in 1 MI von 62!), obwohl juvenile Cepaeen auch außerhalb der Nistperiode zur Verfügung stehen dürften. Das kennzeichnet die Rolle dieser Gruppe als ausgesprochene Nestlingsnahrung. Ein Parallelfall: BETTS (1955) registrierte bei einigen *Parus*-Arten ebenfalls, daß Mollusken in hohem Maße den Jungvögeln gefüttert wurden, während die Altvögel diese kaum aufnahmen.

*Opiliones* $n_I = 7$ $n_A = \text{ca. } 2-3$

$D = 0{,}6$

Opilionen erschienen als juvenile Exemplare im Beutespektrum der Altvögel bereits in II und wurden als im Gebiet häufige, gebüschbewohnende Formen (Gattungen *Mitopus, Phalangium, Liobunum*) anscheinend auch während der übrigen Anwesenheitsperiode aufgenommen.

*Araneae* $n_I = 107$ $n_A = > 24$

$D = 8{,}8$

Eine Beutetiergruppe, welche ähnlich der Nestlingsnahrung auch als Altvogelnahrung in ziemlich hohen, im Vergleich der einzelnen Perioden gleichmäßigen Anteilen vertreten war. Artenmäßig wird auch vom Altvogel ein großes Spektrum erfaßt, welches zeitliche Wechsel erkennen läßt. In I dominierten neben den bereits reif vertretenen *Araneus*-Arten bodenbewohnende *Lycosidae* und *Salticidae*. In II erschienen die aus der Nestlingsnahrung bekannten Arten der Gattungen *Tetragnatha, Theridion, Philodromus* auch als Nahrung der Altvögel. In III und IV stieg, wohl infolge der höheren Zahl analysierter Mageninhalte, auch die registrierte Beuteformen-Zahl weiter an, vor allem verursacht durch die Aufnahme zahlreicher Exemplare der *Micryphantidae und Linyphiidae* (so war *Erigonidium graminicolum* SUND. mit 12 Exemplaren in 5 MI nach Anzahl und Frequenz häufigstes Beuteobjekt dieser Gruppe). Im Gegensatz zur Nestlingsnahrung enthielt die Altvogelnahrung Formen aus dem gesamten Größenbereich dieser Arthropoden-Gruppe (*Araneus*-Arten neben kleinen Zwergspinnen). Dagegen fehlten hier z. B. in der Altvogelnahrung die zahlreichen Clubioniden oder auch die Eikokons aus der Nestlingsnahrung.

*Trichoptera* $n_I = 12$ $n_A = > 3$

$D = 1{,}0$

Trichopteren wurden während der gesamten Anwesenheitsperiode der Dorngrasmücke aufgenommen, schwerpunktmäßig entsprechend des imaginalen Erscheinungsrhythmus in I. Formenmäßig handelte es sich bei den noch erkennbaren Objekten um *Limnophilidae.*

*Psocoptera* $n_I = 58$ $n_A = > 8$

$D = 4{,}8$

Eine Beutegruppe mit sehr kleinen und zarten Formen, deren Anteile bei Einrechnung der methodischen Fehlerquellen eher noch höher liegen, was auch die relativ umfassende Zahl von > 8 als Nahrungsobjekte festgestellten taxonomischen Einheiten zeigt. Der Anteil lag hier deutlich höher als in der Nestlingsnahrung. Trotz ihrer Kleinheit sind Psocopteren für die Altvögel keine zufälligen Beuteobjekte, da die analysierten Mägen, wenn Psocopteren aufgenommen worden waren, diese in mehreren bis vielen Exemplaren enthielten. Infolge ihrer Lebensweise an Ästen, Zweigen, Blättern usw. passen diese Formen gut in den Beutesuchbereich der Dorngrasmücke.

*Orthoptera* $n_I = 3$ $n_A =$ ca. 2
$D = 0{,}3$

Formen aus dieser Insektengruppe können als Beispiel einer nur für die Ernährung der Nestlinge aktuellen Klasse von Beuteobjekten gelten, da trotz eines hohen und zeitlich langfristigen Angebots im Untersuchungsgebiet (II – IV) praktisch nur in 2 Fällen Orthopteren von adulten Dorngrasmücken aufgenommen worden waren (I: 29. 5., II: 3. 7., beide wahrscheinlich noch als Juvenilformen). Methodische Fehlerquellen dürften hier insofern nicht von Belang sein, da chitinisierte Teile (Mandibeln) sehr lange nachweisbar sein sollten. Es spielen als Nahrung der Altvögel wahrscheinlich nur juvenile und daher körperlich kleinere Vertreter dieser Gruppe eine gewisse Rolle. Die in III und IV im Untersuchungsgebiet zahlreichen *Acrididae* blieben als Nahrung der erwachsenen Vögel völlig ungenutzt. – Ein von ROOT (1967) gebrachtes, fast paralleles Beispiel zeigt ebenso die ausgesprochen gegensätzliche Wertigkeit dieser Insektengruppe, dargestellt an einer anderen Singvogelart.

*Dermaptera* $n_I = 19$ $n_A = 1$
$D = 1{,}6$

Der Anteil von *Forficula auricularia* L. (die Art machte den gesamten Anteil dieser Insektengruppe aus und läßt sich an Hand der charakteristischen Cerci leicht nachweisen) liegt höher als in der Nestlingsnahrung, blieb jedoch nur auf 2 Vögel beschränkt (individueller Aspekt).

*Heteroptera* $n_I = 97$ $n_A = > 16$
$D = 7{,}8$

Heteropteren wurden von den adulten Dorngrasmücken in einer Vielzahl von Formen mit sehr verschiedener Lebensweise während der gesamten Anwesenheitsperiode aufgenommen, wodurch die Gruppe stärker in Erscheinung tritt als in der Nestlingsnahrung. Auch hierbei ist der Rahmen hinsichtlich Größenbereich und Schichtzugehörigkeit der aufgenommenen Beuteformen viel weiter gefaßt als bei den Nestlingen gefütterten Formen. Hinsichtlich Stetigkeit und Anzahl ragten gebüschbewohnende *Anthocoridae, Nabidae* (analog der Nestlingsnahrung) aus der Krautschicht und *Cydnidae* von der Bodenoberfläche heraus, letztere wurden besonders in I aufgenommen.

*Homoptera: Cicadellidae* (Im. + L.) $n_I = 186$ $n_A = 6$
$D = 15{,}3$

Diese Gruppe ist eine der wenigen, deren Beuteformen sowohl als Nestlings- als auch als Altvogelnahrung gleichermaßen von hoher Bedeutung waren und deren zyklusbedingtes Erscheinen ebenso im Nahrungsspektrum der adulten Dorngrasmücken seine Widerspieglung fand. Reflektiert wurden selektiv die gleichen Formen wie in der Nestlingsnahrung, die Cercopiden *Aphrophora alni* FALL. und *Philaenus spumarius* L. (Abb. 1), beide stellten im vorliegenden Fall wohl die frequent herausragenden Beuteformen der Altvogelnahrung überhaupt dar (in 31 bzw. 28 Mageninhalten vertreten). Die große Arten- und Individuenzahl der übrigen, kleinen Cicadelliden wurde im Nahrungsspektrum der adulten Vögel kaum vollständiger widergespiegelt als im Spektrum der Nestlingsnahrung.

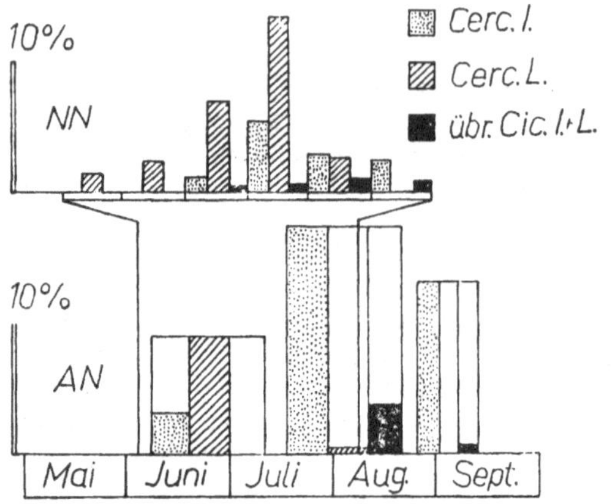


Abb. 1. Relativanteile der *Cercopidae* (Im. + L.) *(Hom. Cicadellidae)* sowie des übrigen Zikadenanteils in saisonaler Sicht im Vergleich von Altvogel- und Nestlingsnahrung.

*Homoptera: Psylloidea/Aphidoidea* **$n_I$ = 139 $n_A$ = ca. 5 10**
**D = 11,4**

Einheitlich sehr kleine Beuteformen, die bedeutend höhere Anteile in der Nahrung der adulten Vögel einnahmen und die in hohen Anzahlen in den Mageninhalten erscheinen können, was darauf hinweist, daß diese Formen systematisch gesucht und aufgenommen werden. Hier sind ebenfalls noch höhere reale Anteilwerte wahrscheinlich.

*Hymenoptera* (Im. + L.) **$n_I$ = 300 $n_A$ = ca. 20-30**
**D - 24,6**

Nach ihrem zahlenmäßigen Anteil stellten Hymenopteren den herausragenden Anteil an der Altvogelnahrung der Art, vermindert dadurch, daß es sich hier fast ausschließlich um kleine Formen handelte (durchschnittliche Körperlänge bis ca. 5 mm). Auf Grund der in der Regel nur noch geringen Strukturreste konnte die Einteilung meist nur in die 3 großen Gruppen der Hymenoptera parasitica (d. h. vor allem *Ichneumonidae* und *Braconidae*), der ***Formicidae*** und der ***Symphyta*** vorgenommen werden. Formen anderer *Hym.*-Gruppen konnten nicht sicher festgestellt werden. – Mit der Nestlingsnahrung gemeinsame Beuteformen stellten nur wenige Symphyten dar. Die in ersterer so gut wie nicht reflektierten parasitischen Hymenopteren wurden von den adulten Vögeln während aller Perioden in zahlreichen Formen, entsprechend der

Formenvielfalt im Untersuchungsgebiet, aufgenommen. Noch zahlreicher und stetiger fanden sich Formiciden in den Mageninhalten der Vögel, in zwei sehr häufigen und im Biotop überall zu findenden Arten ***Lasius niger*** L. und ***Myrmica laevinodis*** NYL. Die Abb. 2 und 3 zeigen in saisonaler Sicht die Anteile im Vergleich von Altvogel- zu

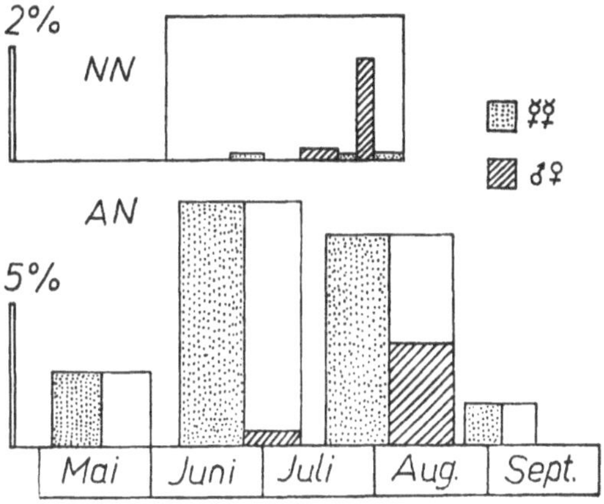


Abb. 2. Relativanteile von ***Lasius niger*** L. ***(Hym. Formicidae)*** im Nahrungsspektrum von Altvogel- und Nestlingsnahrung in saisonaler Sicht.

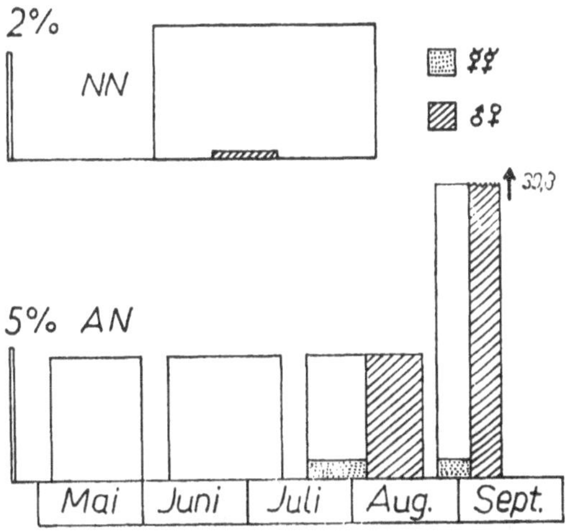


Abb. 3. Relativanteile von ***Myrmica laevinodis*** NYL. ***(Hym. Formicidae)*** im Nahrungsspektrum von Altvogel- und Nestlingsnahrung in saisonaler Sicht. (Die Anteile der Nestlingsnahrung in den Abb. 2 und 3 wurden maßstäblich vergrößert dargestellt.)

Nestlingsnahrung. Zu erkennen ist die Reflektierung des Erscheinens der Geschlechtsformen beider Arten in beiden Nahrungsspektren. Ameisen, besonders die geschlechtslosen Formen, wurden von den Vögeln während ihrer gesamten Anwesenheitsperiode und im jeweiligen Fall in Mehrzahl aufgenommen, wenn dabei auch festzustellen ist, daß übermäßig hohe Anteile an Formiciden (ca. 40–50 Exemplare pro MI!) nur von einzelnen Vögeln aufgenommen worden waren. Es ist festzustellen, daß Ameisen im vorliegenden Fall einen sehr kennzeichnenden und bedeutenden Anteil der Nahrung der adulten Vögel ausmachen können, wovon in der Nestlingsnahrung nur die sprunghaft größeren ♀♀ von *L. niger* während ihres zeitlich kurzen Auftretens reflektiert wurden. Die eingangs genannten Mageninhaltsanalysen aus anderen Teilen Europas zeigen, daß auch unter andersartigen äußeren Bedingungen Ameisen frequent als Nahrung genutzt werden können. Das beweist, daß die oft geäußerten Meinungen über die „Abneigung der Kleinvögel gegen Ameisen" (PALMGREN 1938) kaum stichhaltig sind. – *Hym.*-Larven (d. h. vor allem die Symphyten-Larven) blieben dagegen wiederum als Nahrungsobjekte für die Altvögel von geringerer Bedeutung, wenn auch hier Fehlerquellen bei der Analyse von Mageninhalten zu erwarten sind.

*Diptera* (Im.) $n_I = 45$ $n_A = > 15$

$D = 3{,}6$

Dipteren wurden während aller Perioden in einer höheren Formenzahl, als in der Nestlingsnahrung festgestellt, aufgenommen. Nach der Frequenz dominierten die Formen der *Chironomidae*, von denen im Untersuchungsgebiet zeitlich Massenauftreten erkennbar waren. Aufgenommen wurden daneben sowohl große Formen wie Arten der *Tipulidae* oder *Limnobiidae* als auch sehr kleine Objekte wie *Sciaridae* oder *Itonididae*. In III wurden, ebenso wie in der Nestlingsnahrung, vor allem die zahlreichen *Syrphidae* reflektiert. Als Nestlingsnahrung selektiv genutzte Formen wie *Stratiomyia*- oder *Thereva*-Arten wurden kaum als Nahrungsobjekte der Altvögel festgestellt. Schizophore Dipteren *(Muscidae, Scatophagidae)* wurden vergleichsweise häufiger erbeutet.

*Coleoptera* (Im.) $n_I = 146$ $n_A =$ ca. 30-40

$D = 12{,}0$

Coleopteren als Beuteformen waren ebenfalls weitaus kennzeichnender für das Nahrungsspektrum der adulten Vögel, wo sie in einem breiten Größen- und Formenbereich auftraten. Ökologisch umfaßte das umfangreiche Spektrum kleine bis mittelgroße Bewohner sowohl der Bodenoberfläche als auch der Gebüschschicht. Aus der ersteren Gruppe entstammen Formen der *Curculionidae*, *Carabidae* und *Tenebrionidae*, zur zweiten gehören hier *Elateridae* und *Coccinellidae*. Die relativ großen *Scarabaeidae* der Nestlingsnahrung (Gattungen *Hoplia*, *Serica*) wurden vereinzelt auch im Nahrungsspektrum der Altvögel gefunden. Formenmäßig umfangreichste Gruppe der Altvogelnahrung waren entsprechend ihrer Lebensweise die an Pflanzen gebundenen kleinen *Curculionidae*. Die recht hohe Zahl der hier erkennbaren unterschiedlichen taxonomischen Einheiten täuscht, infolge langer Nachweisbarkeit der stark chitinisierten Körperdecke, einen überhohen Anteil vor.

*Lepidoptera* (Im. + L.) $n_I = 74$ $n_A =$ ca. 15-20

$D = 6{,}1$

Als Imaginalformen wurden Lepidopteren von den Altvögeln kaum aufgenommen; Reste wurden nur in Magenanalysen in I (1 MI) und III (5 MI) festgestellt. – Der Anteil von *Lep.*-Larven lag während des Untersuchungszeitraumes zeitlich sehr hoch in I. Ursache war hier das alljährliche Angebot von *Operophthera*-Larven im Mai/Juni, welches den aus dem Winterquartier eintreffenden Vögeln sofort zur Verfügung steht. *Operophthera*-Larven bildeten ebenfalls eine sowohl für die Altvögel als auch zur Fütterung der Nestlinge akzeptable Nahrung. Das übrige Larven-Spektrum der Altvogelnahrung umfaßte neben einigen größeren, auch als Nestlingsnahrung genutzten Formen vor allem kleinere Formen der *Geometridae* und der Mikro-*Lepidoptera*. Trotz weitgehender Fehlerquellen bei der Analyse dieser Formen aus den Mageninhalten kann jedoch festgestellt werden, daß das in der Altvogelnahrung noch erkennbare Formenspektrum qualitativ weit unterhalb desjenigen der Nestlingsnahrung blieb.

Vegetabilische Bestandteile der Altvogelnahrung

Von zeitlicher Bedeutung sind vegetabilische Nahrungsbestandteile als Nahrung der Altvögel der Dorngrasmücke. Insbesondere ist das der Anteil der Beerennahrung; für den vorliegenden Fall dargestellt in Tab. 3 nach der Frequenz des Antreffens von vegetabilischer Nahrung in den Mageninhalten. Der zeitliche Wechsel im Angebot, d. h. das zeitlich verschiedene Reifen der genannten Fruchtarten, war auch im Nahrungsspektrum gut erkennbar. Voraussetzung war auch hier das reiche Angebot speziell von Rubus- und Sambucus-Beeren in der Periode August/September im Untersuchungsgebiet. Kaum bzw. nicht aufgenommen wurden dagegen die in dieser Periode geradezu überreich angebotenen Hippophae-Beeren, auch nicht die Beeren der stellenweise vertretenen Rhamnus- und Lonicera-Arten. Die genannte Bevorzugung der Rubus- und Sambucus-Beeren bestätigt auch hierbei nur die im Schrifttum vorliegenden entsprechenden Beobachtungen (siehe Kap. 2). Das weite Spektrum der genannten Pflanzenarten zeigt jedoch, daß keineswegs eine enge Fixierung nur an wenige Beerenarten ausgeprägt ist. Dagegen findet sich im Schrifttum trotz relativ zahlreicher Mageninhaltsanalysen kein Hinweis darüber, daß neben fleischigen Früchten auch andere vegetabilische Stoffe aufgenommen werden können.

| | Frequenz d. Aufnahme (Relativanteil der MI mit entsprech. vegetab. Nahrungsanteil) | | | |
|---|---|---|---|---|
| | I | II | III | IV |
| Beerenfrüchte von: | | | | |
| Rubus sp. | – | – | 52,1 | 22,2 |
| Ribes alpinum | – | 18,2 | 28,1 | 44,4 |
| Hippophae rhamnoides | – | – | 6,2 | – |
| Sambucus nigra | – | – | – | 55,6 |
| Beerenfrüchte indet. | – | – | 3,1 | 11,1 |

Tab. 3. Anteile von Beerenfrüchten an der Altvogelnahrung der Dorngrasmücke in saisonaler Sicht.

Im vorliegenden Fall fanden sich in einem Großteil der Mageninhalte, besonders aus den späteren Perioden, noch (oftmals in Vielzahl) sehr kleine Partikel in Form von pflanzlichen Samenkörnchen, daneben aber auch geringe Reste von Blütenständen, Blatt- und Stengelreste usw. Auch hier bleibt die Frage, ob solche Anteile gewissermaßen infolge einer etwas groben Aufnahme der Nahrung mit unbeabsichtigt in den Nahrungsweg geraten, da diese Partikel infolge ihrer Kleinheit kaum Ernährungswert besitzen dürften.

## 4. Das Spektrum der Altvogelnahrung der Dorngrasmücke in synökologischer Sicht

Leider lassen sich, verursacht vor allem durch den zahlenmäßig geringeren Materialumfang und infolge der methodischen Fehlermöglichkeiten, für die Nahrungswahl der Altvögel nicht in dem Maße wie für die Nestlingsnahrung zeitlich-saisonale bzw. individuelle Aspekte schlußfolgern. Individuell unterschiedene Nahrungswahl einzelner Vögel kann sich, wie hier hin und wieder registriert, in der Aufnahme von Nahrungsformen in geringer Probenfrequenz, aber in hohen Anzahlen ausdrücken (im gegebenen Falle z. B. *Forficula auricularia* oder *Formicidae*). Ein Hungerzustand einzelner Vögel kann ebenfalls dazu führen, daß eine „Notnahrung" aufgenommen wird, welche sonst untypisch für die Vogelart ist. Offenbar kommt es auch in Normalsituationen öfter vor, daß einzelne Vögel Hunger empfinden müssen, da auch hier vereinzelt Vögel festgestellt wurden, deren Magen auch bei sofortiger Analyse leer waren. – Saisonale Schwankungen der Anteile von Beuteformen bzw. -gruppen ergeben sich im Grunde bei allen diesen Einheiten. Sie sind bei den Beutegruppen, welche selbst durch den Entwicklungszyklus bedingte saisonale Aspekte zeigen (z. B. *Lep.* L., *Hom. Cicad.*), eindeutig dadurch bedingt.

Bei dem Vergleich des hier registrierten Formenspektrums der Nahrung der adulten Dorngrasmücken mit den Spektren der eingangs genannten Mageninhaltsanalysen aus regional anderen Gebieten ist es fast unmöglich, etwa durch Vergleich der quantitativen Anteile allgemeingültige Gesichtspunkte der Nahrungswahl der Art zu entdecken. Die ohnehin fehlerhaften Anteilwerte werden durch subjektive Auswertungskriterien der Arthropoden-Bruchstücke nur noch weiter verstärkt. Das zeigen die aus der Literatur vorliegenden Angaben mit den durchweg hohen Anteilen stark chitinisierter Beuteformen sowie mit den stark schwankenden Anteilwerten aller weichen, unchitinisierten Beutegruppen. Die hier vorliegenden Resultate zeigen vielmehr, daß sich das Nahrungsspektrum der Altvögel, zumindest in reichhaltigen Zönosen, aus einer sehr großen Formenvielfalt zusammensetzen kann und daß fast alle Insekten- und darüber hinaus viele Arthropoden-Gruppen vertreten sein können. Aus einer großen Formenvielfalt zusammengesetzte Nahrungsspektren von Singvögeln gelten bekanntlich als Ausdruck eines reichhaltigen Angebotes, da dann eine Vogelart aus einem solchen Angebot die optimalen Nahrungsformen auswählt (LACK 1950). – Neben einzelnen Gruppen der Coleopteren dominieren im obigen Vergleich hinsichtlich ihrer Stetigkeit Beuteformen der *Formicidae*, welche von den genannten Autoren in ihrer überwiegenden Mehrzahl als Bestandteil der Altvogelnahrung der Dorngrasmücke genannt werden, von einigen auch als dominierender Nahrungsbestandteil.

## 5. Die Altvogel- und Nestlingsnahrung der Dorngrasmücke im synökologischen Vergleich

Eingehende qualitative Vergleiche beider Nahrungsspektren, wie im einzelnen schon in Kap. 3 vorgenommen, liegen von Singvögeln bisher nur vereinzelt und meist unter anderen Gesichtspunkten vor. Bis in die jüngere Zeit hinein wurde zumeist angenommen, daß die Nahrung der Altvögel zumindest in der Periode der Nestlingsaufzucht der dort gefütterten Nahrung entspricht (z. B. MALČEVSKIJ/KADOČNIKOV 1953 für insektenfressende Singvögel allgemein). Bei gleichzeitiger Untersuchung von Altvogel- und Nestlingsnahrung während der gleichen Periode fand INOZEMCEV (1960) bei der Haubenmeise nur geringe Unterschiede, welche vor allem zwischen der Nestlingsnahrung der ersten Nestlingsphase und der Altvogelnahrung auftraten (z. B. höherer Anteil der Spinnen in der Nestlingsnahrung). Bedeutendere Unterschiede (andere Anteile einzelner Insektengruppen, aber auch anderes Verhältnis der animalischen zur vegetabilischen Nahrungskomponente) stellte EVANS (1964) bei nordamerikanischen Sperlingsarten fest. Interessante Ergebnisse veröffentlichte auch RIABOV (1965) über die Nahrung von flüggen, jedoch noch stark zugefütterten Jungvögeln und adulten Vögeln des Steinschmätzers. Hier enthielt die Nahrung der Jungvögel ein bedeutend weniger vielgestaltiges Nahrungsspektrum als das der Altvögel. Das bedeutet, daß die Jungvögel weniger taxonomisch unterscheidbare Objekte, aber dafür ungleich zahlreicher, erhielten, als die Altvögel selbst aufnahmen. Eine schon von BOETIUS (1949) veröffentlichte Beobachtung, die von der nahrungsethologischen Seite her (ähnlich den Beobachtungen von ROYAMA 1966) auf Unterschiede in der Ernährung von Altvögeln und deren Nestlingen hinweist, zeigt, daß adulte Sumpfmeisen, welche zwischen den Fütterungen ihrer Nestlinge eigene Nahrung aufnahmen, dann Objekte suchten, welche quantitativ und damit qualitativ anders (kleiner) waren als die den Nestlingen gefütterten Formen; und daß die Nahrungssuche für die eigene Ernährung an anderen Stellen erfolgte (näher am Nest) als die Suche der Nestlingsnahrung. Selbstverständlich kann sich eine solche Selektivität besonders dann ausprägen, wenn der Vogelart eine Vielzahl von Fangmanövern zur Verfügung stehen bzw. nicht nur ein Stratum zur Nahrungssuche genutzt wird.

### 5.1. Zur Charakterisierung der Ähnlichkeit von Altvogel- und Nestlingsnahrung

Zur Diskussion dieser Thematik soll versucht werden, die „Ähnlichkeit" beider Nahrungsspektren an Hand des vorliegenden Materials abzuschätzen.

Um die verschiedene Rolle einzelner Beutetiergruppen im Vergleich einzuschätzen, genügt es, die jeweiligen Anteilwerte einander gegenüberzustellen (Abb. 4). Eine

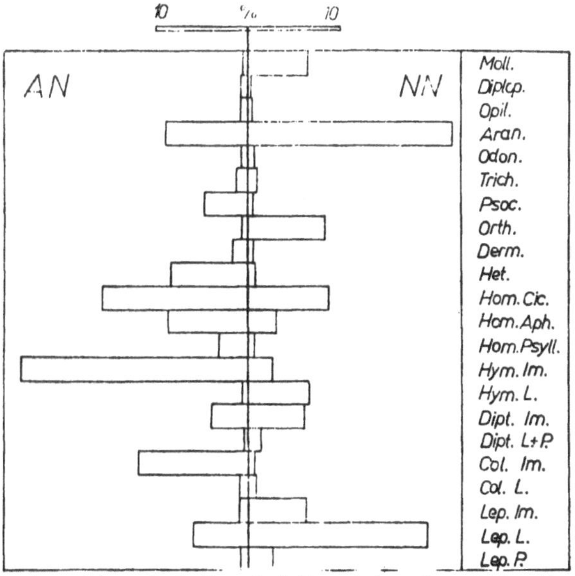


Abb. 4. Die Beutespektren (relative Anteilwerte), aufgeschlüsselt nach den höheren taxonomischen Einheiten, im Vergleich von Altvogel- (AN) und Nestlingsnahrung (NN).

solche Darstellung beruht auf der Gegenüberstellung absolut unvergleichbarer Zahlenwerte, vergleichbar gemacht jedoch durch die relative Bezugsgrundlage. Die schon genannte, oft gegensätzliche Bewertung einzelner Beutegruppen bei beiden Nahrungsarten läßt sich gut erkennen; nur wenige Beutegruppen erreichen annähernd gleiche Anteilwerte (*Hom. Cicad.*, *Dipt.* Im.), bzw. werden trotz unterschiedlich hoher Anteilwerte in beiden Nahrungsarten gut reflektiert (*Aran.*, *Hom. Aphid.*). Nicht einbezogen ist hier der saisonal-zeitliche Faktor, da eine solche Übereinstimmung meist nur innerhalb kürzerer Perioden ausgeprägt ist.

Zur Kennzeichnung der „Ähnlichkeit" von Altvogel- und Nestlingsnahrung müssen jedoch neben den quantitativen Anteilwerten der genannten Beutegruppen vor allem die Anteile der einzelnen, niederen taxonomischen Einheiten in Hinsicht darauf berücksichtigt werden, ob sie beiden Spektren gemeinsam sind oder nicht. So kann eine Beutegruppe in beiden Spektren mit gleichen quantitativen Anteilwerten, aber mit taxonomisch völlig verschiedenen Beuteformen vertreten sein.

Zu diesem Zweck mußten deshalb für die einzelnen Perioden die als Beuteformen in der Altvogelnahrung registrierten niederen taxonomischen Einheiten daraufhin aufgeschlüsselt werden, ob bzw. in welchen Umfangseinheiten sie mit der Nestlingsnahrung (Gesamtwert 1965—67) gemeinsam sind. Für die Darstellung in Abb. 5 wurden die quantitativen Anteile aller einordnungsfähigen Beuteobjekte nach folgenden Prinzipien zusammengefaßt: 1. welcher taxonomischen Beuteform sie angehören; 2. zu welcher der folgenden Kategorien diese Beuteform gehört. Als Kategorien wurden die folgenden Umfangsbereiche gewählt: 1. Formen, welche in der Nestlingsnahrung nicht vertreten waren (0 %); 2. Formen, welche in der Nestlingsnahrung nur zu Anteilwerten von < 0,1 % vertreten waren, welche dort also nur mehr oder weniger zufällig gefüttert worden sein dürften; 3. Formen, welche in der Nestlingsnahrung einen bestimmten, mehr oder weniger großen Anteil einnahmen (0,18 % und höher) und daher als Nestlingsnahrung akzeptabel erschienen.

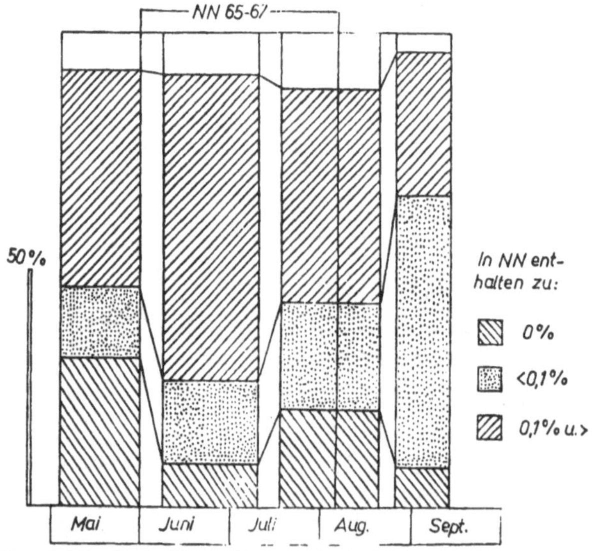


Abb. 5. Zum Vergleich der „Ähnlichkeit" der Altvogelnahrung mit der Nestlingsnahrung: Relativanteile von Beuteformen in der Altvogelnahrung, welche als taxonomische Einheiten in der Nestlingsnahrung (NN) fehlten (0 %), dort nur zufällig verfüttert wurden (< 0,1 %) oder dort mehr oder weniger große Anteile einnahmen (0,1 % und >), dargestellt in saisonaler Sicht.

Es zeigte sich, daß auch bei den Altvögeln, welche innerhalb der Brutperiode gefangen wurden (II), die aufgenommenen Beuteobjekte ihrer Zahl nach zu einem reichlichen Drittel aus Formen bestanden, welche in der Nestlingsnahrung der Art nicht oder nur zufällig vertreten waren. In III, von welcher Periode das zahlenmäßig umfangreichste Material vorlag (hier ist noch ein Teil der potentiellen Brutperiode inbegriffen), bestand anzahlmäßig ca. die Hälfte der Objekte der Altvogelnahrung aus solchen Formen. Schließlich war das Spektrum der Altvogelnahrung von I und IV der Nestlingsnahrung am „unähnlichsten", wobei der höchste Wert der mit der Nestlingsnahrung nicht gemeinsamen Formen in I erreicht wurde, während in IV noch viele Formen im Angebot waren, die vereinzelt noch den Nestlingen der späten Bruten gefüttert wurden.

Kritischerweise muß gesagt werden, daß das Spektrum der Altvogelnahrung in II durch einige wenige diesjährige Vögel, die evtl. noch zugefüttert wurden, etwas weiter zugunsten der Ähnlichkeit mit der Nestlingsnahrung beeinflußt wurde. Da das Spektrum in II fast durchweg von nichtbrütenden bzw. mit der Brut fertigen Vögeln gewonnen wurde, läßt sich nicht mit Sicherheit feststellen, ob die Nahrungsformen der selbst Junge fütternden Vögel nicht doch noch mehr den Formenkreis der Nestlingsnahrung umfassen. Verzerrungen sind auch dadurch möglich, daß bei einer lang ausgedehnten Brutperiode wie im vorliegenden Fall am Beginn sowie am Ende dieser Periode noch Beuteformen gefüttert werden, deren saisonales Erscheinen schwerpunktmäßig in der vorhergehenden oder der folgenden Periode liegt. — Nicht einbegriffen sind in dieser Darstellung die nicht mehr zuordnungsfähigen Beuteformen (weiß) sowie die vegetabilischen Objekte, mit deren Einschluß die „Unähnlichkeit" des Spektrums der Altvogelnahrung in III und IV noch weiter erhöht würde.

## 5.2. Größenverhältnisse der Beuteobjekte im Vergleich von Altvogel- und Nestlingsnahrung

Schon beim überschlägigen Vergleich der Beutetiergruppen (Abb. 4) fällt auf, daß Gruppen mit einheitlich kleinen Formen im Spektrum der Altvogelnahrung höhere Werte erreichen. Vergleichen wir die Anteile von Gruppen mit einheitlich sehr kleinen Beuteformen (*Psoc.*, *Hom. Aphid.*, *Hom. Psyllid.*), so enthält das Spektrum der Altvogelnahrung durchweg höhere Anteile, während Beutegruppen mit (vorwiegend) großen Beuteformen (*Orth.*, Makro-*Lep.* Im.) das umgekehrte Verhältnis aufweisen.

Die meisten Beutegruppen enthalten jedoch hinsichtlich der Größe sehr unterschiedliche Formen. Deshalb wurden als Beispiel in Tab. 4 für einige Beutegruppen (*Het.* Im. + L., *Col.* Im., *Hym.* Im. und *Dipt.* Im.), welche vor allem in der Altvogelnahrung in höheren Anzahlen bzw. taxonomischen Einheiten erschienen und deshalb die realsten Vergleichsmöglichkeiten ergaben, alle festgestellten Beuteobjekte nach ihren relativen Anteilwerten in 3 Größenklassen eingeordnet. Da relativ umfassende Maßbereiche gewählt wurden, konnten auch die Reststrukturen aus den Mageninhalten durch Rekonstruktion meist ohne Schwierigkeiten in einem der 3 Bereiche untergebracht werden.

Bei allen vier Gruppen liegen die eindeutigen Schwerpunkte der Anteile für die Formen $<$ 5 mm Körperlänge bei der Altvogelnahrung, für die Formen $>$ 10 mm Körperlänge bei der Nestlingsnahrung. In der Größenordnung 5—10 mm überwiegt bereits schon der Anteil dieser Formen an der Nestlingsnahrung, jedoch in unterschiedlichem Maße: während die Heteropteren und Hymenopteren dieser Größenklasse zum überwiegenden Teil schon Beuteformen zur Fütterung der Nestlinge darstellen, werden die Coleopteren und Dipteren dieses Größenbereiches auch noch stark

| | Relativanteil der Größenklassen (Stückprozent) | | | Absolutanteil (Stück) |
|---|---|---|---|---|
| | < 5 mm | 5–10 mm | > 10 mm | |
| *Heteroptera* Im.+ L.: | | | | |
| Altvogelnahrung | 67,4 | 32,6 | – | 95 |
| Nestlingsnahrung | 18,2 | 72,7 | 9,1 | 33 |
| *Hymenoptera* Im.: | | | | |
| Altvogelnahrung | 90,3 | 9,0 | 0,7 | 300 |
| Nestlingsnahrung | 7,1 | 78,8 | 14,1 | 142 |
| *Coleoptera* Im.: | | | | |
| Altvogelnahrung | 66,4 | 24,7 | 8,9 | 146 |
| Nestlingsnahrung | 4,2 | 37,5 | 58,3 | 24 |
| *Diptera* Im.: | | | | |
| Altvogelnahrung | 54,5 | 18,2 | 27,3 | 44 |
| Nestlingsnahrung | 5,7 | 14,7 | 79,6 | 334 |
| Diese Gruppen ges.: | | | | |
| Altvogelnahrung | 77,9 | 17,4 | 4,6 | 585 |
| Nestlingsnahrung | 6,8 | 36,4 | 56,8 | 533 |

Tab. 4. Anteile verschiedener Größenklassen von Beutetiergruppen im Vergleich von Altvogel- und Nestlingsnahrung.

von den adulten Vögeln zur eigenen Ernährung genutzt. Für alle vier Beutegruppen macht sich eine klare Trennung der Verschiedenwertigkeit der Beuteformen als Nahrungsobjekte besonders im Größenbereich < 5 mm Körperlänge bemerkbar. Hiervon werden bei einem sicherlich ständigen und vielfältigen Angebot übereinstimmend nur sehr geringe Anteile als Nestlingsnahrung, dagegen hohe Anteile zur Ernährung der Altvögel genutzt. Im Größenbereich > 10 mm Körperlänge können normalerweise keine hohen Anteilwerte und damit Schwankungsbreiten auftreten, da das Formenangebot mit zunehmender Größe dieser rasch abnimmt, und von einigen Gruppen *(Het., Hym.)* kaum akzeptable Beuteformen im Untersuchungsgebiet vorhanden sein dürften. Hier tritt der von ROOT (1967) genannte Fakt ein, daß die Seltenheit solcher großer Nahrungsformen im Spektrum auch die Seltenheit dieser im umgebenden Angebot widerspiegelt, wobei beide Gegebenheiten in einem dynamischen Gleichgewicht stehen müssen. Im vorliegenden Fall scheint es jedoch, daß die obere Größengrenze der von den adulten Vögeln selbst aufgenommenen Nahrung, bedingt durch die Aufnahmefähigkeit des Vogels, noch weit unterhalb der Größengrenze der Nahrungsformen im Angebot liegt, während für die Nestlingsnahrung eine solche, durch das Angebot bedingte Größenbeschränkung deutlicher sichtbar wird.

Hinweise auf Größenselektion gibt noch ein weiterer Umstand. Es ist bekannt, daß bei sehr vielen Spinnen (dazu gehören wohl alle hier festgestellten Formen) die ♂♂ durchweg geringere Körpergrößen und damit ein geringeres Volumen erreichen als die ♀♀. Ordnet man den Anteil der Beuteobjekte dieser Gruppe an der Nahrung der adulten Vögel periodenweise daraufhin ein, welche zahlenmäßigen Anteile die ♂♂ im Vergleich zum Gesamtmaterial der als Nahrung aufgenommenen Spinnenformen einnehmen, ergibt sich das in Tab. 5 dargestellte Bild.

| | Absolutanteil (Stück) | davon Relativanteil (Stückprozent) männl. | weibl. |
|---|---|---|---|
| Altvogelnahrung: | | | |
| I. Vorbrutperiode | 17 | 29,4 | 70,6 |
| II. Brutperiode | 17 | 5,9 | 94,1 |
| III. unmittelbare Nachbrutperiode | 61 | 19,7 | 80,3 |
| IV. späte Nachbrut- und Abzugsperiode | 12 | 16,7 | 83,3 |
| Gesamt: | | | |
| Altvogelnahrung | 107 | 18,7 | 81,3 |
| Nestlingsnahrung | 1245 | 2,5 | 97,5 |

Tab. 5. Beutetiergruppe *Araneae:* Anteile der Geschlechter im Vergleich von Altvogel- und Nestlingsnahrung.

Es zeigt sich, daß der Anteil der Spinnen-♂♂ in der Altvogelnahrung während aller Perioden durchweg um vieles höher liegt als der Anteil der ♂♂ in der Nahrung der Nestlinge. Es wäre einzuwenden, daß die Perioden, aus denen die Nahrungsobjekte der Altvogelnahrung stammen, einen ca. doppelt so großen Zeitraum umfassen wie die Periode, innerhalb welcher die Proben der Nestlingsnahrung gesammelt wurden, und daß infolgedessen die Reifezeiten zahlreicherer Arten innerhalb dieses Zeitraumes liegen, als das für die Nestlingsnahrung der Fall ist. So liegt der Anteil der ♂♂ in der Altvogelnahrung in II auch deutlich niedriger als in den anderen Perioden. Es muß jedoch genannt werden, daß der ♂♂-Anteil der Spinnen in der Altvogelnahrung wahrscheinlich noch höher liegt, als hier festgestellt, da bei der Auswertung von Mageninhalten nur dann die Aufnahme von ♂♂ als sicher konstatiert wurde, wenn deren Taster bzw. Reststrukturen davon nachzuweisen waren (die Mandibeln boten nur in ganz wenigen Fällen geschlechtsspezifische Unterscheidungsmerkmale). Außerdem lagen auch mitten in der Nistperiode die Reifezeiten einiger bevorzugt als Nestlingsnahrung genutzter Arten (Gattungen *Theridion, Philodromus*).

Eine entsprechende Selektierung nach dem Größenfaktor zwischen beiden Nahrungsspektren ergibt sich, wenn die Beuteobjekte aus der Gruppe der Lepidopteren (Im. + L. gesamt) in die beiden Größenkategorien aufgeteilt werden, welche die Einteilungsbegriffe „Makro-*Lepidoptera*" und „Mikro-*Lepidoptera*" zum Ausdruck bringen. Auch hier liegt der relative Anteil der (in den meisten Fällen körperlich wesentlich kleineren) Mikro-Lepidopteren in der Nahrung der adulten Vögel deutlich höher als in der Nestlingsnahrung. Wie bei den vorher diskutierten Spinnen sind die Differenzen der prozentualen Anteilwerte auch bei den analysierten unterschiedlichen Materialmengen statistisch signifikant.

Ebenfalls in erster Linie durch den Größenfaktor bedingt dürften die Unterschiede in der Nahrungswahl hinsichtlich des Stratums sein, aus welchem die Beuteobjekte stammen. Von Interesse sowie methodisch am einwandfreiesten ermittelbar ist der Anteil der Boden- bzw. Bodenoberflächen-Formen im Vergleich von Altvogel- und Nestlingsnahrung (Abb. 6, die einzelnen Periodenwerte nennen auch die Zahlen der jeweils analysierten Vogelindividuen). Ersichtlich ist, daß die Werte der Altvogelnahrung ziemlichen Schwankungen unterworfen sind, wohl durch Verzerrungen infolge verschieden hoher Repräsentativität des analysierten Materials bedingt. Trotzdem ist erkennbar, daß die Anteile der Bodenoberflächen-Formen in der Altvogelnahrung, im Durchschnitt gesehen, deutlich höher liegen als in der Nestlingsnahrung. Es ist anzunehmen, daß Bodenoberflächen-Formen infolge ihrer meist geringeren Größe als Nestlingsnahrung des Vogels unaktuell bleiben, da große, voluminöse Beuteformen (z. B. *Lep.* L.!) fast ausschließlich an die oberen Strata gebunden bleiben.

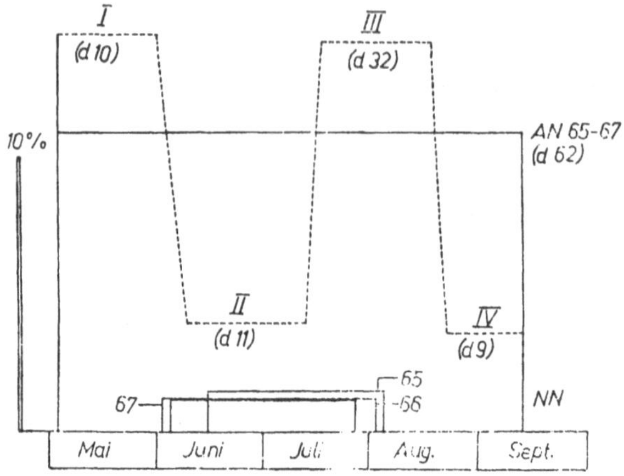


Abb. 6. Relativanteile der Boden- bzw. Bodenoberflächen-Formen im Vergleich von Altvogelnahrung (AN: saisonal sowie als Gesamtwert aller Untersuchungsjahre) und Nestlingsnahrung (NN: Gesamtwerte der einzelnen Untersuchungsjahre getrennt).

Mögliche saisonale Unterschiede in der Bedeutung der Bodenoberflächen-Formen als Nahrungsobjekte der adulten Dorngrasmücken im vorliegenden Fall (z. B. verstärkte Aufnahme dieser Formen während der frühen Ankunftsperiode, in welcher die Arthropoden-Fauna qualitativ noch nicht sehr vielgestaltig ausgebildet ist) müssen hier unberücksichtigt bleiben.

Zusammengefaßt läßt sich sagen, daß die u. a. von ROYAMA (1966) bei höhlenbrütenden Singvögeln festgestellten Unterschiede beider Nahrungsspektren im Prinzip auch für das hier diskutierte Beispiel der Dorngrasmücke gelten. Es liegt deshalb nahe, der Nahrungsauswahl dieser Vogelart, je nachdem, ob diese zur Deckung des eigenen Bedarfes oder des Nahrungsbedarfes der Nestlinge erfolgt, die gleichen Gesetzmäßigkeiten zugrunde zu legen. Der ökonomisch effektive Zwang, pro Zeiteinheit ein möglichst großes Nahrungsquantum mittels des geringsten Energieaufwandes zu beschaffen, dürfte hier jedoch wesentlich weniger streng wirksam sein als etwa bei den von ROYAMA untersuchten *Parus*-Arten. Ausschlaggebend sind hier die wesentlich geringeren Brutgrößen der *Sylvia*-Arten, die im allgemeinen geringe Entfernung zwischen Nistplatz und Nahrungsrevier (in der Regel befindet sich das Brutnest im gleichen Biotop bzw. Stratum, wo auch die Nahrung für die Aufzucht der Jungvögel gesucht wird), aber auch die Fähigkeit, mehrere bis viele sehr kleine Nahrungsobjektes nacheinander aufzunehmen und mittels eines Anfluges füttern zu können. Auf Grund der ausgesprochen gebüschgebundenen Lebensweise dürften sich für die Dorngrasmücke genügend Gelegenheiten ergeben, auch während der Suche der Nestlingsnahrung aus der Fülle kleiner Arthropoden-Formen den eigenen Nahrungsbedarf zu decken.

## Zusammenfassung (I + II)

Während der Jahre 1965—1967 wurden in einem Gebüsch-Biotop der Insel Hiddensee (Bez. Rostock) Untersuchungen über die Nestlingsnahrung der Dorngrasmücke (Halsring-Methode) sowie über die Nahrung der Altvögel der Art während ihrer gesamten Anwesenheitsperiode (Analyse von Mageninhalten) durchgeführt. Die Darstellung und allseitige Analyse des gewonnenen Materials soll hier, verbunden mit den zusammengestellten Angaben aus dem Schrifttum, in Form eines Modellfalles die vielfältigen und variablen Beziehungen einer Singvogelart zur Evertebratenfauna über den Faktor Ernährung demonstrieren.

Sowohl bei Betrachtung niederer taxonomischer Einheiten als auch größerer Beutegruppen der Nestlingsnahrung lassen sich in zeitlicher (jährlicher, innerhalb eines Jahres vor allem in saisonaler) Sicht bedeutende Unterschiede in der Zusammensetzung des Beutespektrums feststellen und in Form von Aspekten ausdrücken. Diese Unterschiede sind teils durch die zeitlichen Wechsel im Angebot akzeptabler Beuteformen bedingt, teils lassen sie Züge einer deutlichen Auswahl seitens des nahrungssuchenden Vogels erkennen. Aus diesen Gründen ist eine qualitative Kennzeichnung des Beutetierspektrums einer Vogelart um so weniger möglich, je vielfältiger und variabler das Angebot ist und je umfangreicher sich für die Vogelart das Spektrum der verfügbaren, akzeptablen Beuteformen darstellt. Weitere Variabilitätsfaktoren ergeben sich in Form von individuell verschiedener Nahrungswahl (einzelne Brutpaare), die Ausdruck lokal und zeitlich begrenzter Angebotssituationen sind. — Im vorliegenden Fall ist für die Nestlingsnahrung der Dorngrasmücke neben der Ausnutzung der larvalen Lepidopteren in der frühen Brutperiode die Aufnahme von Orthopteren in der späteren Periode kennzeichnend, deren saisonal spätes Erscheinen dann die Nahrungslücke schließt. Die aufgenommenen Beuteformen der Nestlingsnahrung stammen fast vollständig aus der Kraut- und Strauchschicht des Biotopes, kaum von der Bodenoberfläche. Einflüsse der Witterung auf das aufgenommene Beutetierspektrum lassen sich nicht sicher feststellen. Dagegen ergaben sich ursächlich bedingte, wahrscheinlich aber auch methodisch beeinflußte Relationen zwischen Nestlingsalter und einigen Gruppen körperlich kleiner Beuteformen. Eine Auswahl hinsichtlich des Faktors Größe ist insofern festzustellen, daß die verfütterten Beuteformen in den oberen Größenbereich des akzeptablen Beutetierspektrums im Biotop gehören. Am besten lassen sich die Besonderheiten des Nahrungsspektrums einer Singvogelart als Relativvergleich der entsprechenden Werte gegenüber anderen, möglichst nahe verwandten Arten im gleichen Biotop darstellen.

Die Nahrung der Altvögel der Art kann sich, wie das Spektrum der Nestlingsnahrung, aus einem breiten Formenspektrum zusammensetzen, welches die gleichen, oben genannten Aspektbildungen erkennen läßt. Bei dem Vergleich der Ähnlichkeit beider Spektren zeigt sich, daß die Nahrung der Altvögel auch während der Brutperiode noch einen hohen Anteil von Formen enthält, welche in der Nestlingsnahrung fehlen oder hier nur zufällig in das Beutespektrum geraten waren. Deutliche Differenzen ergeben sich außer den diskutierten qualitativen Unterschieden vor allem hinsichtlich des Faktors Beutetiergröße. In der Altvogelnahrung der Art dominieren kleine bis sehr kleine Beuteformen, die hier, vor allem während der Perioden außerhalb der Brutzeit, auch in bedeutendem Maße von der Bodenoberfläche aufgenommen wurden.

**Summary**

THE FOOD SPECTRUM OF WHITETHROAT (SYLVIA COMMUNIS LATH.) IN A SHRUB AREA ON THE ISLE OF HIDDENSEE (I + II)

In the years 1965 to 1967, Whitethroat nestling food (neck collar method) and food of adult birds of this species (analysis of gizzard contents) during the whole period of their presence in a shrub area on the Isle of Hiddensee (Rayon of Rostock) were investigated. The presentation and thorough analysis of found materials, in conjunction with a compilation of reference literature, are to demonstrate the manifold and variable relations of a song bird species and the evertebrate fauna through the feeding factor as a model.

Reflection on lower taxonomical units as well as on larger species groups of nestlings' food in regard of time (namely annual intervals and, within the year, above all seasonally) show distinct differences in composition of the diet spectrum and permit them to be expressed by way of aspects. These differences are based on one hand on the temporally varying offer of acceptable forms of diet species while, on the other, it is visible that the bird wanting food is distinctly selecting. Consequently, qualitative designation of the spectrum of prey forms of a bird species is the less possible the more multiform and variable the offer and the greater the spectrum of available and acceptable prey forms for the bird species. Other factors of variability result from individually differing food selection (single breeding pairs) representing locally and temporally limited offer situations. – In the present case, the Whitethroat nestlings' food is characterized by utilization of lepidopterous larvae in the period of early broods and of orthoptera in the late period. The seasonally late occurrence of the latter then fills up the gap in feeding. Taken prey forms of nestling food come almost completely from the field and shrub layer of the biotope and hardly from the ground. Influences by weather on the taken spectrum of prey forms cannot be detected reliably. However, the relations between nestlings' age and some groups of bodily small prey forms are causally conditioned but probably also methodically influenced. Selection with regard to size can be found since diet forms used for feeding belong to the upper size range of the acceptable spectrum of prey forms. The best way of characterizing the particulars of a song bird species diet spectrum is the relative comparison with corresponding values for other – if possible, closely related – species in the same biotope.

Food of adult birds can, like that of nestlings, consist of a wide spectrum of forms having the same aspects as mentioned above. Comparison between similarity of both spectra shows that the food of adult birds even during the period of breeding still contains a high percentage of forms which are missed in nestlings' food or are merely incidentally in the diet spectrum. Distinct differences, in addition to the already discussed qualitative ones, can be found above all with regard to the size of diet forms. Food of adult birds of the species predominantly consists of small to very small diet forms which are here taken to a high extent from the ground especially in the periods out of breeding times.

## Literatur

AELLEN, D., 1943/44: Kartoffelkäfer und Vogelschutz. – Vögel der Heimat (Aarau), **14**: 175–177.

ALTENKIRCH, W., 1965: Vogelschutz und Eichenwickler (*Tortrix viridana* L.). Bericht über die Ansiedlung höhlenbrütender Vögel in Eichenwickler-Schadgebieten. – Z. angew. Zool., **52**: 197–244.

–, 1968: Vogelschutz und Eichenwickler (*Tortrix viridana* L.): Synökologische Untersuchungen über die Kronenfauna eines Eichen-Hainbuchen-Waldes (Teil II). – Z. angew. Zool., **55**: 1–69.

BETTS, M. M., 1955: The food of Titmice in oak woodland. – J. Anim. Ecol., **24**: 282–325.

BOETIUS, J., 1949: Feeding-Activity in some insectivorous birds. – Dansk. Orn. For. Tidsskr., **43**: 45–59.

BÖSENBERG, K., 1964: Vergleichende Feststellungen zur Nestlingsnahrung von Trauerschnäpper (*Ficedula hypoleuca* Pall.), Kohlmeise (*Parus major* L.) und Blaumeise (*Parus caeruleus* L.) in verschiedenen Waldbiotopen. – Beitr. Vogelk., **9**: 249–262.

–, 1965: Forstschutz gegen Schadinsekten im Buchen- und Eichenwald (II). – Forschungsber. Biol. Zentralanst. Berlin d. DAL (Vogelschutzwarte Seebach), 1–48 (unveröff.).

–, 1967: Aus der Beuteliste der Singvögel (III). – Garten und Kleintierzucht (A), **6**, 2. Oktoberheft: 6.

BOŽKO, S. I., 1961: Materialien zur Fortpflanzung und Ernährung der Grasmücken (*Sylvia*) in den Parks von Leningrad und Umgebung (russ., deut. Übers.). – Acta Univ. Debrecen, **7**: 219–237.

BRUNS, H., 1959: Vogelschutz und Schädlingsbekämpfung. – Falke, **6**: 93–95.

CHOCHLOVA, N. A., 1960: Materialien zur Ernährung der Zugvögel in den Waldschutzstreifen der Süd-Ukraine (russ., deut. Übers.). – Ornitologija (Moskva), **3**: 259–269.

COLLINGE, W. E., 1924–27: The food of some British wild birds (A study in economic Ornithology). – York.

CREUTZ, G., 1953: Beeren und Früchte als Vogelnahrung. – Beitr. Vogelk., **3**: 91–106.

CSIKI, E., 1907: Positive Daten über die Ernährung unserer Vögel. – Aquila (Budapest), **14**: 188–202.

DUDERSTADT, H., 1964: Vergleichende Untersuchungen über den Einfluß höhlenbrütender Singvögel auf die Insekten- und Spinnenfauna eines jungen Eichenwaldes. – Z. angew. Zool., **51**: 129–177 und 257–310.

ENCKE, F.-W., 1965: Nahrungsuntersuchungen an Nestlingen des Haussperlings (*Passer d. domesticus*) in verschiedenen Biotopen, Jahreszeiten und Altersstufen. – Beitr. Vogelk., **11**: 153–184.

EVANS, F. C., 1964: The food of Vesper, Field and Chipping Sparrows nesting in an abandoned field in South-Eastern Michigan. – Amer. Midland Natur., **72**: 57–75.

FORMOZOV, A. N. et al., 1950: Die Vögel und die Schädlinge des Waldes (russ., deut. Übers.). – Moskva (Moskv. obsč. ispyt. prirody).

FRIELING, H., 1939: Über das Verzehren von Tagfaltern durch Vögel. – Deut. Vogelwelt, **64**: 97–103.

GANYA, I. M., 1963: Über die Ernährung und wirtschaftliche Bedeutung einiger Vogelarten der Gärten der Moldauischen SSR (russ., deut. Übers.). – Zool. Ž. (Moskva), **42**: 893–902.

GASOW, H., 1944: Analysen von Mageninhalten einheimischer Vögel als Stichproben. – Z. angew. Ent., **30**: 336–363.

GERBER, R., 1950: Welche Vogelarten verzehren Blatt-, Blut- und Schildläuse? – Anz. Schädlingsk., **23**: 39–43.

–, 1952: Vögel als Vertilger von Blattläusen. – Vogelwelt, **73**: 117–123.

–, 1961: Blatt-, Blut- und Schildläuse als Nahrungstiere von Vögeln. – Falke, **8**: 300–305.

GIBB, J. A., und M. M. BETTS, 1963: Food and food supply of nestling Tits (*Paridae*) in breckland pine. – J. Anim. Ecol., **32**: 489–533.

GRÜN, G., 1972: Zur quantitativen Bestimmung der Nestlingsnahrung bei Singvögeln. – Beitr. Vogelk., **18**: 162–173.
GYÖRY, J., und G. REICHART, 1964–65: Vogelernährungsuntersuchungen beim massenhaften Auftreten von bedeutenderen Schädlingen der Forst- und Landwirtschaft. – Aquila (Budapest), **72–73**: 88–98.
HAENSEL, J., 1966: Zur Ernährungsbiologie der Blauracke, *Coracias garrulus* L., nach Analysen von Gewöllen und Nisthöhleninhalten im Bezirk Frankfurt/Oder. – Beitr. Vogelk., **12**, 129–147.
HEYMER, A., 1966: Beeren und Früchte als Vogelnahrung. – Beitr. Vogelk., **12**: 95–102.
INOZEMCEV, A. A., 1960: Ökologie und forstwirtschaftliche Bedeutung der Haubenmeise *(Parus cristatus)* im Moskauer Gebiet (russ., deut. Übers.). – Ornitologija (Moskva), **3**: 146–161.
KABISCH, K., 1965: Zur Ernährungsbiologie einiger Kohlmeisenbruten in verschiedenen Biotopen. – Zool. Abh. Staatl. Mus. Tierk. Dresden, **27**: 275–305.
KADOČNIKOV, N. P., 1960: Materialien zur Ernährung der Nestlinge insektenfressender Vögel des Waldgebietes von Saval'skoe und deren Einschätzung vom Standpunkt der waldwirtschaftlichen Bedeutung der Vögel in der Nistperiode (russ., deut. Übers.). – Trudy Vsesojuzn. Inst. Zaščity Rastenij Leningrad, **15**: 225–316.
KAMMERER, K., 1921: Über Beerennahrung. – Ornith. Monatsschrift (Gera), **46**: 174.
KISTJAKOVSKIJ, A. B., 1936: Eine Erklärung der wirtschaftlichen Bedeutung der Waldschutzstreifen und ein Versuch der Nutzung deren nützlicher Tierarten (russ., deut. Übers.). – Itogi naučn.-issl. rab. Vsesojuzn. Inst. Zaščity Rastenij Leningrad (zit. FORMOZOV 1950).
KOROL'KOVA, G. E., 1963: Der Einfluß der Vögel auf die Zahl der Schadinsekten (russ., deut. Übers.). – Moskva.
KOVAČEVIĆ, J., und M. DANON, 1950–51: Mageninhalte der Vögel gesammelt in der Periode der Jahre 1903–50. – Larus (Zagreb), **4–5**: 185–217.
–, 1957: Mageninhalte der Vögel gesammelt in den Jahren 1952–54. – Larus (Zagreb), **11**: 111–130.
LACK, D., 1950: Population Ecology in Birds. A Review. – Proc. 10th Intern. Ornith. Congr. Uppsala 1950: 409–448.
MALCEVSKIJ, A. S., und N. P. KADOČNIKOV, 1953: Methoden des Lebendstudiums der Ernährung von Nestlingen insektenfressender Vögel (russ., deut. Übers.). – Zool. Z. (Moskva), **32**: 277–282.
MANSFELD, K., und K. BÖSENBERG, 1959: Untersuchungen über die Zusammensetzung und Ernährung der Vögel in Windschutzstreifen. – Forschungsber. Biol. Zentralanst. Berlin d. DAL (Vogelschutzwarte Seebach), 1–53 (unveröff.).
–, 1960: Untersuchungen über die Zusammensetzung und Ernährung der Vögel in Windschutzstreifen (Forschungsreferat). – Deut. Landwirtschaft, **11**: 254–255.
MEL'NICENKOV, A. N., 1938: Die Vögel der Waldschutzstreifen in den Steppen der Wolga-Gebiete und ihre wirtschaftliche Bedeutung (russ., deut. Übers.). – Učen. Sap. Kujbyshevsk. Gos. Ped. i Učit. Inst., **1** (zit. FORMOZOV 1950).
MOREHOUSE, E. L., und R. BREWER, 1968: Feeding of nestling and fledgling Eastern Kingbirds. – Auk, **85**: 44–54.
NAUMANN, J. F. (Ed.), 1898: Naturgeschichte der Vögel Mitteleuropas. Bd. II. – Gera.
NEJFELDT, J. A., 1961: Die Ernährung der Sperlingsvögel in Süd-Karelien (russ., deut. Übers.). – Zool. Ž. (Moskva), **40**: 416–426.
NIETHAMMER, G. (Ed.), 1937: Handbuch der deutschen Vogelkunde. Bd. I. – Leipzig.
OSMOLOVSKAJA, V. J., 1950: Die Rolle der Vögel bei der Dezimierung der Schadinsekten der Waldanpflanzungen des Stalingrader Gebietes (russ., deut. Übers.). – Zool. Ž. (Moskva), **29**: 233–243.
PALMGREN, P., 1938: Nahrungsmilieu und Nahrung von Vögeln in quantitativem Vergleich. – Naturwiss. (Berlin), **26**: 665–672.
POKROVSKAJA, J. V., 1956: Materialien zur Ernährung der Nestlinge von Waldvögeln des Leningrader Gebietes (russ., deut. Übers.). – Zool. Ž. (Moskva), **35**: 96–110.
RIABOV, V. F., 1965: Zur Biologie und Nahrung des Steinschmätzers in den nordkasachischen Steppen. – Falke, **12**: 409–411.

ROER, H., 1957: Tagschmetterlinge als Vorzugsnahrung einiger Singvögel. — J. Ornith., **98**: 416—420.
ROOT, R. B., 1967: The niche exploitation pattern of the Blue-Gray Gnatcatcher. — Ecol. Monogr., **37**: 317—350.
ROYAMA, T., 1966: Factors governing feeding rate, food requirement and brood size of nestling Great Tits (*Parus major*). — Ibis, **108**: 313—347.
SAUER, F., 1954: Die Entwicklung der Lautäußerungen vom Ei ab schalldicht gehaltener Dorngrasmücken (*Sylvia c. communis* Lath.) im Vergleich mit später isolierten und mit wildlebenden Artgenossen. — Z. Tierpsychol., **11**: 10—93.
SCHLEGEL, R., 1967: Die Ernährung des Ziegenmelkers (*Caprimulgus europaeus* L.), seine wirtschaftliche Bedeutung und seine Siedlungsdichte in einem Oberlausitzer Kiefernrevier. — Beitr. Vogelk., **13**: 145—190.
SCHLEGEL, S., und J. SCHLEGEL, 1965: Einige Beobachtungen zur Aufnahme pflanzlicher Nahrung durch Vögel. — Beitr. Vogelk., **10**: 448—451.
SCHMIDT, E., 1964: Untersuchungen an einigen Holunder fressenden Singvögeln in Ungarn. — Zool. Abh. Staatl. Mus. Tierk. Dresden, **27**: 11—28.
SCHUBERT-SOLDERN, R., 1954: Zur Frage des Nahrungskreises einheimischer Vögel. — Verh. Zool.-Bot. Ges. Wien, **94**: 13—28.
SCHUSTER, L., 1930: Über die Beerennahrung der Vögel. — J. Ornith., **78**: 273—301.
SIEFKE, A., 1962: Dorn- und Zaungrasmücke. Die Neue Brehm-Bücherei, Nr. 297. — Wittenberg.
STEIN, W., 1960: Biozönologische Untersuchungen über den Einfluß verstärkter Vogelansiedlung auf die Insektenfauna eines Eichen-Hainbuchen-Waldes. — Z. angew. Ent., **46** und **47**: 345—370 und 196—230.
STEINFATT, O., 1940: Grasmücken-Brutbeobachtungen im Gebiet der Rominter Heide. — Ber. Ver. Schles. Ornith., **25**: 58—69.
—, 1942: Die Beziehungen zwischen Vogelwelt und Nonne in der Rominter Heide anläßlich der letzten Massenvermehrung. — Z. angew. Ent., Beiheft 15: 405—474.
SUNKEL, W., 1930: Beerennahrung der Vögel. — Ornith. Monatsber., **38**: 156.
TINBERGEN, L., 1960: The natural control of insects in pine woods. I. Factors influencing the intensity of predation by songbirds. — Arch. neerl. Zool., **13**: 265—343.
TURČEK, F. J., 1961: Ökologische Beziehungen der Vögel und Gehölze. — Bratislava.
VIETINGHOFF-RIESCH, A. v., 1927: Das Verhalten paläarktischer Vögel gegenüber den wichtigeren forstschädlichen Insekten (V—IX). — Z. angew. Ent., **13**: 483—512.
VORONCOV, E. M., 1947: Materialien zur Ornithofauna der Waldanpflanzungen der Steppengebiete der Ukraine (russ., deut. Übers.). — Učen. Sap. Gor'kogo Gos. Univ., **13** (zit. FORMOZOV 1950).
WESTERFROLKE, P., 1953: Zur Beerennahrung der Vögel. — Vogelwelt, **74**: 108.
—, 1959: Vertilgung des Eichenwicklers durch Vögel. — Ornith. Mitt., **11**: 111.
WHITTAKER, J. B., 1970: Cercopid spittle as a microhabitat. — Oikos, **21**: 59—64.
WILLSON, M. F., 1966: Breeding ecology of the Yellow-headed Blackbird. — Ecol. Monogr., **36**: 51—77.
WITHERBY, H. F. (Ed.), 1952: The Handbook of British Birds. Vol. II. — London.
WOLFF, G., 1941: Larve der Stachelbeerblattwespe als Nahrung der Dorngrasmücke (*Sylvia c. communis* Lath.). — Deut. Vogelwelt, **66**: 59.

Anschrift des Autors:

Dr. Rainer Emmrich, Staatl. Museum für Tierkunde, DDR - 801 Dresden, Augustusstraße 2.

**ZOOLOGISCHE ABHANDLUNGEN**

STAATLICHES MUSEUM FÜR TIERKUNDE IN DRESDEN

Band 33 | Ausgegeben: 15. Dezember 1974 | Nr. 3

# Vergleichende osteometrische Untersuchungen an Rumpfskelettteilen und Extremitäten von einigen Tagraubvögeln aus den Familien Accipitridae, Pandionidae und Falconidae

**(Aves)**

Mit 11 Abbildungen

UDO BÄHRMANN
Lauchhammer-Mitte

In der ersten Hälfte dieses Jahrhunderts sind nur wenige osteologische Arbeiten im ornithologischen Schrifttum erschienen. Da die Osteologie zu den abseits gelegenen Gebieten in der Vogelkunde gehört, ist das allgemeine Interesse nicht so groß wie an ihren in den Vordergrund getretenen faunistischen, ökologischen und biologischen Problemen.

Zu einem nicht geringen Teil ist auch der Mangel an planmäßig gesammelten Skeletteilen schuld, da sie größtenteils in unseren Museen fehlen. Erst in neuerer Zeit wird dem Sammeln von Vogelskeletteilen von verunglückten oder totgefundenen Vögeln größere Aufmerksamkeit geschenkt. Von den ums Leben gekommenen Vögeln, die selten geworden sind, sollten sämtliche Skeletteile aufbewahrt werden, bevor solche in ihrer Existenz bedrohte Arten aussterben.

Während von fast allen Vogelarten Größenbestimmungen nach äußeren Messungen, wie z. B. ihrer Totallänge, Flugbreite, Flügel- und Schwanzlänge erfolgten, haben Größenangaben über ihre wichtigsten Skeletteile nur von wenigen Arten in der Literatur ihren Niederschlag gefunden. So fehlen daher nicht nur Angaben über die Größe einzelner Skeletteile und ihr Größenverhältnis zueinander, sondern auch über die Beziehungen ihres Flügelskelettes zu dem befiederten Teil des Flügels und dessen äußerer Form.

Zur Ausfüllung einiger dieser Lücken sollen die nachstehenden Untersuchungen ein bescheidener Beitrag sein. Ausführlich wird auf die artunterscheidenden Merkmale des Brustbeines und seiner Größe eingegangen. Die Meßwerte werden mit den statistisch ausgewerteten Daten in Tabellen eingetragen. Die ermittelten Mittelwerte bilden die Grundlage für die Indizesberechnung zur Kennzeichnung der relativen Größenverhältnisse im Knochenbau. Da das Sternum im zentralen Bereich des Skelettsystems das größte Skelettelement ist, sollte es für vergleichende Größenuntersuchungen als Bezugsgrundmaß verwendet werden, denn es erscheint dafür geeigneter als ein Bezugsmaß, das sich aus mehreren Skeletteilen zusammensetzt, die in verschiedenen Richtungen variieren.

Von einigen Arten, von denen genügend Skelettmaterial vorhanden ist, soll der Sexualdimorphismus nach der Brustbeingröße festgestellt werden. Es soll der Anfang zur Einleitung von weiteren Untersuchungen sein, die zum Ziel haben, welche anatomischen Geschlechtsunterschiede mit den äußeren in ihren relativen Größenproportionen übereinstimmen.

Bei den wenigen bisher untersuchten Arten scheint innerhalb der Geschlechter eine größtenteils übereinstimmende Proportionierung der homologen Skeletteile vorhanden zu sein. Ob diese artspezifische Proportionalität der Geschlechter auch innerhalb einer Verwandtschaftsgruppe konstant bleibt oder sich unter den zu ihr gehörenden Rassen in ihrem Verbreitungsgebiet verändert, ist eine in der Zukunft zu lösende Aufgabe. Auffallend ist der große Unterschied in dem Sexualdimorphismus der Flügellänge zwischen dem europäischen und amerikanischen Habicht, worüber in einer besonderen Arbeit berichtet wird.

Von der vorderen und hinteren Extremität soll von den behandelten Arten die relative Länge ihrer einzelnen Knochenabschnitte zur Gesamtlänge und diese mit der als Körpergröße angenommenen Brustbeinlänge verglichen werden. Das Größenverhältnis wird von den kleineren und größeren Arten auf ihre relativen Unterschiede überprüft. Zur besseren Übersichtlichkeit werden die artkennzeichnenden Unterschiede graphisch dargestellt.

Uber die Beziehungen des Flügelskeletts zum befiederten Teil des Flügels herrschen in der Literatur z. T. falsche Vorstellungen. So soll festgestellt werden, ob eine Relation zwischen der Länge des Handskeletts und einer spitzen oder abgerundeten äußeren Flügelform besteht. In diesem Zusammenhang sollen auch die übrigen Skelettelemente des Armskeletts zum Vergleich herangezogen werden. Bei den Tagraubvögeln fehlen darüber Untersuchungen, obwohl ihre unterschiedlichen Flügelformen die beste Gelegenheit dazu bieten.

Von den Beinlängen soll das Verhältnis zur Körpergröße und zur Flügelskelettlänge, unterteilt nach Gattungen, von den kleineren und größeren Arten überprüft werden. Dabei soll festgestellt werden, ob innerhalb der Gattungen unter den dazugehörigen Arten größenbedingte Unterschiede in den Beinlängen vorhanden sind, oder ob sich eine artspezifische funktionelle Abhängigkeit nachweisen läßt.

## Material

Von den untersuchten Skeletteilen entfällt die größere Anzahl auf das Brustbein mit und ohne Schultergürtel. Das weitere Material beschränkt sich auf die einzelnen Skelettelemente von der vorderen und hinteren Extremität. Außer von Habicht und Mäusebussard sind es nur einzelne Becken, die von den übrigen Arten vorliegen.

Im ganzen konnten 1004 Brustbeine statistisch ausgewertet werden. An erster Stelle steht der Habicht mit 397, an zweiter der Mäusebussard mit 232 und an dritter der Sperber mit 190. Die restlichen 185 Brustbeine verteilen sich auf die übrigen Arten. Von 574 Skeletteilen sind 350 von der Vorderextremität und 224 von der Hinterextremität, die sich auf 15 Arten verteilen. Die von ihnen ermittelten relativen Werte stützen sich daher z. T. auf ein zahlenmäßig geringes Material. Es genügt aber, um die Längenverhältnisse der einzelnen Knochenabschnitte innerhalb der Flügel- und Beinskelette kennenzulernen. Die interspezifischen, relativen Unterschiede, die sich daraus ergeben, würden sich bei einem quantitativ größeren Skelettmaterial kaum oder nur wenig verschieben.

Da die Skeletteile meiner Sammlung für diese Studie nicht ausreichten, wurden mir auf meine Bitte aus dem Fachbereich für Zoologie der Martin-Luther-Universität Halle/Wittenberg eine größere Anzahl Skelette zur Auswertung leihweise überlassen. Ich möchte für dieses Entgegenkommen Herrn Dr. R. PIECHOCKI herzlich danken. Durch seine Initiative wurde von einer großen Anzahl toteingelieferter Vögel, die für andere wissenschaftliche Zwecke untauglich waren, eine stattliche osteologische Sammlung zusammengebracht.

## Erläuterungen zu den Abkürzungen und Meßstrecken

1. Sternum und Schultergürtel:

Stlg. + Cor. = Sternumlänge + Coracoidlänge: Von der Mitte des Brustbeinhinterrandes bis zum Schnittpunkt der horizontalen Linie, die die distalen Endpunkte der Coracoidköpfe verbindet.
Stlg. = Sternumlänge: Von der Spitze der Spina externa bis zum medianen Sternumhinterrand.
Corp. ster. oder C./stlg. = Corpus sterni: Vom äußeren Vorderrand des Brustbeinkörpers bis zu dessen medianen Hinterrand.
Crist. ster. = Crista sterni: Von ihrer vorderen Spitze diagonal zur Horizontalebene gemessen bis zum Sternumhinterrand.
V. St. Br. = Vordere Sternumbreite: Entfernung der rechten und linken Winkelecke des Prosessus lateralis anterior.
M. St. Br. = Mittlere Sternumbreite: Am letzten Rippenanheftungspunkt gemessen.
H. St. Br. = Hintere Sternumbreite: Am hinteren Ende des Brustbeinkörpers der breiteste Abstand zwischen den Xiphodalenden.
St. H. = Sternumhöhe: Von der Unterkante des Brustbeinvorderrandes bis zur höchsten Erhebung des Brustbeinkammes.
Cor. = Coracoidlänge: Von der Mitte der Fazette sternale bis zum distalen Endpunkt des Coracoidkopfes.
Sc. = Scapula: Größte Länge.

2. Flügelskelett:

V. E. S. = Summe der Vorderextremität oder Gesamtlänge des Flügelskelettes, das sich zusammensetzt aus der Länge der einzelnen Skeletteile von Humerus + Ulna + Metacarpus + Phalange 1 + 2.
Hu. = Humerus: Größte Länge.
Ul. = Ulna: Größte Länge.
Met. = Metacarpus: Größte Länge.
P. 1 = Phalange 1: Größte Länge.
P. 2 = Phalange 2: Größte Länge.

3. Beinskelett:

H. E. S. = Summe der Hinterextremität oder Gesamtlänge des Beinskelettes, das sich zusammensetzt aus der Länge der einzelnen Skeletteile von Femur, Tibiotarsus und Tarsometatarsus.
Fe. = Femur: Größte Länge.
Tib. = Tibiotarsus: Größte Länge.
Tmt. = Tarsometatarsus: Größte Länge.

## Allgemeines über das Rumpfskelett und über die vordere und hintere Extremität

Die Tagraubvögel stellen eine besondere Kategorie unter den Vögeln dar, nicht nur in ihrer äußeren Erscheinung, sondern auch in ihrem Knochenbau, der die Grundanlage für den Körperbau bildet. Abgesehen von den Größenunterschieden innerhalb der Familien und Gattungen, ist doch das Skelett als ganzes gesehen ziemlich einheitlich. Kleine relative Unterschiede in Größe und Form der einzelnen Skeletteile lassen sich ohne zu messen in ihrem Proportionsgefüge nicht erkennen. Bezeichnender ist die typische Schädelform mit ihrem hakenförmigen Schnabel, die keinen Zweifel aufkommen läßt, daß sie zur Ordnung der *Falconiformes* gehört.

Von den Knochen des Rumpfskelettes ist das Sternum mit Schultergürtel das größte Skelettelement. Es hat eine teils langgestreckte, teils kürzere breitgestellte Form. In seinem Querprofil ist der Brustbeinkörper von innen nach außen gewölbt. Auf der Medianlinie seiner Ventralseite erhebt sich die Crista sterni von hinten nach vorn ansteigend. Da das Brustbein auf seiner vorderen Seite die Form eines Dreiecks hat, verschmilzt die Crista sterni an ihrer Basis mit dessen nach vorn gerichteter Spitze. Die Seiten des Dreiecks sind mit einer Artikulationsfazette versehen, die die Verbindung mit den Coracoiden herstellt, welch letztere zusammen mit der Clavicula und Scapula den Schultergürtel bilden.

Das Flügelskelett der Tagraubvögel zeigt keine grundsätzlichen Verschiedenheiten gegenüber der großen Anzahl Landvögel aus anderen Ordnungen. Die kleinen Unterschiede zwischen den Familien oder Gattungen in dem Längenverhältnis zwischen Handskelett und den anderen Skeletteilen des Flügels beruhen auf flugbiologischen Modifikationen. Sie kommen auch bei anderen Vögeln, die nicht im entferntesten mit den *Falconiformes* verwandt sind, vor. Es sind Konvergenzerscheinungen, in denen sich bei ganz verschiedenen Arten die gleichen Abwandlungen ihres Fluges und die Änderung ihrer Flügelform vollzogen haben.

Obwohl die Tagraubvögel eine systematisch zusammengehörige Vogelgruppe bilden und sich von allen anderen Vögeln in ihrer Lebensweise unterscheiden, zeigen sie in den anatomischen Grundanlagen ihrer hinteren Gliedmaßen mit vielen anderen Arten dasselbe relative Längenverhältnis innerhalb der gesamten Beinskelettlänge. Was aber diesen gegenüber besonders auszeichnet, ist der Bau ihrer Füße und der Gliederung ihrer scharfbekrallten Phalange zum Ergreifen und Festhalten ihrer Beuteobjekte. Auf sie sind sie je nach Körpergröße mit ihren Fang- und Flugwerkzeugen spezialisiert.

### Das Brustbein

1. *Aquila chrysaetos chrysaetos* (L.)

Das Brustbein des Steinadlers, das dem äußeren Größenverhältnis seiner Körperform entspricht, ist mit seinem Schultergürtel von besonders kräftigem Knochenbau. Die äußere Gestalt dieses Adlers wird nicht selten von Unkundigen mit der des Mäusebussards verglichen. Von der Größe ganz abgesehen, trifft ein solcher Vergleich nur entfernt zu. Morphologische Unterschiede treten mit aller Deutlichkeit schon im Skelettbau hervor. Beide Arten unterscheiden sich in den Proportionen ihres Rumpfskelettes. Bussarde und Milane haben relativ breitere und kürzere Sterna. Beim

Tab. 1. *Aquila chr. chrysaetos* (L.), Meßwerte in Millimetern von Sternum, Coracoid und Scapula (Fundort des Materials: Kanton Graubünden/Schweiz).

| Bezeichnung (coll. U. B.) | Datum 3. 12. 1930 (♂) | Datum 14. 12. 1930 (♂) |
|---|---|---|
| Stlg. + Cor. | 181,0 | 182,0 |
| Sternumlg. | 134,3 | 130,0 |
| Corp. sterni | 126,1 | 124,1 |
| Crist. sterni | 125,8 | 120,0 |
| V. St. Br. | 66,8 | 64,5 |
| M. St. Br. | 75,0 | 73,9 |
| H. St. Br. | 75,5 | 73,9 |
| St. H. | 51,0 | 49,3 |
| Cor. | 77,0 | 77,5 |
| Sc. | 103,8 | 101,5 |

Steinadler ist die vordere Breite des Brustbeinkörpers 52,8 %, in der Mitte 59,4 % und hinten 59,8 % von seiner Länge.

Der Brustbeinkörper, der vorne nur wenig schmäler ist als hinten, bildet ein langgestrecktes Rechteck. Die Außenseite ist von beiden Seiten nach der Mitte zu gewölbt. Die Wölbung ist nur schwach; sie steht aber in einem vergleichbaren Verhältnis zu anderen Arten aus der Familie *Accipitridae*. Im hinteren Viertel des Brustbeinkörpers befindet sich jederseits des Brustbeinkammes ein Fenster, das mit einer Membran verschlossen ist. Der Hinterrand ist gerade, die Xiphodalenden sind leicht abgerundet.

Die Crista sterni erhebt sich nicht vom Hinterrand des Brustbeinkörpers an, sondern von seinem letzten Drittel aus, auf der Medianlinie nach vorne. Sie erreicht ihre höchste Erhebung kurz vor ihrem vorderen Ende, das frei ausläuft, dagegen verschmilzt ihr Vorderrand an der Basis mit der Spina sternalis. Diese ist kurz und kräftig ausgebildet.

Auffallend gering ist die Höhe des Sternums, die bei diesem großen Vogel relativ noch niedriger ist als bei den Bussarden und Milanen. Sie beträgt 40,4 % von der Brustbeinkörperlänge und ist niedriger als die Sternumbreite in der Mitte. Auf Kosten der niedrigen Ansatzflächen beiderseits der Crista vergrößert sich der Raum für die mächtig entwickelte Brustmuskulatur (M. pectoralis major u. minor) durch die breiten Flächen auf der Außenseite des Brustbeinkörpers.

Die Coracoide sind verhältnismäßig kurz und besonders kräftig. Die Indizes betragen Cor./C./Stlg. 61,1 % und von der Scapulae Sc./C./Stlg. 81,7 %.

## 2. *Buteo buteo buteo* (L.)

Von 232 Brustbeinen, die vermessen wurden, sind 40,1 % aus dem Gebiet der DDR und 59,9 % aus dem Gebiet der BRD. Die aus beiden Gebieten von ihnen ermittelten Mittelwerte ergaben keine durchgreifenden Größenunterschiede, auch nicht zwischen Brutzeit- und Wintervögel. Sowohl die Sommer- als auch die Winterpopulation setzt sich aus kleineren und großwüchsigen Exemplaren zusammen, was auch durch ihre Flügellängen eine Bestätigung findet.

Die ♂♂ sind durchschnittlich kleiner als die ♀♀. Bis zur Hälfte überschneiden sich die Variationsbreiten ihrer Brustbeinlängen. Mit dem Habicht verglichen, erreichen die Maximallängen kaum das Minimum von den Habicht-Brustbeinlängen der

Tab. 2. *Buteo b. buteo* (L.), Meßwerte in Millimetern von Sternum, Coracoid und Scapula.

| Bezeichnung | Vb. | x | m | s | v | n |
|---|---|---|---|---|---|---|
| | | ♂♂ | | | | |
| Stlg. + Cor. | 89,3—95,5 | 92,450 | 0,531 | 1,913 | 2,069 | 13 |
| Sternumlg. | 59,2—67,3 | 64,125 | 0,174 | 1,810 | 2,823 | 108 |
| Corp. sterni | 57,8—65,0 | 60,843 | 0,350 | 1,852 | 3,043 | 28 |
| Crist. sterni | 55,2—63,6 | 58,210 | 0,465 | 2,414 | 4,142 | 27 |
| V. St. Br. | 31,5—37,5 | 34,430 | 0,132 | 1,322 | 3,831 | 100 |
| M. St. Br. | 36,4—42,5 | 39,092 | 0,145 | 1,414 | 3,872 | 95 |
| H. St. Br. | 39,2—46,0 | 42,4 | | | | 11 |
| St. H. | 22,8—28,0 | 25,265 | 0,256 | 1,333 | 5,268 | 27 |
| Cor. | 37,2—41,8 | 39,991 | 0,119 | 1,208 | 3,020 | 102 |
| Sc. | 53,0—59,0 | 56,521 | 0,160 | 1,479 | 2,613 | 85 |
| | | ♀♀ | | | | |
| Stlg. + Cor. | 92,0—101,0 | 97,083 | 0,920 | 3,560 | 3,666 | 15 |
| Sternumlg. | 63,0—73,5 | 67,507 | 0,206 | 2,290 | 3,392 | 124 |
| Corp. sterni | 59,9—69,9 | 64,879 | 0,464 | 2,457 | 3,785 | 28 |
| Crist. sterni | 56,5—64,6 | 61,268 | 0,538 | 3,030 | 4,942 | 29 |
| V. St. Br. | 32,7—39,4 | 36,266 | 0,134 | 1,503 | 4,140 | 124 |
| M. St. Br. | 36,3—45,2 | 40,458 | 0,148 | 1,634 | 4,034 | 121 |
| H. St. Br. | 44,4—48,5 | 46,97 | | | | 4 |
| St. H. | 23,2—29,0 | 26,986 | 0,196 | 1,039 | 3,848 | 28 |
| Cor. | 39,0—45,0 | 42,293 | 0,103 | 1,140 | 2,695 | 121 |
| Sc. | 54,7—62,0 | 58,306 | 0,170 | 1,734 | 2,974 | 104 |

beiden Geschlechter. Es ist nicht nur kürzer, sondern auch breiter als beim Habicht. Das Brustbein des Mäusebussards hat von seiner Korpuslänge eine vordere Breite von 56,5 %, in der Mitte von 64,2 % und hinten 69,5 %. Es ist vorn verhältnismäßig viel schmäler als in der Mitte und hinten.

Im hinteren Viertel des Brustbeinkörpers befindet sich meistens jederseits der Crista sterni ein rundes oder ovales Fenster, das mit einer Membran verschlossen ist. Von 158 Brustbeinen waren 7,7 % ohne Fenster, 12,5 % mit zwei entweder rechts- oder linksseitig, 10,2 % mit einem Fenster auf der rechten oder linken Seite und 1,2 % mit je zwei auf beiden Seiten.

Das Brustbein ist länger als das Becken. Der Anteil der Beckenlänge von der Brustbeinlänge (C./Stlg.) liegt bei 86,0 %. Bussarde haben ein relativ langes Becken, dagegen kurze Sterna.

Die Crista sterni ist kürzer als das Brustbein: Auf seiner Ventralseite erhebt sie sich in der Medianlinie von hinten nach vorn in einer schwach gewölbten Profillinie bis zu ihrer höchsten Erhebung vor der freiauslaufenden Spitze an ihrem nach hinten zurückliegenden Vorderrand, der an seiner Basis in der Spina sternalis ausläuft. Diese ist verhältnismäßig kurz und mit ihrer abgerundeten Spitze nach unten gerichtet.

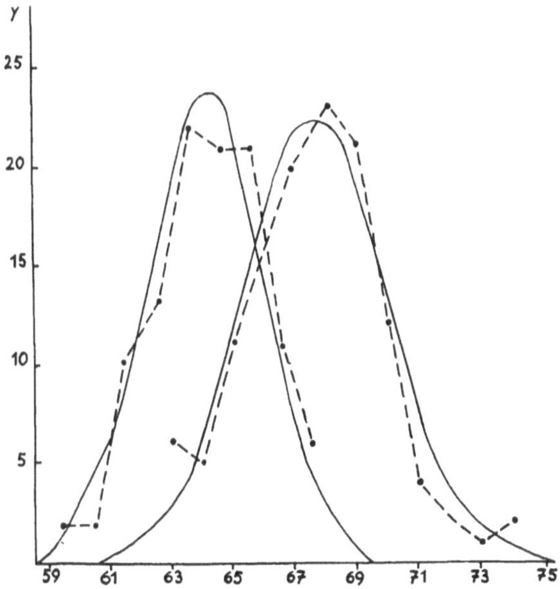


Abb. 1. Häufigkeitsverteilung der Meßwerte der Sternumlänge (Stlg.) von *Buteo buteo buteo* (L.). Links ♂♂ (n = 108), rechts ♀♀ (n = 124).

Das Sternum hat auf seine C./Stlg. bezogen eine Höhe von 41,4 %. Sie ist bedeutend niedriger als die Breite des Sternums in der Mitte. In der relativen Sternumhöhe ist bei Bussard und Habicht kaum ein Unterschied. Beide Arten von unterschiedlicher Größe in der relativen Breite und Länge ihrer Sterna haben eine mächtig entwickelte Brustmuskulatur, die zusammen mit dem Rumpfskelett einen nicht geringen Anteil an der Gestaltung ihrer Körperformen hat.

Nach den Mittelwerten der Tabellen sind die Indizes von Cor./C./Stlg. 65,8 % und Sc./C./Stlg. 92,7 %. Der gedrungene Körperbau des Mäusebussards ist gekennzeichnet durch ein kurzes und breites Brustbein, das zusammen mit dem Schultergürtel eine Gesamtlänge ergibt, deren Mittelwerte in beiden Geschlechtern unter 100 mm liegen (Stlg.+Cor., *Buteo buteo buteo* (L.): ♂♂, n = 19, x = 92,45, ♀♀, n = 15, x = 97,08 mm; *Accipiter gentilis gallinarum* (C. L. BREHM): ♂♂, n = 93, x = 103,13, ♀♀, n = 56, x = 116,63 mm).

### 3. *Buteo lagopus lagopus* (PONT.)

Die Skeletteile sind von Durchzüglern und Wintergästen teils aus dem Gebiet der DDR, teils aus den Gebieten jenseits der Neiße, die heute zur Volksrepublik Polen gehören. Ein Brustbein stammt aus dem Gebiet der BRD.

Tab. 3. *Buteo l. lagopus* (PONT.), Meßwerte in Millimetern von Sternum, Coracoid und Scapula.

| Bezeichnung | Vb. | x | m | s | v | n |
|---|---|---|---|---|---|---|
| | | ♂♂ | | | | |
| Stlg. + Cor. | | | | | | |
| Sternumlg. | 67,3–72,9 | 68,650 | 0,436 | 1,378 | 2,005 | 10 |
| Corp. sterni | 64,1–67,0 | 66,050 | 0,452 | 1,430 | 2,166 | 10 |
| Crist. sterni | 60,3–66,9 | 62,450 | 0,515 | 1,630 | 2,624 | 10 |
| V. St. Br. | 35,1–38,7 | 37,050 | 0,341 | 1,081 | 2,921 | 10 |
| M. St. Br. | 40,6–47,3 | 43,750 | 0,700 | 2,215 | 5,068 | 10 |
| H. St. Br. | 42,5–45,9 | 44,720 | 0,548 | 1,224 | 2,738 | 6 |
| St.-H. | 24,1–28,3 | 26,550 | 0,406 | 1,284 | 4,827 | 10 |
| Cor. | 42,0–44,0 | 43,165 | 0,290 | 0,765 | 1,770 | 7 |
| Sc. | 57,0–62,0 | 60,308 | 0,508 | 1,345 | 2,230 | 7 |
| | | ♀♀ | | | | |
| Stlg. + Cor. | 109,5 | | | | | 1 |
| Sternumlg. | 70,0–78,0 | 73,933 | 0,432 | 1,435 | 1,939 | 12 |
| Corp. sterni | 67,0–73,0 | 70,269 | 0,325 | 1,077 | 1,534 | 12 |
| Crist. sterni | 62,0–72,8 | 66,631 | 0,645 | 2,135 | 3,205 | 12 |
| V. St. Br. | 36,2–44,7 | 38,814 | 0,414 | 1,371 | 3,533 | 12 |
| M. St. Br. | 43,9–47,4 | 45,750 | 0,471 | 1,496 | 3,273 | 10 |
| H. St. Br. | 44,0–50,5 | 47,450 | 0,856 | 2,572 | 5,426 | 9 |
| St.-H. | 26,1–29,8 | 28,350 | 0,277 | 0,876 | 3,083 | 10 |
| Cor. | 44,1–48,9 | 46,269 | 0,423 | 1,400 | 3,023 | 11 |
| Sc. | 60,3–65,8 | 62,450 | 0,586 | 1,854 | 2,941 | 10 |

Der Rauhfußbussard ist in seiner Gesamterscheinung größer als der Mäusebussard. Dieser Größenunterschied ist nicht nur nach den durchschnittlichen Flügellängen und ihrer Spannweite, sondern auch an der durchschnittlichen Länge der einzelnen Skeletteile erkennbar.

Die oberen Extreme von den männlichen und die unteren von den weiblichen Brustbeinen überschneiden sich bis zu etwa einem Drittel ihrer Variationsbreiten. Die relative Sternum-Breite beträgt beim Rauhfußbussard vorn 56 %, in der Mitte 66,2 % und hinten 67,7 % von der C./Stlg. Anscheinend ist ein geringer Proportionsunterschied in der relativen Brustbeinbreite der beiden Arten vorhanden, doch bedarf es zur Bestätigung mehr Vergleichsmaterial von *lagopus*.

Das Brustbein ist länger als das Becken, das mit 82–86,0 % hinter dessen C./Stlg. zurückbleibt. Der relative Längenunterschied von den beiden Skeletteilen ist bei beiden Bussardarten fast gleich. So nahe verwandte Vögel zeigen in den Skelettproportionen viel mehr Übereinstimmung als Abweichungen voneinander.

Das zeigt auch die Crista sterni, die in ihrem Verhältnis zur Brustbeinlänge und in der Profilierung und Ausbildung ihres Vorderrandes bei beiden Bussardarten übereinstimmt. Das sind Gemeinsamkeiten im Knochenbau der beiden Arten. So sind auch bei den Flugeigenschaften, die sich bei ihnen herausgebildet haben, keine auffallenden Unterschiede erkennbar.

Das Sternum hat eine Höhe von 40,1 % von seiner C./Stlg. Es ist in der Mitte viel breiter als seine durchschnittliche Höhe, so daß dadurch die Ausdehnung des Brustmuskels in der Breite größer ist als beim Mäusebussard.

Der Größenunterschied zwischen Brustbeinhöhe und -breite wird mit der Höhenzunahme der Crista sterni kleiner. Das ist besonders auffallend in den Familien *Pandionidae* und *Falconidae.*

Die Länge der Coracoide hat zur C./Stlg. einen Indexwert von 65,3 % und zu den Scapulae von 92,7 %. Diese Werte verhalten sich bei beiden Bussardarten proportional. Der Rauhfußbussard mit seinem zur Länge relativ breiten Brustbein hat einen kompakteren Körperbau als der Mäusebussard, besonders starke ♀♀ mit breitausladenden Xiphodalenden ihrer Sterna.

4. *Accipiter nisus nisus* (L.)

Die 190 vermessenen Brustbeine verteilen sich mit 77,4 % auf das Gebiet der DDR und mit 22,6 % auf das Gebiet der BRD. Die aus diesen räumlich begrenzten Gebieten getrennt ermittelten Mittelwerte des Brustbeines zeigen keine signifikanten Größenunterschiede in ihrer Länge.

Das Brustbein mit Schultergürtel des Sperbers hat große Ähnlichkeit mit einem verkleinerten Brustbein des Habichts. Wie bei diesem sind die ♂♂ viel kleiner als die ♀♀. Die Extreme von den Variationsbreiten ihrer Brustbeinlängen greifen nicht übereinander; sie berühren sich kaum.

Die Breite des Sternums beträgt von seiner C./Stlg. vorn 44,7—45,7 %, in der Mitte 51,5—52,9 % und hinten 61,1—61,9 %. Die kleineren Werte sind von den ♀♀ und die größeren von den ♂♂. Das größere Brustbein des Habichts ist vorn und in der Mitte relativ breiter als beim Sperber. Im hinteren Abschnitt des Brustbeinkörpers befindet sich jederseits der Crista sterni ein Fenster, selten nur eines auf einer Seite, oder beide Fenster fehlen.

Das Becken ist kürzer als die Brustbeinlänge, sein Anteil von der C./Stlg. beträgt etwa 82 %.

Die Crista sterni ist so lang wie die Gesamtlänge des Sternums, die sie bei einzelnen Stücken noch überschreitet. Ihre seitliche Profillinie verläuft von ihrer höchsten Erhebung, dem Cardinalwinkel der Crista sterni, nach beiden Seiten bogenförmig. Am Vorderrand bildet die Crista eine S-förmige Einbuchtung nach innen mit der an ihrer Basis nach außen vorspringenden dornförmigen Spina sternalis; diese ist wie beim Habicht kräftig ausgebildet. Nach der anderen Seite dehnt sie sich bis zum Hinterrand des Brustbeinkörpers aus.

Der Anteil der Sternumhöhe an der C./Stlg. ist 40,9—42,5 %.

Die Länge der Coracoide beträgt 64,6 % und die der Scapulae 88,0 % von der C./Stlg.

Trotz der gewaltigen Unterschiede in der Körpergröße von Sperber und Habicht besteht doch in dem relativen Größenverhältnis ihrer Skeletteile, die zum Rumpfskelett gehören, ziemliche Übereinstimmung. Das ist ein Hinweis dafür, daß sich bei beiden Arten gleiche Körperformen von unterschiedlicher Größe herausgebildet haben.

Tab. 4. *Accipiter n. nisus* (L.), Meßwerte in Millimetern von Sternum, Coracoid und Scapula.

| Bezeichnung | Vb. | x | m | s | v | n |
|---|---|---|---|---|---|---|
| | | ♂♂ | | | | |
| Stlg. + Cor. | 59,0–62,0 | 61,592 | 0,311 | 1,166 | 1,892 | 14 |
| Sternumlg. | 42,1–49,0 | 45,450 | 0,131 | 1,178 | 2,588 | 80 |
| Corp. sterni | 37,0–42,0 | 40,286 | 0,119 | 1,063 | 2,637 | 79 |
| Crist. sterni | 42,7–48,8 | 44,716 | 0,149 | 1.326 | 2,959 | 79 |
| V. St. Br. | 17,0–20,0 | 18,408 | 0,105 | 0,885 | 4,243 | 71 |
| M. St. Br. | 19,0–23,2 | 21,349 | 0,101 | 0.900 | 4,205 | 79 |
| H. St. Br. | 20,0–27,8 | 24,994 | 0,141 | 1,178 | 4,712 | 68 |
| St.-H. | 15,0–17,3 | 16,680 | 0,075 | 0,664 | 3,976 | 78 |
| Cor. | 24,8–27,2 | 26,095 | 0,128 | 0,859 | 3,291 | 45 |
| Sc. | 31,8–38,5 | 35,403 | 0,397 | 1,378 | 3,881 | 42 |
| | | ♀♀ | | | | |
| Stlg. + Cor. | 72,1–80,0 | 75,311 | 0,360 | 1,873 | 2,487 | 27 |
| Sternumlg. | 50,8–60,0 | 54,814 | 0,153 | 1,612 | 2,941 | 110 |
| Corp. sterni | 45,0–52,1 | 48,401 | 0,144 | 1,506 | 3,111 | 108 |
| Crist. sterni | 50,6–57,6 | 54,934 | 0,175 | 1,811 | 3.292 | 107 |
| V. St. Br. | 20,2–24,5 | 21,650 | 0,094 | 0,943 | 4,345 | 100 |
| M. St. Br. | 22,2–27,4 | 24,938 | 0,095 | 0,988 | 3,566 | 107 |
| H. St. Br. | 25,0–34,5 | 29,613 | 0,165 | 1,678 | 5,641 | 103 |
| St.-H. | 19,0–22,0 | 20,572 | 0,066 | 0,684 | 2,242 | 106 |
| Cor. | 29,9–32,8 | 31,306 | 0,121 | 0,759 | 2,424 | 39 |
| Sc. | 41,1–45,0 | 43,136 | 0,199 | 1,178 | 2,726 | 35 |

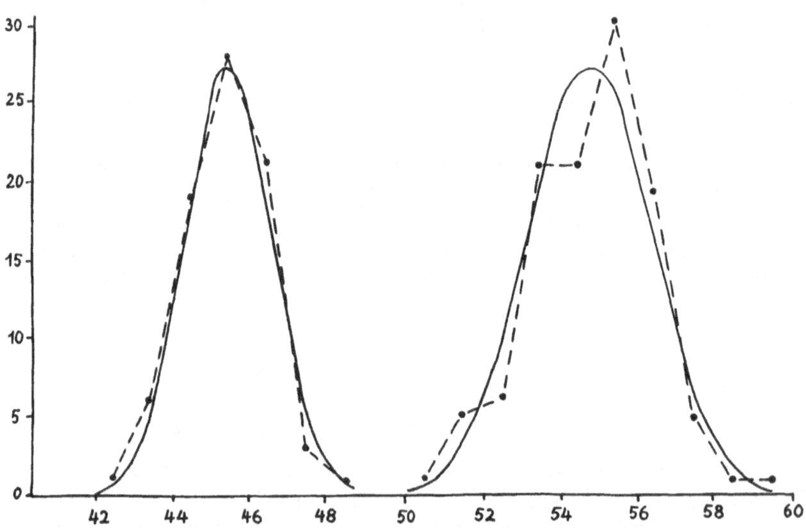


Abb. 2. Häufigkeitsverteilung der Meßwerte der Sternumlänge (Stlg.) von *Accipiter nisus nisus* (L.). Links ♂♂ (n = 80), rechts ♀♀ (n = 110).

## 5. *Accipiter gentilis gallinarum* (C. L. BREHM)

Von 397 Brustbeinen entfallen ihrer Häufigkeitsverteilung nach 72 % auf das Gebiet der DDR und 28 % auf das Gebiet der BRD. In ihrer Größe konnten zwischen Brutzeit- und Wintervögeln keine nennenswerten Unterschiede in ihren Mittelwerten gefunden werden. Die Stücke aus dem Gebiet der BRD zeigten gegenüber denen vom Gebiet der DDR nach ihren Durchschnittswerten eine Tendenz in der Größenabnahme, die bei den ♀♀ größer ist als bei den ♂♂, ihre Differenz ist aber nicht signifikant.

Tab. 5. *Accipiter gentilis gallinarum* (C. L. BREHM), Meßwerte in Millimetern von Sternum, Coracoid und Scapula.

| | | ♂♂ | | | | |
|---|---|---|---|---|---|---|
| Bezeichnung | Vb. | x | m | s | v | n |
| Stlg. + Cor. | 98,0–109,0 | 103,132 | 0,231 | 2,220 | 2,151 | 93 |
| Sternumlg. | 70,0–79,8 | 75,480 | 0,143 | 2,034 | 2,694 | 200 |
| Corp. sterni | 61,1–73,0 | 68,313 | 0,295 | 2,498 | 3,652 | 75 |
| Crist. sterni | 69,5–80,0 | 75,108 | 0,333 | 2,644 | 3,526 | 63 |
| V. St. Br. | 30,0–38,0 | 32,931 | 0,081 | 1,118 | 3,387 | 191 |
| M. St. Br. | 34,6–43,2 | 38,109 | 0,114 | 1,452 | 3,811 | 161 |
| H. St. Br. | 38,8–46,6 | 42,794 | 0,237 | 1,805 | 4,217 | 58 |
| St.-H. | 26,8–31,7 | 29,287 | 0,161 | 1,649 | 5,666 | 104 |
| Cor. | 39,9–44,9 | 42,254 | 0,086 | 1,009 | 2,388 | 137 |
| Sc. | 54,9–64,0 | 59,984 | 0,212 | 2,000 | 3,333 | 89 |
| | | ♀♀ | | | | |
| Stlg. + Cor. | 109,5–122,3 | 116,634 | 0,338 | 3,136 | 2,687 | 86 |
| Sternumlg. | 78,6–89,3 | 84,131 | 0,179 | 2,513 | 2,984 | 197 |
| Corp. sterni | 68,8–85,0 | 77,411 | 0,330 | 2,859 | 3,693 | 75 |
| Crist. sterni | 76,8–90,0 | 83,297 | 0,343 | 2,880 | 3,469 | 69 |
| V. St. Br. | 32,0–40,4 | 36,509 | 0,091 | 1,567 | 4,281 | 185 |
| M. St. Br. | 40,5–47,7 | 43,316 | 0,110 | 2,174 | 5,020 | 179 |
| H. St. Br. | 42,0–50,7 | 47,092 | 0,291 | 1,194 | 2,535 | 56 |
| St.-H. | 30,2–34,0 | 32,153 | 0,107 | 1,077 | 3,344 | 101 |
| Cor. | 42,5–50,4 | 47,450 | 0,125 | 1,493 | 3,143 | 143 |
| Sc. | 63,0–74,0 | 67,823 | 0,173 | 1,873 | 2,762 | 115 |

Die Brustbeine der ♂♂ sind kleiner als die der ♀♀. In ihrer Variationsbreite überlappen sich die oberen Extreme der ersteren nur wenig mit den unteren der letzteren. Das Brustbein des Habichts unterscheidet sich von denen gleichgroßer Tagraubvögel besonders durch seine langgestreckte Form. Von der C./Stlg. beträgt die vordere Breite 48,1 %, in der Mitte 55,7 % und am hinteren Ende 62,5 %. Die Breite in der Mitte entspricht der Hälfte von der Gesamtlänge des Brustbeins. In seinem hinteren Teil befindet sich in der Regel zur rechten und linken Seite am Ende des Brustbeinkammes je ein mit einer Membran verschlossenes Fenster. Der Hinterrand des Brustbeines ist nach beiden Seiten zu abgerundet.

Der Brustbeinkörper ist länger als das Becken. Der Anteil der Beckenlänge von der C./Stlg. ist 75,0 %. Das Becken ist etwas schmaler als die Breite des Sternums in der Mitte.

Die diagonal gemessene Crista sterni ist länger als der Brustbeinkörper; sie ist fast so lang wie die gesamte Brustbeinlänge. Die höchste Erhebung der Crista sterni liegt vor ihrem vorderen Ende, etwa gegenüber der 2. Sternalrippe. Von ihrem Kulminationspunkt erreicht sie in einer fast kreisförmigen Profillinie nach einer Wendung von 90° ihren Vorderrand, von wo aus sie nach dessen innerer Einbuchtung an seiner Basis in eine kräftige dornförmige Spitze, der Sterna sternalis, ausläuft. Das Brustbein hat zu seiner C./Stlg. eine Höhe von 42,7 %; sie ist bedeutend niedriger als die Breite des Brustbeines in der Mitte.

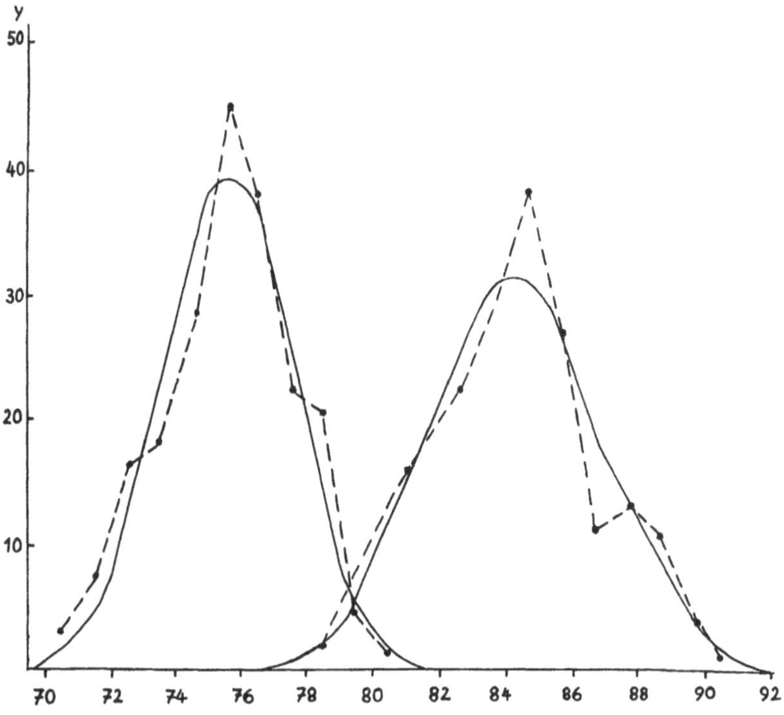


Abb. 3. **Häufigkeitsverteilung der Meßwerte der Sternumlänge (Stlg.) von *Accipiter gentilis gallinarum* (CH. L. BREHM). Links ♂♂ (n = 200), rechts ♀♀ (n = 197).**

Das prozentuale Längenverhältnis der Coracoide von der C./Stlg. ist 61,7 % und der Scapulae 87,7 %. Die parallel in einem Abstand von 29–35 mm nebeneinander liegenden Knochen der Scapula sind in der Regel gleichlang, aber nicht selten ist der eine oder andere etwas kürzer.

Der Hauptanteil des Rumpfskelettes bildet das Brustbein in Verbindung mit dem Schultergürtel. Der äußere Körperbau des Habichts ist dem langgestreckten Brustbein angepaßt.

### 6. *Milvus milvus milvus* (L.)

Von den wenigen vermessenen Brustbeinen mit Schultergürtel sind 5 aus dem südlichen Raum der DDR und 1 aus dem Gebiet der BRD.

Tab. 6. *Milvus m. milvus* (L.), Meßwerte in Millimetern von Sternum, Coracoid und Scapula.

| Bezeichnung | DDR (3♂♂) | | | BRD (1♂) | M |
|---|---|---|---|---|---|
| Stlg. + Cor. | | | | 106,0 | |
| Sternumlg. | 71,8 | 72,3 | 73,7 | 75,6 | 73,35 |
| Corp. sterni | 68,0 | 68,2 | 70,0 | 71,5 | 69,42 |
| Crist. sterni | 65,2 | 66,7 | 68,2 | 69,1 | 67,30 |
| V. St. Br. | 43,5 | 42,3 | 44,0 | 45,0 | 43,70 |
| M. St. Br. | 48,1 | 48,4 | 46,0 | 49,3 | 48,10 |
| H. St. Br. | 46,3 | 49,0 | 49,3 | 45,0 | 47,40 |
| St.-H. | 30,0 | 27,8 | 31,5 | 29,3 | 29,65 |
| Cor. | 44,1 | 42,0 | 45,0 | 43,9 | 43,75 |
| Sc. | 65,2 | 64,3 | 67,3 | 69,0 | 66,45 |

Der Rote Milan ist nach seiner durchschnittlichen Flügellänge größer als der Schwarze. Die ♂♂ sind bei beiden Arten kleiner als die ♀♀. Dieser artspezifische Geschlechtsunterschied ist auch im Knochenbau vorhanden.

In seiner Gestalt hat das Sternum große Ähnlichkeit mit dem des Schwarzen Milans und des Mäusebussards, ist aber durchschnittlich größer. Gegenüber dem letzteren fällt dies besonders durch seine Länge und Breite auf, die vorn 62,9 %, in der Mitte 69,3 % und hinten 68,3 % von der C./Stlg. des Brustbeines beträgt.

Das Brustbein ist länger als das Becken, dessen anteilige Länge 82,1–87,8 % von der C./Stlg. ausmacht.

Die Crista sterni, die kürzer ist als das Brustbein, stimmt darin mit dem Bussard überein. Sie ähnelt ihm auch in ihrem Seitenprofil, besonders durch den nach hinten zurückgezogenen Vorderrand. Sie unterscheidet sich durch die Formbildung ihres vorderen Teils von den echten Habichten, bei denen der Vorderrand der Crista in entgegengesetzter Richtung nach vorne vorgezogen ist. Beim Milan ist die Sterna sternalis nicht dornförmig wie beim Habicht, sondern den Bussarden ähnlich, kurz und abgerundet.

Der Rote Milan hat eine relativ höhere Crista sterni als Mäuse- und Rauhfußbussard. Von der C./Stlg. des Brustbeines entfallen auf seine Höhe 42,6 %. Der große und schwere Vogel hat kräftig entwickelte Brustmuskeln. Da deren Ansatzflächen an der Crista verhältnismäßig nur klein sind, ermöglicht der besonders breite Brustkörper eine größere Ausdehnung der Brustmuskulatur in der Breite.

Die Indizes von Coracoid und Scapula betragen in ihrem Verhältnis zur Brustbeinlänge 62,9 bzw. 95,6 %. Bei *Milvus migrans migrans* (BODD.) ist ihre relative Länge größer (Cor./C./Stlg. 68,0 %, Sc./C./Stlg. 98,4 %). Da von letzterem nur zwei Skelette vermessen werden konnten, wäre es wünschenswert, an einem größeren Material festzustellen, ob tatsächlich zwischen den Skeletteilen der Schultergürtelregion und der Brustbeinlänge bei so nahestehenden Arten, wie den beiden Milanen, Proportionsunterschiede vorkommen. Bei Mäuse- und Rauhfußbussard konnten sie an diesen Skelettelementen des Rumpfskelettes nicht festgestellt werden.

### 7. *Pandion haliaetus haliaetus* (L.)

Das Brustbein des Fischadlers ist in bezug auf seine Körpergröße verhältnismäßig klein. Das fällt noch dadurch auf, daß es nicht nur von seiner Medianlinie beiderseits nach außen, sondern auch von der Mitte nach vorn und hinten gewölbt ist.

Die ♀♀ haben durchschnittlich ein größeres Brustbein als die ♂♂. Die Variationsextreme in der Länge greifen weit übereinander. Die Breite des Brustbeines beträgt in der Mitte kaum mehr als die Hälfte seiner Länge. Vorne ist es ein wenig breiter als hinten. Dieser Unterschied scheint bei jungen Tieren größer zu sein als bei alten.

Auf der Medianlinie der Längswölbung erhebt sich in einem steilen Bogen von hinten nach vorn die Crista sterni. Nach Erreichung ihrer höchsten Erhebung wendet sich ihre Profillinie fast halbkreisförmig dem Vorderrand zu. Der Vorderrand der Crista ist nach innen eingebuchtet und verschmilzt an der Sternumbasis mit der Sterna spinalis. Die freiauslaufende Spitze am vorderen Ende des Brustbeinkammes ist nach hinten zurückgezogen und erreicht oder überragt daher nicht den Vorderrand des Brustbeinkörpers.

Die relativ kurze und bogenförmig steil ansteigende Crista auf der gewölbten Außenseite des Brustbeinkörpers ist typisch für die Kennzeichnung der Brustbeinform des Fischadlers. Die Crista sterni hat zur Brustbeinlänge eine Höhe, die relativ der der *Falconiformes* nicht nachsteht.

Zu den weiteren anatomischen Unterscheidungsmerkmalen gehört der Hinterrand des Sternums, an dem sich auf beiden Seiten anstelle von Fenstern Incisuren befinden. Zwischen ihnen hat der Hinterrand in der Mitte eine Einbuchtung, deren Basis ein Dreieck bildet, dessen abgerundete Spitze mit dem medianen Endpunkt des Sternums zusammenfällt. Die beiden äußeren Xiphodalenden sind abgerundet. Die Zuordnung des Fischadlers in eine besondere Gattung, *Pandion*, ist nach der Brustbeinform auch vom osteologischen Standpunkt gerechtfertigt.

Das Coracoid ist im Verhältnis zur Brustbeinlänge kurz. Der Index Cor./Stlg. liegt etwa bei 56,5 % und von der Sc./Stlg. bei 85,2 %.

### 8. *Falco peregrinus germanicus* ERL.

Mit Ausnahme von 2 Stücken vom Gebiet der DDR sind die übrigen Brustbeine aus dem Gebiet der BRD, und zwar aus Gebieten, die tiergeographisch zum früheren „Mitteldeutschland" gehören.

Das Brustbein des Wanderfalken ist seiner Gestalt nach charakteristisch für alle echten Falken aus der Familie *Falconidae*. Obwohl in der Form verschieden, fällt seine Länge in die Größenordnung, in der das Brustbein des Mäusebussards variiert. Dieses ist durchschnittlich breiter als beim Wanderfalken, dessen vordere Breite 49,9 %, in der Mitte etwa 58,2 % und hinten 66,9 % von seiner C./Stlg. beträgt. Von den Geschlechtern sind die ♂♂ kleiner als die ♀♀. Die oberen und unteren Variationsextreme von den Brustbeinlängen der beiden Geschlechter überschneiden sich nicht. Zwischen ihnen besteht ein Geschlechtsabstand, der auch bei den Skeletteilen des Schultergürtels vorhanden ist. Das Brustbein der ♀♀ scheint relativ etwas breiter zu sein als das der ♂♂. Man hat auch den Eindruck, daß diese in ihrer Gesamterscheinung schlanker aussehen als jene.

Tab. 7. *Falco peregrinus germanicus* ERL., Meßwerte in Millimetern von der Variationsbreite und den Mittelwerten von Sternum, Coracoid und Scapula.

| | ♂♂ | | | ♀♀ | | |
|---|---|---|---|---|---|---|
| Bezeichnung | Vb. | M | n | Vb. | M | n |
| Stlg. + Cor. | 93,2–97,5 | 94,92 | 4 | 103,8–113,0 | 107,14 | 9 |
| Sternumlg. | 66,2–68,0 | 67,56 | 8 | 72,0–79,0 | 75,69 | 10 |
| Corp. sterni | 61,9–65,2 | 63,50 | 8 | 67,3–71,9 | 70,62 | 10 |
| Crist. sterni | 61,9–70,2 | 66,80 | 8 | 73,7–81,5 | 76,10 | 10 |
| V. St. Br. | 30,0–32,8 | 31,70 | 8 | 35,2–38,9 | 37,05 | 10 |
| M. St. Br. | 34,0–38,3 | 37,00 | 8 | 41,3–46,5 | 43,42 | 10 |
| H. St. Br. | 40,0–44,7 | 42,50 | 8 | 47,7–51,4 | 48,80 | 10 |
| St.-H. | 30,4–32,0 | 31,10 | 8 | 33,7–35,0 | 35,22 | 10 |
| Cor. | 40,0–43,0 | 41,62 | 8 | 45,8–49,5 | 47,61 | 9 |
| Sc. | 51,5–56,0 | 53,50 | 8 | 58,6–63,0 | 61,20 | 9 |

Der bei seinem Stoßflug wie ein Geschoß wirkende Körper des Wanderfalken ist dem von vorne nach hinten etwas verbreiterten Brustbeinkörper angepaßt. Der Körperbau ist nicht langgestreckt, aber auch nicht gerade kurz, sondern hat eine gedrungene, aber keine plumpe Form. Das Becken ist kürzer als das Brustbein (Beckenlg./C./Stlg. 70,9 %).

Das charakteristische Kennzeichen und Unterscheidungsmerkmal zugleich ist die Höhe der Crista sterni. Sie erhebt sich in der Mitte der Ventralseite von hinten nach vorn, wo sie die höchste Erhebung vor ihrer frei auslaufenden Spitze erreicht. Von da an verläuft ihre Profillinie in einer einwärts gerichteten Kurve am Vorderrand bis zur Basis des Brustbeinkörpers, wo sie mit der Spina sternalis verschmilzt.

Was das Rumpfskelett des Wanderfalken von der Familie *Accipitridae* besonders auszeichnet, ist die relativ viel höhere Crista sterni des Brustbeins. Sie hat eine Höhe von 49,0 % von der C./Stlg. Bei *Falco columbarius aesalon* TUNST. fand ich sie ebenso hoch, beim Baumfalken, *Falco subbuteo subbuteo* L., noch höher. Vergleicht man dagegen die Sternumhöhe bei Habicht, Sperber, Bussard und Milan, so liegen ihre relativen Werte darunter. Und noch auffallender ist der relative Unterschied in ihrem Verhältnis zwischen Breite und Höhe ihrer Brustbeine.

Das Brustbein des Wanderfalken mit Schultergürtel hat im Durchschnitt eine Länge bei den ♂♂ von 94,92 mm und den ♀♀ von 107,14 mm. Die Indizes, auf die C./Stlg. bezogen, betragen bei den Coracoiden 65,5–67,4 % und bei den Scapulae 84,2–86,6 %. Brustbeine von *Falco biarmicus feldeggii* SCHLEG. aus Italien sind kleiner als von deutschen Wanderfalken.

## 9. *Falco tinnunculus tinnunculus* L.

Die in der Tabelle statistisch ausgewerteten Brustbeine sind ihrer geographischen Herkunft nach aus dem Raum der DDR. Da der größte Teil von ihnen ohne Schultergürtel präpariert wurde, konnten nur wenige Messungen von den Coracoiden und Scapulae erfolgen.

Tab. 8. *Falco t. tinnunculus* L., Meßwerte von Sternum, Coracoid und Scapula.

| Bezeichnung | Vb. | x | m | s | v | n |
|---|---|---|---|---|---|---|
| | | ♂♂ | | | | |
| Stlg. + Cor. | | | | | | |
| Sternumlg. | 34,0—40,0 | 37,530 | 0,158 | 1,363 | 3,642 | 75 |
| Corp. sterni | 33,0—38,7 | 36,043 | 0,140 | 1,195 | 3,315 | 72 |
| Crist. sterni | 30,3—36,5 | 33,533 | 0,204 | 1,732 | 5,165 | 72 |
| V. St. Br. | 18,4—23,0 | 20,628 | 0,104 | 0,893 | 4,328 | 73 |
| M. St. Br. | 22,0—27,9 | 24,053 | 0,135 | 1,161 | 4,826 | 73 |
| H. St. Br. | 25,0—32,6 | 27,978 | 0,150 | 1,280 | 4,575 | 72 |
| St.-H. | 16,6—20,0 | 18,689 | 0,420 | 0,819 | 4,328 | 71 |
| Cor. | 26,5—28,1 | 27,44 | | | | 4 |
| Sc. | 34,4—36,9 | 35,72 | | | | 4 |
| | | ♀♀ | | | | |
| Stlg. + Cor. | | | | | | |
| Sternumlg. | 35,2—42,0 | 38,259 | 0,239 | 1,819 | 4,754 | 58 |
| Corp. sterni | 33,5—40,7 | 37,312 | 0,217 | 1,658 | 4,443 | 58 |
| Crist. sterni | 30,5—37,8 | 34,396 | 0,246 | 1,830 | 5,319 | 55 |
| V. St. Br. | 18,5—23,9 | 21,284 | 0,142 | 1,044 | 4,906 | 54 |
| M. St. Br. | 21,5—27,9 | 24,794 | 0,166 | 1,264 | 5,098 | 58 |
| H. St. Br. | 24,7—32,3 | 29,024 | 0,238 | 1,754 | 6,044 | 54 |
| St.-H. | 17,0—21,4 | 19,360 | 0,133 | 0,987 | 5,097 | 55 |
| Cor. | 28,0—30,0 | 28,66 | | | | 3 |
| Sc. | 34,5—37,8 | 35,96 | | | | 3 |

Von den kleinen Falken Mitteleuropas ähnelt der Turmfalke dem Rötelfalken (*Falco naumanni naumanni* FLEISCHER) zum Verwechseln. Die Geschlechter unterscheiden sich in der Färbung und Zeichnung deutlich voneinander. Nach der Flügel- und Brustbeinlänge sind die ♀♀ durchschnittlich größer als die ♂♂. Die Variationsextreme greifen weit übereinander, so daß man nach der Größe nur die kleinsten ♂♂ von den größten ♀♀ unterscheiden kann. Man könnte glauben, daß der geringe Geschlechtsunterschied von den Mittelwerten der Sterna zufallsbedingt sei. Sie wurden deshalb auf ihre Signifikanz überprüft ($n = 75$ ♂♂ und $n = 58$ ♀♀, $t = 3{,}26$, $P < 0{,}002$). Der vorhandene Größenunterschied der Geschlechter ist also mathematisch gesichert.

Das Brustbein des Turmfalken ist relativ kurz und breit. Die Breite ist vorn 57,2 %, in der Mitte 66,6 % und hinten 77,5 % von der C./Stlg. In dem hinteren Viertel des Sternums befindet sich jederseits des Brustbeinkammes ein ovales, mit einer Membran verschlossenes Fenster. Die großen Falken haben relativ längere Sterna. Doch stimmen sie darin überein, daß sie vorn schmäler sind als hinten.

Das Becken ist kürzer als das Brustbein, sein Anteil beträgt von der C./Stlg. 88,0 %.

Das kurze Brustbein hat eine hohe Crista sterni, die mit ihrem nach hinten zurückspringenden Vorderrand kürzer ist als das Corpus sterni. An ihrer höchsten Erhebung beträgt ihre Höhe vom Unterrand des vorderen Sternums 51,6 % von der C./Stlg. Im Verhältnis zu der kurzen Brustbeinlänge haben die Coracoide und die Scapulae hohe Indexwerte, jene Cor./C./Stlg. 76,1 % und diese Sc./C./Stlg. 99,1 %.

## Der Sexualdimorphismus

Die Geschlechter der Tagraubvögel können sich sowohl nach der Größe als auch nach der Färbung oder Zeichnung ihres Gefieders voneinander unterscheiden. Die ♀♀ sind in der Regel, aber nicht immer, größer als die ♂♂. Der Größenunterschied unter den

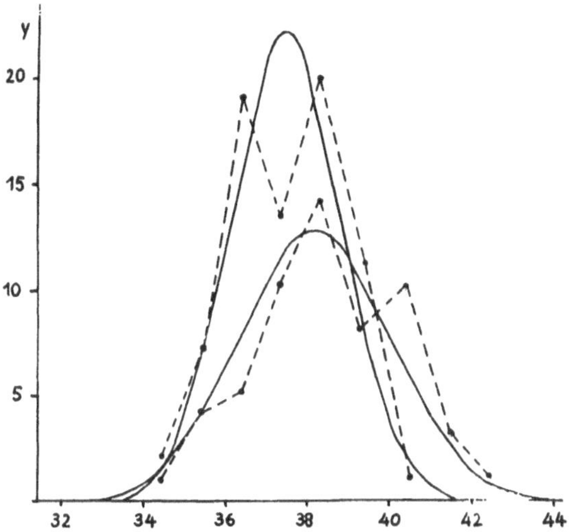


Abb. 4. Häufigkeitsverteilung der Meßwerte der Sternumlänge (Stlg.) von *Falco tinnunculus tinnunculus* L. Links ♂♂ (n = 72), rechts ♀♀ (n = 58).

Geschlechtern schwankt bei den einzelnen Arten; es trifft in Mitteleuropa nur z. T. zu, aber nicht generell, daß er bei den kleineren Arten relativ größer ist als bei den größeren. Der Geschlechtsabstand kann in seinen Maßverhältnissen anatomisch und äußerlich relativ verschieden sein. Bei letzteren spielt auch der Altersunterschied mit hinein.

Tab. 9. Geschlechtsindex von der Sternumlänge in Prozentzahlen.

| Name | A M Stlg. in mm | B M ♀-♂ in mm | C M ♀/2+♂/2 | Geschlechts-index B/C x 100 | n |
|---|---|---|---|---|---|
| *Buteo buteo buteo* (L.) | ♀ 67,50 | 3,38 | 65,81 | 5,13 | 124 |
| | ♂ 64,12 | | | | 108 |
| *B. lagopus lagopus* (PONT.) | ♀ 73,93 | 5,28 | 71,29 | 7,40 | 12 |
| | ♂ 68,65 | | | | 10 |
| *Accipiter nisus nisus* (L.) | ♀ 54,81 | 9,36 | 50,13 | 18,67 | 110 |
| | ♂ 45,45 | | | | 80 |
| *A. gentilis gallinarum* (C. L. BREHM) | ♀ 84,13 | 8,65 | 79,80 | 10,90 | 197 |
| | ♂ 75,48 | | | | 200 |
| *Falco peregrinus germanicus* ERL. | ♀ 75,60 | 8,13 | 71,62 | 11,21 | 10 |
| | ♂ 67,56 | | | | 8 |
| *F. tinnunculus tinnunculus* L. | ♀ 38,26 | 0,73 | 37,89 | 1,92 | 58 |
| | ♂ 37,53 | | | | 75 |

Der Geschlechtsindex von der Sternumlänge schwankt bei den vorgenannten Arten von 1,9 bis 18,6 %. Der niedrigste Wert wurde beim Turmfalken festgestellt. Bei den kleinen mitteleuropäischen Falken steht nicht die Größe, nach der sich die Geschlechter unterscheiden, an erster Stelle, sondern die Färbung und Zeichnung ihres Gefieders. Das gilt besonders für Turm-, Rötel-, Baum-, Rotfußfalke und Merlin. Die Variationsbreiten ihrer Knochenmaße von beiden Geschlechtern greifen weit übereinander, so daß sich nur die kleinen ♂♂ von den größeren ♀♀ unterscheiden lassen. Und das ist nur ein kleiner Prozentsatz.

Der größte Geschlechtsindex wurde beim Sperber gefunden. Bei ihm sind es nicht nur die Färbung und Zeichnung des Gefieders, sondern vielmehr die Größe, nach der sich die Geschlechter unterscheiden. Dieser Geschlechtsunterschied ist bei unserem Sperber von allen mitteleuropäischen Tagraubvögeln am größten. Man kann die Geschlechter nicht nur nebeneinander, sondern auch getrennt, ob sitzend oder fliegend, der Größe nach erkennen. Einzelne starke ♀♀ sind mehr als doppelt so schwer wie die leichtesten, normal konditionierten ♂♂.

Dieser gewaltige Gewichtsunterschied ist gleichbedeutend mit dem morphologischen Größenunterschied im Körperbau der Geschlechter. Die oberen Variationsextreme von den Brustbeinen der ♂♂ berühren sich mit den unteren der ♀♀ nicht. Ebenso klafft zwischen ihren Flügel- und Schwanzlängen eine breite Lücke.

Von den mittelgroßen Tagraubvögeln sind es von den Gattungen *Hieraaetus, Accipiter* und *Falco* der kleine Zwergadler, *Hieraaetus pennatus pennatus* (GMEL.), der Habicht, *Accipiter gentilis gallinarum* (C. L. BREHM) und der Wanderfalke, *Falco peregrinus germanicus* ERL., die durch die unterschiedliche Körpergröße ihrer Geschlechter besonders auffallen. So groß wie bei ihnen ist der Geschlechtsunterschied innerhalb der Gattung *Buteo, Milvus, Pernis* und *Circus* bei keiner Art. Von den Weihen ist er bei den einzelnen Arten verschieden, relativ am größten bei der Kornweihe, *Circus cyaneus cyaneus* (L.).

Bei den größeren und größten Tagraubvögeln der Familie *Aegypiidae* der Gattungen *Aquila, Haliaeetus, Circaetus* und *Pandion* ist der Sexualdimorphismus relativ gering. Bei ihnen bleibt der Geschlechtsindex ohne Ausnahme unter 10 %.

Wie sich der Geschlechtsindex von Brustbein- und Flügellänge zueinander verhält, soll bei 2 Arten, Mäusebussard, *Buteo buteo buteo* (L.), und Habicht, *Accipiter gentilis gallinarum* (C. L. BREHM), gezeigt werden. Von ersterem hat PIECHOCKI (1970) eine große Serie von beiden Geschlechtern gemessen und die Außenmaße veröffentlicht. Von letzteren wurden die Flügellängen von ein- und mehrjährigen Habichten nach eigenen Messungen ermittelt. In der nachstehenden Tabelle erfolgt ihre Auswertung unter Verwendung ihrer Mittelwerte.

Beim Bussard ergab sich nach der Brustbeinlänge ein Geschlechtsindex, der von dem der Flügellänge um 0,49 % und von dem der Schwanzlänge nur um 0,02 % abweicht. Ähnlich ist es auch bei der Habichtrasse *Accipiter gentilis gallinarum* (C. L. BREHM). Die Differenz von dem Geschlechtsindex der Sternum- und Flügellänge beträgt bei den einjährigen Habichten 0,30 % und den mehrjährigen 0,90 %. Diese Abweichungen zwischen anatomischem und äußerem Geschlechtsindex der Flügel- und Schwanzlänge differieren in engen Grenzen. Solche fast übereinstimmenden Geschlechtsindizes setzen ziemlich gleiche Proportionsverhältnisse im

Knochenbau und den befiederten Flugorganen der Geschlechter voraus, unabhängig von ihrer unterschiedlichen Gesamtgröße. Es gibt aber auch Unterschiede, wonach der Geschlechtsindex in der Flügel- und Schwanzlänge größer ist als in der Sternumlänge, und zwar um mehr als 1 %, aber auch umgekehrt in der Sternumlänge.

Tab. 10. Geschlechtsindex der Flügel- und Schwanzlänge in Prozentzahlen.

| Name | | A<br>M Flg.<br>in mm | B<br>M ♀-♂<br>in mm | C<br>M ♀/2+<br>♂/2 | Geschlechts-<br>index<br>B/C x 100 | n |
|---|---|---|---|---|---|---|
| | ♀ | 410,1 | | | | 288 |
| *Buteo buteo buteo* (L.) | | | 18,6 | 400,7 | 4,64 | |
| | ♂ | 391,5 | | | | 235 |
| | | M Schwzlg.<br>in mm | | | | |
| | ♀ | 226,9 | | | | 301 |
| *Buteo buteo buteo* (L.) | | | 11,3 | 221,2 | 5,11 | |
| | ♂ | 215,6 | | | | 239 |
| | | M Flg.<br>in mm | | | | |
| | ♀ juv. | 348,60 | | | | 58 |
| | | | 37,22 | 330,6 | 11,2 | |
| *A. gentilis gallinarum* | ♂ juv. | 311,48 | | | | 52 |
| (C. L. BREHM) | ♀ ad. | 353,47 | | | | 44 |
| | | | 39,64 | 333,6 | 11,8 | |
| | ♂ ad. | 313,83 | | | | 53 |

## Die Vorderextremität

Auf eine statistische Auswertung der einzelnen Skeletteile von der vorderen und hinteren Extremität mußte verzichtet werden, da von den einzelnen Arten zu wenig Untersuchungsmaterial zur Verfügung steht. Anstelle ihrer absoluten Meß- und errechneten Mittelwerte wird ihre relative Länge zur Gesamtlänge des Armskelettes angegeben, die sich aus der Summe der Einzelskeletteile zusammensetzt (S. V. E.). Da diese die Bezugsgröße für die Berechnung der relativen Größenanteile der einzelnen Skeletteile darstellt, läßt sich deren absolute Länge erforderlichenfalls leicht durch Umrechnung bestimmen.

Die homologen Flügelskeletteile von den systematisch unterteilten Familien *Accipitridae* und *Falconidae* sind in ihrem mitteleuropäischen Verbreitungsgebiet, von ihrer Größe abgesehen, morphologisch nur wenig verschieden. Trotz dieser augenscheinlichen Einheitlichkeit sind zwischen den beiden Familien grundsätzliche Unterschiede in dem relativen Längenverhältnis der einzelnen Skeletteile vorhanden. Sie sind die konstruktiven Voraussetzungen für die äußere Flügelform und diese für die optimalen Flugleistungen unter den artspezifischen Lebensbedingungen des Vogels.

Tab. 11. Relativer Größenanteil der einzelnen Skeletteile an der Gesamtlänge des Flügelskelettes (S. V. E.) in Prozentzahlen.

| Namen | Sex. | Humerus | Ulna | Met. | P 1 | P 2 | Hand | S.V.E. in mm |
|---|---|---|---|---|---|---|---|---|
| Gattung *Buteo* LACÉPÈDE: | | | | | | | | |
| *Buteo buteo buteo* (L.) | ♂ | 31,60 | 37,30 | 18,80 | 7,12 | 5,21 | 31,13 | 329,7 |
| | ♀ | 31,60 | 37,60 | 18,53 | 7,25 | 5,03 | 30,81 | 342,0 |
| *Buteo lagopus lagopus* (PONT.) | ♂ | 31,65 | 36,95 | 19,05 | 7.32 | 5,05 | 31,12 | 347.9 |
| | ♀ | 31,70 | 36,60 | 18,69 | 7,55 | 5,48 | 31,72 | 374,0 |
| Gattung *Accipiter* BRISSON: | | | | | | | | |
| *Accipiter nisus nisus* (L.) | ♂ | 31,25 | 36,76 | 19,48 | 7,54 | 4,95 | 31,97 | 162,4 |
| | ♀ | 31,45 | 36,84 | 19,31 | 7,62 | 4,80 | 31,73 | 196,7 |
| *Accipiter gentilis gallinarum* | ♂ | 32,10 | 35,74 | 19,87 | 7,21 | 5,04 | 32,12 | 277,3 |
| (C. L. BREHM) | ♀ | 32,17 | 35,68 | 19,74 | 7,24 | 5,18 | 32,16 | 308,4 |
| Gattung *Milvus* LACÉPÈDE: | | | | | | | | |
| *Milvus milvus milvus* (L.) | ♂ | 31,24 | 36,26 | 18,44 | 7,82 | 6,21 | 32,47 | 393,7 |
| | ♀ | 31,55 | 36,56 | 18,51 | 7,69 | 5,69 | 31,89 | 398,3 |
| *Milvus migrans migrans* (BODD.) | ♂ | 32,20 | 36,74 | 18,08 | 7,65 | 5,33 | 31,06 | 367,2 |
| | ♀ | 31,65 | 37,30 | 17,67 | 7,58 | 5,79 | 31,04 | 390,3 |
| Gattung *Haliaeetus* SAV.: | | | | | | | | |
| *Haliaeetus alb. albicilla* (L.) | ♂ | 33,23 | 38,33 | 16,38 | 6,95 | 5,10 | 28,43 | 647,0 |
| | ♀ | 33,00 | 37,80 | 17,25 | 7,00 | 4,94 | 29,20 | 666,6 |
| Gattung *Pernis* CUVIER: | | | | | | | | |
| *Pernis apivorus apivorus* (L.) | ♂ | 32,32 | 36,24 | 18,24 | 7,65 | 5,54 | 31,43 | 337,0 |
| | ♀ | 32,50 | 36,10 | 17,70 | 7,98 | 5,73 | 31,41 | 338,3 |
| Gattung *Circus* LACÉPÈDE: | | | | | | | | |
| *Circus aeruginosus aeruginosus* | ♂ | 31,20 | 36,70 | 18,73 | 7,31 | 6,03 | 32,07 | 325,0 |
| (L.) | ♀ | 30,85 | 36,24 | 18,83 | 8,21 | 5,85 | 32,89 | 350,4 |
| *Circus cyaneus cyaneus* (L.) | | 31,00 | 35,81 | 19,09 | 8,30 | 5,77 | 33,16 | 297,4 |
| Gattung *Pandion* SAV.: | | | | | | | | |
| *Pandion hal. haliaetus* (L.) | ♀ | 29,36 | 37,18 | 18,20 | 8,61 | 6,65 | 33,46 | 511,0 |
| Gattung *Falco* L.: | | | | | | | | |
| *Falco subbuteo subbuteo* L. | ♂ | 29,89 | 33,09 | 20,30 | 8,70 | 7,90 | 36,90 | 181,3 |
| | ♀ | 29,40 | 33,66 | 20,60 | 9,03 | 7,23 | 36,86 | 193,7 |
| *Falco peregr. germanicus* ERL. | ♀ | 29,23 | 33,97 | 20,18 | 8,60 | 8,30 | 37,15 | 299,3 |
| *Falco columbarius aesalon* | ♂ | 29,77 | 33,50 | 20,52 | 8,50 | 7,13 | 36,65 | 152,5 |
| TUNST. | ♀ | 30,29 | 33,70 | 20,35 | 8,60 | 6,90 | 35,85 | 164,1 |
| *Falco vespertinus vespertinus* L. | ♀ | 30,32 | 34,23 | 19,42 | 8,11 | 7,90 | 35,88 | 172,5 |
| *Falco tinnunculus tinnunculus* L. | ♂ | 30,05 | 34,50 | 19,50 | 8,30 | 7,80 | 35,60 | 178,3 |
| | ♀ | 30,13 | 34,25 | 19,95 | 7,75 | 7,89 | 35,59 | 180,6 |
| *Falco spar. sparverius* GM. | | 30,82 | 34,13 | 19,50 | 8,09 | 7,45 | 35,04 | 144,7 |

Die Gesamtlänge des Flügelskelettes ist in ihrem Verhältnis zur Körpergröße bei den untersuchten Arten nicht proportional (Abb. 11). So ist sie bei den kleinen Falken über 4mal, dagegen bei den größeren Arten der Gattungen *Buteo, Milvus, Pernis* und *Circus* über 5mal länger als das Sternum. Diese Unterschiede sind bedingt teils durch die Länge und Form, teils durch die Belastung des befiederten Flügelteils. Sie beruhen auf Gesetzmäßigkeiten, die nicht nur bei den *Falconiformes*, sondern auch bei anderen systematischen Ordnungen der Vögel vorkommen.

Die relative Länge der Humeri, auf die Flügelskelettlänge bezogen, schwankt bei den Falken zwischen 29,4 % und 30,8 %. Die darüber liegenden Werte bis zu 32,5 % wurden bei den übrigen Arten gefunden. Im Gegensatz zu ihren interspezifischen Größen- und flugbiologischen Unterschieden sind die Abweichungen in der relativen Länge ihrer Humeri auffallend gering.

Die Ulna ist der längste Knochen am Flügelskelett; ihr Größenanteil beträgt von der Flügelskelettlänge bei den Falken 33,0–34,5 %, bei den übrigen Arten 35,6–37,6 %.

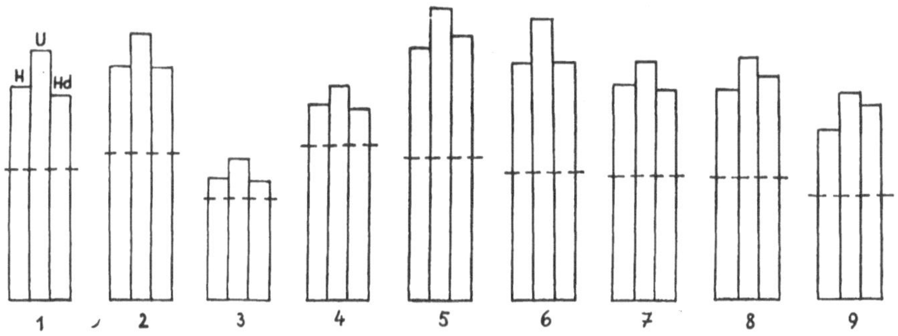


Abb. 5. Histogramm der Proportionen des Flügelskelettes von mehreren Arten aus der Familie *Accipitridae.*
1: *Buteo buteo buteo* (L.) — 2: *Buteo lagopus lagopus* (PONTOPPIDAN) — 3: *Accipiter nisus nisus* (L.) — 4: *Accipiter gentilis gallinarum* (CH. L. BREHM) — 5: *Milvus milvus milvus* (L.) — 6: *Milvus migrans migrans* (BODDAERT) — 7: *Pernis apivorus apivorus* (L.) — 8: *Circus aeruginosus aeruginosus* (L.) — 9: *Circus cyaneus cyaneus* (L.).
H = Humerus, U = Ulna, Hd = Handskelett. Die gestrichelte Linie stellt die Sternumlänge als Vergleichsmaßstab zu den einzelnen Flügelskeletteilen dar. Maßstab des Histogramms: 1/4 nat. Größe der einzelnen Skelettelemente.
Bei diesen breit- und rundflügeligen Arten ist das Handskelett ohne Ausnahme kürzer als die Ulna.

Nach der Größe der Ulna richtet sich die Länge des befiederten Armflügels. Bei den schmalflügeligen Falken ist sie relativ kürzer als bei den breitflügeligen Arten. Diese unterscheiden sich nicht nur von jenen durch ihre breiteren Tragflächen, sondern auch durch ihre Flugeigenschaften.

Von noch entscheidender Bedeutung für diese ist die Länge des Handflügelskeletts, das sich aus Metacarpus und den Phalangen 1 und 2 zusammensetzt. Es hat auf die ganze Flügelskelettlänge bezogen in der Familie *Falconidae* eine Länge von 35,0 bis 37,1 % und in der Familie *Accipitridae* von 28,4–33,4 %.

So hervorragende Flieger wie die Falken haben ein langes Handskelett, das länger ist als die Ulna. Sie nehmen deshalb innerhalb der *Falconiformes* eine Sonderstellung ein. In der Familie *Accipitridae* ist dagegen das Handskelett kürzer als die Ulna. Ähnlich unterscheiden sich die beiden Familien in ihrem Längenverhältnis zwischen Handflügelskelett und Oberarmknochen. Das Handflügelskelett ist bei den

Falken 18,7–27,2 % länger als der Oberarm. In der Familie *Accipitridae* ist dieser Längenunterschied viel kleiner, nicht über 10 %, z. T. ist das Handskelett nicht länger als der Humerus oder sogar noch kürzer als dieser. In der Familie *Pandionidae* ist das Handskelett etwa 14 % länger als der Humerus.

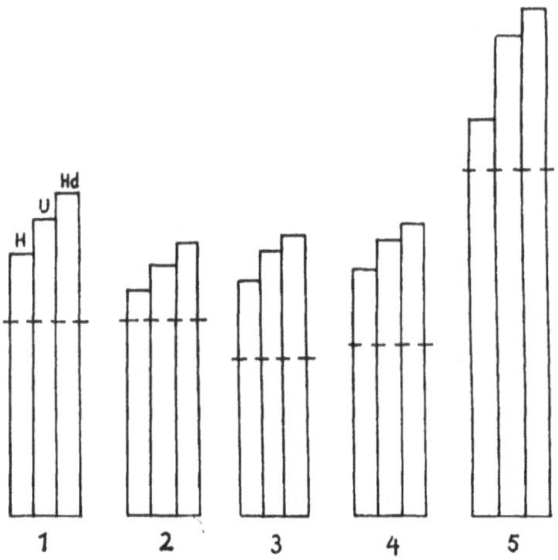


Abb. 6. Histogramm der Proportionen des Flügelskelettes von einigen Arten aus der Familie *Falconidae*.
1: ***Falco subbuteo subbuteo*** L. – 2: ***Falco columbarius aesalon*** TUNSTALL – 3: ***Falco vespertinus vespertinus*** L. – 4: ***Falco tinnunculus tinnunculus*** L. – 5: ***Falco peregrinus germanicus*** ERL.
Maßstab des Histogramms: 1/2 nat. Gr.
Bei den spitzflügeligen Falken ist das Handskelett länger als die Ulna.

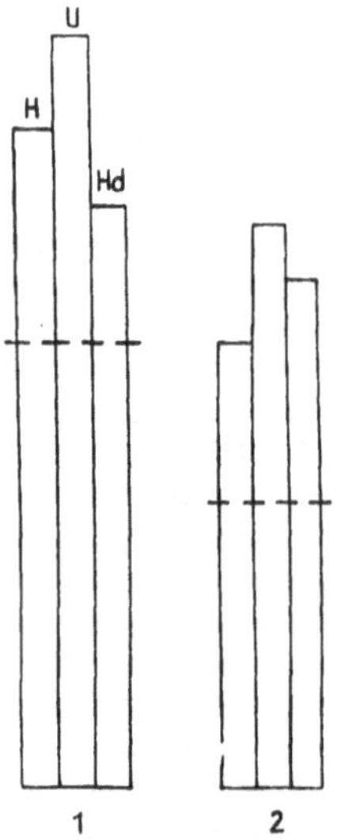


Abb. 7. Histogramm der Proportionen des Flügelskelettes von 1: ***Haliaeetus albicilla albicilla*** (L.) und 2: ***Pandion haliaetus haliaetus*** (L.).
Maßstab: des Histogrammes: 1/4 nat. Größe.
Beide Arten unterscheiden sich in dem Längenverhältnis ihres Handskelettes. Beim Fischadler ist es kürzer als die Ulna, beim Seeadler sogar noch kürzer als der Humerus. Dieser Unterschied ist auffallend groß.

Aus diesen sehr unterschiedlichen Längenverhältnissen lassen sich Schlußfolgerungen auf die äußere Flügelform ableiten. So haben Arten aus der Familie ***Falconidae*** mit spitzen Flügeln ein relativ langes und aus der Familie ***Accipitridae*** mit abgerundeten Flügeln ein relativ kurzes Handskelett. Auch aus anderen taxonomischen Ordnungen konnte eine analoge Differenzierung des Handskeletts im Zusammenhang mit der Flügelform festgestellt werden (BÄHRMANN 1968).

Nicht nur unter entfernt verwandten Arten, sondern auch unter ihren geographischen Formen gibt es in der Form ihrer Flügel Unterschiede. So haben z. B. Bussarde, trotz großer Ähnlichkeit, unterschiedliche Flügelformen. An einem großen Balgmaterial hat MEUNIER (1971) die befiederte Flügelstruktur von *Buteo buteo buteo* (L.) und *Buteo buteo vulpinus* GLOGER vergleichsweise untersucht. Dabei wurde festgestellt, daß der Falkenbussard eine viel längere Flügelspitze als der Mäusebussard hat. Außerdem wurden noch Unterscheidungsmerkmale in der Einkerbung der Handschwingen gefunden. Es ist wünschenswert, einmal festzustellen, ob sich die beiden Bussarde anatomisch nach der Differenzierung ihrer Flügelskelette unterscheiden.

Tab. 12. Differenz zwischen Humerus und der längeren Ulna in Prozentzahlen.

| | | |
|---|---|---|
| *Accipitridae* | | |
| *Buteo buteo buteo* (L.) | ♂ | 14,2 |
| *Buteo lagopus lagopus* (PONT.) | ♂ | 14,4 |
| *Accipiter nisus nisus* (L.) | ♂ | 15,2 |
| *Accipiter gentilis gallinarum* (C. L. BREHM) | ♂ | 10,2 |
| *Milvus milvus milvus* (L.) | ♂ | 12,9 |
| *Milvus migrans migrans* (BODD.) | ♂ | 15,8 |
| *Haliaeetus albicilla albicilla* (L.) | ♀ | 14,5 |
| *Pernis apivorus apivorus* (L.) | ♂ | 10,6 |
| *Circus aeruginosus aeruginosus* (L.) | ♂ | 14,5 |
| *Circus cyaneus cyaneus* (L.) | ♀ | 13,6 |
| *Pandionidae* | | |
| *Pandion haliaetus haliaetus* (L.) | ♀ | 26,6 |
| *Falconidae* | | |
| *Falco subbuteo subbuteo* L. | ♀ | 11,0 |
| *Falco peregrinus germanicus* ERL. | ♀ | 14,9 |
| *Falco columbarius aesalon* TUNST. | ♀ | 10,2 |
| *Falco vespertinus vespertinus* L. | ♀ | 11,1 |
| *Falco tinnunculus tinnunculus* L. | ♀ | 12,1 |

Solche Feststellungen können zur Ergänzung von äußeren Unterscheidungsmerkmalen bei schwer unterscheidbaren Formen wesentlich beitragen. Bei unserem Mäusebussard ist das Handskelett teils ein wenig länger, teils etwas kürzer als der Oberarm. Zwischen einem kurzen Handskelett und der Länge des dazugehörigen Oberarmknochens ist der relative Unterschied nur gering, dagegen bei einem langen Handskelett riesengroß.

## Die Hinterextremität

Die Raubvögel unterscheiden sich nicht nur durch Einzelmerkmale, die insgesamt ihrer äußeren Erscheinung das Gepräge geben, sondern auch durch eine besondere Funktion ihrer hinteren Extremität von allen anderen Vögeln. Die hauptsächlich zum Laufen, Hüpfen und Schwimmen dienende Hinterextremität hat bei den Raubvögeln in Verbindung mit ihren scharfbekrallten Zehen eine ganz andere Funktion. Diese ist geradezu für sie von lebensnotwendiger Bedeutung.

Die Beinlängen der einzelnen Arten variieren in einem ungleichen Verhältnis zu ihrer Körpergröße. Die kleinsten Arten haben nicht immer die kürzesten und die größten nicht immer die längsten Beine. Diese interspezifischen Größenunterschiede sind bei entfernter verwandten Arten größer als bei nahestehenden (z. B. *Buteo buteo* und *Buteo lagopus* bzw. *Milvus milvus* und *Milvus migrans*). Sie sind in den Gattungen *Buteo, Accipiter, Milvus, Pernis* und *Falco* 3,1–4,0mal länger als das Sternum. Eine Sonderstellung nimmt die Gattung *Circus* ein. Die Weihen haben ungewöhnlich lange Beine; sie sind 4,5mal länger als das Brustbein. Verhältnismäßig kurz sind sie dagegen bei den Milanen und dem Wespenbussard. Von den kleinen, ungefähr gleichgroßen Falken hat der Abendfalke die relativ kürzesten Beine. Der Habicht hat relativ lange Beine, der Sperber noch längere.

Bei den untersuchten Arten ist die Gesamtlänge der hinteren Extremität kürzer als die vordere. Auch ohne Phalange (P 1 und P 2) ist das Flügelskelett mit wenigen Ausnahmen länger als das Beinskelett. Dieses unterschiedliche Längenverhältnis kann am einfachsten durch den Index Lokomotion (VERHEYEN 1958) ausgedrückt werden. Sein Wert liegt unter 1,0, wenn das Beinskelett länger ist, und über 1,0, wenn es kürzer ist als das Flügelskelett ohne Phalange.

Der höchste Wert von 1,64 wurde beim Fischadler, 1,61 beim Rot- und 1,55 beim Schwarzmilan, 1,45 beim Wespenbussard und 1,42 beim Seeadler gefunden. Alle 5 Arten sind verhältnismäßig kurzbeinig.

In der Größenordnung von 1,08, 1,13 und 1,25 liegen die Indexwerte bei Wander-, Turm- und Baumfalken einerseits und von 1,14 bei Mäuse- und 1,27 beim Rauhfußbussard andererseits. Die langbeinigen Weihen haben relativ niedrige Indexwerte von 1,0 bis 1,08. Unter 1,0 sinken sie beim Habicht (auf 0,96–0,98) und noch niedriger auf 0,91–0,95 beim Sperber ab. Innerhalb der *Falconiformes* liegen die Indexwerte bei den meisten Arten über 1,0. Gerade umgekehrt ist es bei den *Passeriformes*, die sich hauptsächlich aus kleineren Arten zusammensetzen. Bei ihnen liegen sie in der überwiegenden Mehrzahl darunter.

Das Längenverhältnis von Vorder- und Hinterextremität kann nicht nur innerhalb derselben Gattung, sondern auch innerhalb verschiedener Familien fast gleich sein. So kommen diese Gemeinsamkeiten bei Arten von verschiedener Körpergröße und Lebensweise vor.

Die einzelnen Beinknochen sind nicht nur interspezifisch, sondern auch innerhalb der gesamten Beinlänge verschieden lang. Von ihnen ist der Tibiotarsus ohne Ausnahme der längste, von den beiden anderen ist der Femur bei den Falken, Milanen, Rauhfußbussard, Fisch- und Seeadler länger als der Tarsometatarsus. Beim Habicht und Mäusebussard sind beide Knochen fast gleichlang, nur bei einzelnen Tieren, besonders den Weibchen, ist der Tarsometatarsus etwas länger. Der Rauhfußbussard hat kürzere Läufe als der Mäusebussard, wodurch sich beide Arten voneinander unterscheiden. Länger als der Femur ist der Tarsometatarsus bei den Weihen und relativ noch länger beim Sperber. An der Langbeinigkeit dieser Arten sind die distalen Beinknochen stärker beteiligt als der proximale Oberschenkel.

Tab. 13. Relativer Größenanteil der einzelnen Skeletteile an der Gesamtlänge des Beinskeletts (S. H. E.) in Prozentzahlen.

| Namen | Sex. | Femur | Tibiotarsus | Tarsometatarsus | Tibio- u. Tarsometatarsus | S.H.E. in mm |
|---|---|---|---|---|---|---|
| Gattung *Buteo* LACÉPÈDE: | | | | | | |
| *Buteo buteo buteo* (L.) | ♂ | 29,8 | 40,1 | 30,0 | 70,1 | 255,5 |
| | ♀ | 29,7 | 40,6 | 29,5 | 70,1 | 263,9 |
| *Buteo lagopus lagopus* (PONT.) | ♂ | 31,9 | 40,0 | 28,0 | 68,0 | 243,0 |
| | ♀ | 32,0 | 40,2 | 27,6 | 67,8 | 255,7 |
| Gattung *Accipiter* BRISSON: | | | | | | |
| *Accipiter nisus nisus* (L.) | ♂ | 28,5 | 37,8 | 33,6 | 71,4 | 156,2 |
| | ♀ | 28,3 | 38,8 | 32,8 | 71,6 | 189,2 |
| *Accipiter gentilis gallinarum* | ♂ | 30,1 | 40,4 | 29,4 | 69,8 | 249,8 |
| (C. L. BREHM) | ♀ | 30,1 | 40,2 | 29,4 | 69,6 | 276,0 |
| Gattung *Milvus* LACÉPÈDE: | | | | | | |
| *Milvus milvus milvus* (L.) | ♂ | 32,7 | 40,8 | 26,4 | 67,2 | 211,5 |
| | ♀ | 32,4 | 41,2 | 26,2 | 67,4 | 210,2 |
| *Milvus migrans migrans* (BODD.) | ♂ | 31,3 | 41,8 | 27,2 | 69,0 | 204,7 |
| | ♀ | 31,9 | 41,2 | 26,7 | 67,9 | 206,5 |
| Gattung *Haliaeetus* SAV.: | | | | | | |
| *Haliaeetus alb. albicilla* (L.) | ♀ | 32,3 | 42,2 | 25,5 | 67,7 | 384,0 |
| | ♂ | 32,4 | 42,2 | 25,4 | 67,6 | 377,0 |
| Gattung *Pernis* CUVIER: | | | | | | |
| *Pernis apivorus apivorus* (L.) | ♂ | 28,4 | 44,8 | 26,5 | 71,3 | 203,3 |
| | ♀ | 28,7 | 44,5 | 26,6 | 71,1 | 201,2 |
| Gattung *Circus* LACÉPÈDE: | | | | | | |
| *Circus aeruginosus aeruginosus* | ♂ | 26,8 | 40,4 | 32,7 | 73,1 | 257,2 |
| (L.) | ♀ | 27,2 | 40,8 | 31,9 | 72,7 | 276,7 |
| *Circus cyaneus cyaneus* (L.) | | 29,2 | 40,0 | 30,6 | 70,6 | 244,4 |
| Gattung *Pandion* SAV.: | | | | | | |
| *Pandion hal. haliaetus* (L.) | ♀ | 30,2 | 48,1 | 21,5 | 69,7 | 263,5 |
| Gattung *Falco* L.: | | | | | | |
| *Falco subbuteo subbuteo* L. | ♂ | 32,8 | 41,3 | 25,1 | 66,4 | 132,2 |
| | ♀ | 31,9 | 42,1 | 25,8 | 67,9 | 141,1 |
| *Falco peregr. germanicus* ERL. | ♀ | 33,5 | 41,8 | 24,7 | 66,5 | 210,1 |
| *Falco columbarius aesalon* | ♂ | 32,5 | 40,4 | 27,0 | 67,4 | 132,6 |
| TUNST. | ♀ | 33,0 | 41,0 | 25,8 | 66,8 | 137,5 |
| *Falco vespertinus vespertinus* L. | ♀ | 32,6 | 42,7 | 24,8 | 67,4 | 117,4 |
| *Falco tinnunculus tinnunculus* L. | ♂ | 31,3 | 40,9 | 27,8 | 68,7 | 142,8 |
| | ♀ | 31,1 | 41,3 | 27,4 | 68,7 | 146,2 |
| *Falco spar. sparverius* GM. | | 30,0 | 40,7 | 29,1 | 69,8 | 124,3 |

Der Größenanteil der einzelnen Skelettelemente von der Gesamtlänge der Beine ist in der vorangestellten Tabelle in Prozentzahlen angegeben. Bei einem Vergleich der homologen Skeletteile liegen die zwischenartlichen Abweichungen derselben in einem ziemlich engen Variationsbereich, so daß man von den Beinen der Raubvögel den Eindruck einer ziemlich einheitlichen Proportionierung hat. Analoge Längenverhältnisse in den hinteren Gliedmaßen kommen auch bei anderen Arten vor, obwohl sie mit den Tagraubvögeln überhaupt nicht verwandt sind und ihre Beine andere Funktionen haben.

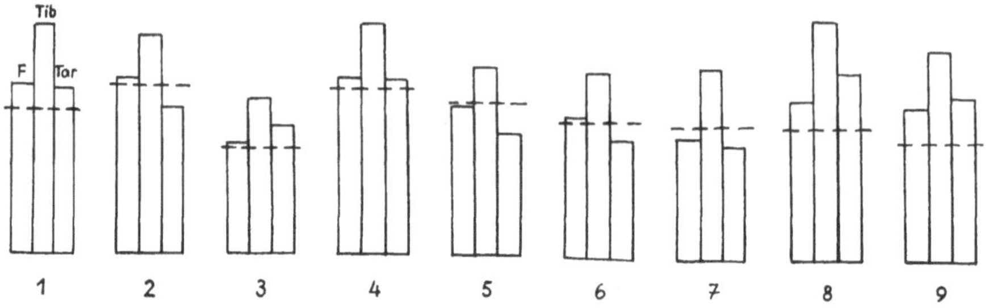


Abb. 8. Histogramm der Proportionen des Beinskelettes von mehreren Arten aus der Familie *Accpitridae*.
1: *Buteo buteo buteo* (L.) – 2: *Buteo lagopus lagopus* (PONTOPPIDAN) – 3: *Accipiter nisus nisus* (L.) – 4: *Accipiter gentilis gallinarum* (CH. L. BREHM) – 5: *Milvus milvus milvus* (L.) – 6: *Milvus migrans migrans* (BODDAERT) – 7: *Pernis apivorus apivorus* (L.) – 8: *Circus aeruginosus aeruginosus* (L.) – 9: *Circus cyaneus cyaneus* (L.).
F = Femur, Tib = Tibiotarsus, Tar = Tarsometatarsus. Maßstab des Histogramms: 1/4 nat. Größe der einzelnen Skelettelemente.
Der Rauhfußbussard hat eine kürzere Hinterextremität als der Mäusebussard. Der Tarsometatarsus ist viel kürzer als der Femur. Beim Mäusebussard ist dieser fast oder ebensolang, aber auch nicht selten etwas länger als der Femur. Bei dem langbeinigen Sperber und den Weihen mit ihren langen Beinen ist der Tarsometatarsus länger als der Femur.

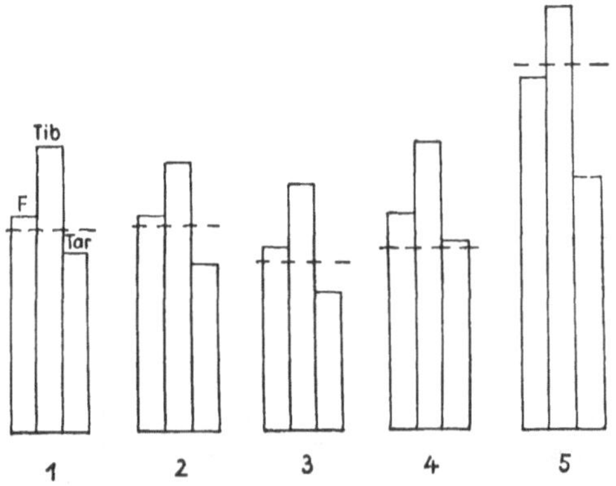


Abb. 9. Histogramm der Proportionen des Beinskelettes von mehreren Arten aus der Familie *Falconidae*.
1: *Falco subbuteo subbuteo* L. – 2: *Falco columbarius aesalon* TUNSTALL – 3: *Falco vespertinus vespertinus* L. – 4: *Falco tinnunculus tinnunculus* L. – 5: *Falco peregrinus germanicus* ERL.
Maßstab des Histogrammes: 1/2 nat. Größe.
Die Falken haben einen teils kürzeren, teils längeren Tarsometatarsus, der aber kürzer ist als der Femur.

Bei den einzelnen Raubvogelarten spielt die verschiedene Differenzierung ihrer Hinterextremität keine so große Rolle wie die der scharfbekrallten Zehenphalangen ihrer Füße, mit denen sie eine Funktionseinheit bilden. Von nicht weniger Bedeutung ist natürlich die physiologische Einstellung des jagenden Tagraubvogels für das Erkennen und Ergreifen der verschiedenartigsten Beutetiere, ganz gleich, ob sie sich am Boden oder in der Luft bewegen.

Von den Skelettelementen der Extremitäten im einzelnen ist das Längenverhältnis von Unterschenkel und Oberarm beachtenswert. KLEINSCHMIDT (1938) hat das geographische Variieren in ihrem Längenverhältnis bei Wanderfalke und Habicht festgestellt. Bei den Falken, Weihen, Habicht und Sperber ist der Unterschenkel in der Regel länger als der Oberarm, beim Mäusebussard fast gleichlang, dagegen beim Rauhfußbussard etwas kürzer und noch kürzer bei den Milanen.

## Zusammenfassung

Die Brustbeine unterscheiden sich interspezifisch hauptsächlich durch ihre metrische Größe. Die Maße von Länge, Breite und Höhe werden angegeben. Zu weiteren Unterscheidungsmerkmalen gehören die Form des Brustbeinkörpers und der Crista sterni. Steinadler, Bussarde und Milane haben relativ breite Sterna, nach ihnen kommen die Weihen, dagegen sind sie bei Sperber und Habicht relativ schmal und langgestreckt.

Die festgestellten Unterschiede an der Crista sterni beziehen sich auf ihre Länge und Höhe und die Gestalt des Vorderrandes. Nach diesen Kennzeichen unterscheiden sie sich in der Familie *Accipitridae* von den Familien *Pandionidae* und *Falconidae*. Die letzteren beiden haben eine relativ höhere Crista sterni als erstere. Eine kleinere oder größere Ansatzfläche bildet für den Musculus pectoralis die konstruktive Grundlage, so daß dessen Größe in flugbiologischem Zusammenhang mit der Flügelform steht. In ein und derselben Gattung ist die Ähnlichkeit der Brustbeinform unter den dazugehörigen Arten größer als von solchen aus anderen Gattungen. Das zeigen besonders deutlich die Brustbeine der Bussarde (*Buteo b. buteo* und *lagopus*) und Milane (*Milvus m. milvus* und *migrans*), aber auch in ihrer Größe sehr unterschiedliche Arten, wie Sperber und Habicht, haben verblüffend ähnliche Brustbeinformen. Die relativen Längenwerte von Coracoid und Scapula sind Prozentzahlen von der mit 100 % eingesetzten Länge des Sternums (Corp. sterni). Im interspezifischen Be-

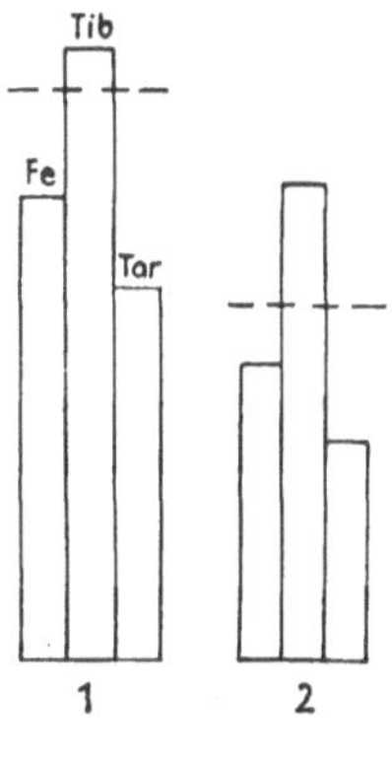


Abb. 10. Histogramm der Proportionen des Beinskelettes von 1: *Haliaeetus albicilla albicilla* (L.) und 2: *Pandion haliaetus haliaetus* (L.).
Maßstab des Histogrammes: 1/4 nat. Größe.
Der Fischadler hat einen relativ viel kürzeren Tarsometatarsus als der Seeadler sowohl zur Femur- als auch zur Gesamtlänge des Beinskelettes.

reich sind unter ihnen zwar Unterschiede vorhanden, die aber im Vergleich zu der verschiedenen Größe der einzelnen Arten gering erscheinen. Das spricht für eine ziemlich einheitliche Proportionierung und einen gemeinsamen Bauplan des Rumpfskeletts der *Falconiformes.*

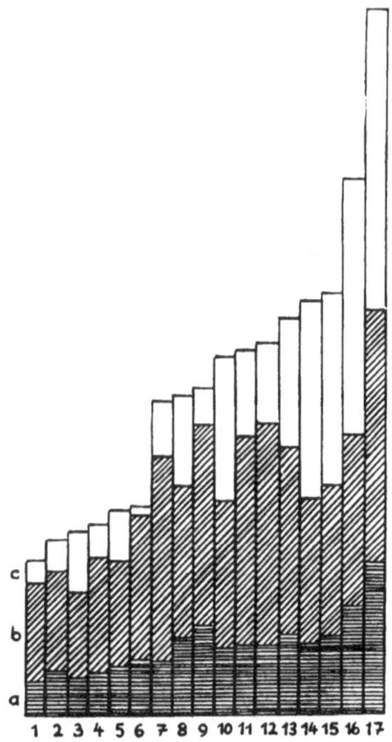


Abb. 11. Vergleich der Größenverhältnisse von Sternum- (Stlg., a), Beinskelett- (H. E. S., b) und Flügelskelettlänge (V. E. S., c).
Maßstab: $^1/_8$ nat. Größe.
1: ***Falco sparverius*** L. — 2: ***Falco columbarius aesalon*** TUNSTALL — 3: ***Falco vespertinus vespertinus*** L. — 4: ***Falco tinnunculus tinnunculus*** L. — 5: ***Falco subbuteo subbuteo*** L. — 6: ***Accipiter nisus nisus*** (L.) — 7: ***Circus cyaneus cyaneus*** (L.) — 8: ***Falco peregrinus germanicus*** ERL. — 9: ***Accipiter gentilis gallinarum*** (CH. L. BREHM) — 10: ***Pernis apivorus apivorus*** (L.) — 11: ***Buteo buteo buteo*** (L.) — 12: ***Circus aeruginosus aeruginosus*** (L.) — 13: ***Buteo lagopus lagopus*** (PONTOPPIDAN) — 14: ***Milvus migrans migrans*** (BODDAERT) — 15: ***Milvus milvus milvus*** (L.) — 16: ***Pandion haliaetus haliaetus*** (L.) — 17: ***Haliaeetus albicilla albicilla*** (L.).
Zwischen Körpergröße und Flügelskelettlänge ist das Größenverhältnis nicht proportional. Mit der Sternumlänge (Stlg.) verglichen haben die größeren Arten ein relativ längeres Flügelskelett als die kleineren.

Von der Vorderextremität wird das Längenverhältnis zur Körpergröße (Brustbeinlänge) untersucht. Größere Arten haben gegenüber kleineren ein Flügelskelett, das nicht nur absolut, sondern auch relativ länger ist. Die angegebenen Größenverhältnisse geben darüber Aufschluß (Abb. 11).

Die relative Länge der einzelnen Skelettelemente von der Gesamtlänge des Flügelskelettes wird in Prozentzahlen erfaßt. Hervorzuheben ist die Länge, durch die sich das Handskelett in den Familien *Accipitridae*, *Pandionidae* und *Falconidae* voneinander unterscheidet. Besonders auffällig wird der Längenunterschied bei einem Vergleich mit dem Oberarmknochen.

Diese Besonderheiten in der Konstruktion des Flügelskelettbaues sind grundlegend für die Form des befiederten Flügelteiles. So haben rundflügelige Arten der *Accipitridae* ein kurzes und spitzflügelige Arten der *Falconidae* ein langes Handskelett.

Wie von der vorderen erfolgt auch von der hinteren Extremität ein Vergleich ihrer Länge zur Körpergröße. Unabhängig davon wird die Gesamtlänge der beiden Extremitäten miteinander verglichen. Daraus ergibt sich, daß das Flügelskelett länger ist als das Beinskelett. Das trifft auch ohne Phalange größtenteils noch zu. Die Unterschiede in diesem Längenverhältnis werden durch den Index Lokomotion in zahlenmäßigen Werten ausgedrückt.

Die anteilige Länge der einzelnen Skeletteile von der Gesamtlänge des Beinskelettes wird in Prozentzahlen angegeben. Die Proportionierung des Beinskeletts ist innerhalb der Gattungen ziemlich einheitlich, da die relativen Werte der homologen Skeletteile nur wenig voneinander abweichen. Bei den langbeinigen Weihen und beim Sperber sind die distalen Gliedmaßen relativ länger als die proximalen. Dagegen ist der Tarsometatarsus bei den Milanen, dem Wespenbussard und bei den Falken zur Femurlänge relativ viel kürzer.


## Summary

### COMPARING OSTEOMETRICAL INVESTIGATION OF BODY SKELETON ELEMENTS AND EXTREMITIES OF SOME DIURNAL BIRDS OF PREY FROM ACCIPITRIDAE, PANDIONIDAE, AND FALCONIDAE FAMILIES

The present investigation covers above all the measurement of breastbones of various species. Length, width, and height are listed. The breastbones differ interspecifically in length, height, and shape of their front edge. Within a genus, they are of greater similarity – even in case of species of different size – than in comparison between several genera.

Values measured for Coracoid and Scapula are represented as relative length values. Differences in the specifical range are low.

The length of the fore extremity relative to body length (breastbone length) is investigated. The wing skeleton of bigger species is absolutely and relatively longer than that of smaller ones. The length of individual skeleton elements relative to the overall length of the wing skeleton is listed in per cent. Differences in manus skeleton lengths become distinct especially between *Accipitridae, Pandionidae,* and *Falconidae.* The rear extremity, too, is compared in length to body size, and the lengths of both extremities are compared with each other. This has the result that the wing skeleton is, relative to the leg skeleton, of different but always greater length (Locomotion Index).

The proportional length of single skeleton elements of the leg skeleton relative to overall length of the rear extremity is listed in per cent. The genera are characterized by differences in length ratios between proximal and distal parts.

## Literatur

BÄHRMANN, U., 1968: Einige morphologische und biometrische Feststellungen an mitteldeutschen Haussperlingen (*Passer dom. domesticus* L.). – Beiträge zur Vogelkunde, **14**, p. 8–28.

GLUTZ VON BLOTZHEIM, U., u. a., 1971: Handbuch der Vögel Mitteleuropas, Band 4, *Falconiformes*. (K. MEUNIER, p. 526.)

KLEINSCHMIDT, O., 1935: Katalog meiner ornithologischen Sammlung, Nachtrag, p. 231.

PIECHOCKI, R., 1970: Todesursache, Gewichte und Maße von *Buteo buteo buteo* (L.). – Beiträge zur Vogelkunde, **16**, p. 313–327.

VERHEYEN, R., 1958: Contribution à l'anatomie de base et à la systematique des Alaudides. – Alauda, **26**, p. 1–25.

Anschrift des Autors:

Dr. U. Bährmann, DDR - 7812 Lauchhammer-Mitte, Seewaldstraße 18.

ZOOLOGISCHE ABHANDLUNGEN
STAATLICHES MUSEUM FÜR TIERKUNDE IN DRESDEN

Band 33 Ausgegeben: 15. Dezember 1974 Nr. 4

# Beitrag zum Vorkommen der Schläfer (Muscardinidae) in Thüringen

**(Mammalia, Rodentia)**
mit 1 Karte

MARTIN GÖRNER
Jena

Über das Vorkommen der Schläfer in Thüringen sind wir bis zur Gegenwart kaum orientiert, obwohl diese Frage für die Faunistik von Wert ist und für den Naturschutz durchaus von praktischer Bedeutung sein dürfte.

Wenn auch der Gartenschläfer *(Eliomys quercinus)*, der Siebenschläfer *(Glis glis)* und die Haselmaus *(Muscardinus avellanarius)* in weiten Teilen Europas verbreitet sind (vgl. BRINK, 1955) und die Arten global in Thüringen vorhanden sein müßten, wissen wir aber keinesfalls ausreichend, wo die Tiere im thüringischen Raum vorkommen bzw. ob sie überall oder gar gleichmäßig vertreten sind. Der Baumschläfer *(Dryomys nitedula)* dürfte in Thüringen nicht vorkommen.

Daß wir über die Verbreitung der Tiere in Thüringen nur unzureichend unterrichtet sind, mag einerseits an der bisher ungenügenden mammalogischen Forschung in diesem Territorium und andererseits an der versteckten bzw. nächtlichen Lebensweise der Tiere liegen.

Ziel der Arbeit soll eine nach vorliegenden Literaturangaben und Beobachtungen erfolgte Zusammenstellung des Materials sein, um einen ersten Überblick über das Vorkommen der Bilche in Thüringen zu geben und das Fundament für weitere spezifische Untersuchungen über die Biologie und die Verbreitung dieser Tiere zu legen.

## Nachweise von Schläfern

### Gartenschläfer *(Eliomys quercinus)*

Nach älteren Angaben (SCHULZE, 1890) gelangen Nachweise des Tieres bei Friedrichsrode und nach den Gewährsmännern SCHLÜTER und LENZ in Rudolstadt und Schnepfental. BRUCKNER (1851) führt den Gartenschläfer, ohne einen Hinweis über sein Vorkommen anzugeben, unter den heimischen Tieren auf und auch WEISS (1908) scheint sich auf diese Angaben zu stützen und nennt nur allgemein die Wälder des Meininger Oberlandes.

Auch REGEL (1894) führt den Bilch für Schnepfental an und bemerkt, daß er häufig im Harz und auch zusammen mit dem Siebenschläfer im Jenaprießnitzer Forst (nach ZENKER) lebt, obwohl dies mit Sicherheit nicht zu ermitteln war.

Während nach BRÜCKNER (1870) der Gartenschläfer nirgends gefunden wurde, führt ihn SCHMIEDEKNECHT (1927) für Thüringen als die häufigste Bilchart, der sich gern in Eichhornnestern aufhält, an. Leider fehlen aber jegliche Beweise für diese Aussage, so daß derartige Angaben mit Vorsicht zu behandeln sind. Eine wohl zweifelhafte, nicht mehr prüfbare Angabe liegt von PETRY (1910) über Funde des Tieres aus den Orten Görsbach und Herreden vor.

BRUCKNER (1926) nennt mehrere Fundorte des Tieres, darunter Funde von 1910 bei Schalkau. Weitere Angaben sind bei RÜHL (1929) zu finden, wo das Tier bei Ziegenrück und in der Umgebung des Lauensteines festgestellt wurde. Ein Gartenschläfer, der von Greiz stammt, wurde ohne Datumsangabe (jedoch 19. Jahrhundert) von OBERLÄNDER dem Zoologischen Museum BERLIN (Katalog.-Nr.: 1535) übergeben. UHLMANN (1940) gibt, ohne Örtlichkeiten zu nennen, das Tier für die Umgebung Jenas an.

Nach 1945 liegen für die Art, ohne auch hier Vollständigkeit zu erlangen, mehrere Nachweise vor. So beobachtete Revierförster KÖHLER (mdl.) im Sommer 1949 bei Suhl in einem Fichtenforst 2 junge Gartenschläfer. Im ostthüringischen Raum fand FISCHER (1959) am 10. 4. 1953 mit KLEINSTÄUBER einen Gartenschläfer in der Nähe eines Uhuhorstes. Während das Vorkommen des Bilches im Kreis Saalfeld ganz allgemein angegeben wird (Autorenkollektiv, 1956), führt MÄRZ (1963) 2 Tiere an, die am 21. 4. 1956 durch Uhugewölle bestätigt werden konnten.

In den Waldflächen westlich von Ranis konnte ZIENERT (mdl.) den Gartenschläfer in den Jahren 1970 und 1971 nicht nur in Nistkästen bestätigen, sondern auch mehrere Fotos von diesem Tier anfertigen.

Aus dem Bezirk Suhl wurden am 30. 6. (♀), 6. 7. (♂) und 10. 7. 1972 (Jungtier) drei Gartenschläfer in der Nähe von Meura gefunden, die mir der Schüler U. KINDERMANN dankenswerterweise zusandte. Von dem Männchen und dem Jungtier konnte der Schädel erhalten werden.

Die genannten Fundpunkte des Gartenschläfers liegen etwa in dem Raum östlich des Großen Inselsberges, im Thüringer Wald, an dessen Nordrand bis nach Saalfeld, Rudolstadt (Jena?) und im Süden bis etwa Sonneberg und erstrecken sich im Osten mit einer gewissen Konzentrierung in das thüringische Schiefergebirge.

Für das östlich anschließende Vogtland reicht das Vorkommen des Schläfers nach ZIMMERMANN (1934) südlich Plauen bis an die heutige Grenze des Bezirkes Gera heran, so daß sich das Vorkommen über den gebirgigen Südteil der DDR vom Thüringer Wald bis zur Lausitz erstreckt.

Sollte sich für Thüringen eine engere Bindung des Gartenschläfers an die Fichtenforsten durch weitere Untersuchungen bestätigen lassen, so könnte sich möglicherweise das Tier in den letzten Jahrhunderten ausgebreitet haben, da gerade die Fichtenbestände durch die anthropogenen Einflüsse großflächig entstanden sind.

**Siebenschläfer** *(Glis glis)*

BRÜCKNER (1851) nennt ihn in seiner Landeskunde von Meiningen als häufig in den Buchenwaldungen; und den Ausführungen REGELs (1894) können wir entnehmen, daß der Bilch aus der unmittelbaren Nähe von Eisenach verschwunden ist, jedoch auf dem Greifenstein bei Bad Blankenburg und bei Rudolstadt lebte. Auch SCHULZE (1890) nennt für ihn als Lebensraum Eichen- und Buchenwälder und gibt als Ortlichkeit Rudolstadt an, was auch SCHMIEDEKNECHT (1927) bestätigt.

WEISS (1908) führt weitere Fundpunkte des Tieres, wie den Pleß in der Vorderrhön, die Heldburg, die Umgebung von Schalkau (1902) und Almerswind (1904), Neuhaus in Kreis Sonneberg sowie Saalfeld an. Den späteren Angaben BRÜCKNERs (1926) sind auch die gleichen Örtlichkeiten neben anderen südlich gelegenen zu entnehmen. Ferner sind nach MANSFELD (1942) Vorkommen im Forstamt Römhild (Kleiner Gleichberg), im Hainich bei Mühlhausen und bei Altefeld (Werra) bekanntgeworden und v. VIETINGHOFF-RIESCH (1960) ergänzt weitere Fundorte mit Allendorf (Werra), Altenstein, Treffurt und die Umgebung von Eckartsberga. Für die Umgebung Jenas stellte UHLMANN (1940) den Bilch fest und NEUREUTER (1912) gibt mehrere Vorkommen über das Eichsfeld an.

Aus jüngerer Zeit wurden Beobachtungen vom Ohmgebirge bekannt, wo Revierförster KÖHLER (mdl.) im Jahr 1951 im Forsthaus Oberwildungen 2 Siebenschläfer in einer Badewanne ertrunken fand. Nach HEISE (1971) besiedeln die nicht seltenen Schläfer im Eichsfeld die dort vorherrschenden Rotbuchenwälder, so daß der Autor Nachweise des Tieres aus dem Westerwald, bei Flinsberg, Heuthen und Heiligenstadt, in dessen Nähe im Februar 1969 10 überwinternde Tiere gefunden wurden, nennen kann. Für die an Thüringen angrenzenden Laubwaldgebiete des Südharzes und des Kyffhäusers konnte das Vorhandensein des Tieres auch SCHULZE (1970) mehrfach bestätigen. Auch MÄRZ (1963) führt Siebenschläfer-Nachweise für Treffurt an, die durch Gewöllanalysen erbracht werden konnten. Für das Gebiet der Rhön bestätigte mir HENNICKE (1970, mdl.) ebenfalls das Vorkommen des Bilches in der Umgebung von Dermbach und auch der Fund (am 15. 7. 1972) eines frischen Siebenschläferschwanzes in einem Park bei Hüpfershausen, den mir freundlicherweise STRASSBURG übergab, belegt die Anwesenheit des Tieres. Aus dem Saalfelder Raum wurden 2 Schläfer durch Gewöllanalysen (vgl. MÜLLER, 1961) bestätigt und auch ZIENERT (mdl.) gelang der Nachweis im bereits erwähnten Gebiet in Nistkästen.

Etwa entlang der Linie Saalfeld – Ziegenrück dürften sich sicherlich die Vorkommen des Garten- und Siebenschläfers überdecken. Hier bieten sich zusätzlich für die Faunistik Möglichkeiten einer ökologischen Forschung über die beiden Bilche an, deren Dominanz auf verschiedenen Flächen zu untersuchen wäre.

Im Jenaer Raum gelangen Beobachtungen über den Schläfer für das Gebiet der Wöllmisse durch STRASSBURG (1972, mdl.) Ende der fünfziger Jahre; und v. KNORRE (1971, mdl.) fand das Tier ebenda in Nistkästen. In der Nähe der Dornburger Schlösser fand SCHRÖTER im Jahr 1961 ein totes Exemplar, welches mir präpariert übergeben wurde, und bestätigte die Anwesenheit weiterer Tiere. Ein Tier sah HÖNNICKE (1969, mdl.) in einem alten Gartenhaus bei Jenalöbnitz und auch SCHLÜTER (1971, mdl.) beobachtete Ende Juli 1966 einen Schläfer im Naturschutzgebiet „Hohe Lehde“ nördlich Golmsdorf.

Auch östlich von Gera, im Kreis Altenburg und Schmölln, bestätigte SYKORA (1970) in einigen Laubmischwäldern den Bilch.

**Haselmaus** *(Muscardinus avellanarius)*

Über ihr Vorkommen findet man in der älteren Literatur mehrere Hinweise. Während BRÜCKNER (1851) sie nur als anwesend anführt, nennt SCHULZE (1890) die Hainleite, Ober- und Unterharz sowie den Kyffhäuser. REGEL (1894) schreibt, daß sie am verbreitetsten im Thüringer Wald und den Vorbergen, Hainleite, Kyffhäuser, Harz und bei Jena ist. Für Südthüringen gibt WEISS (1908) eine Reihe von Beobachtungsorten, wie Breitungen, Öpfershausen, Meiningen, Themar, Heldburg, Kleiner Gleichberg, Unterneubrunn, Steinheid, Schichtshöhn bei Sonneberg, bei Saalfeld, Umgebung von Pößneck und bei Camburg an, wogegen BRÜCKNER (1926) sie als nicht häufig bezeichnet, aber auch einige Orte nennt. NEUREUTER (1912) teilt über ihr Auftreten im Eichsfeld den Lengenberg und den Ort Kreuzebra und für das vorige Jahrhundert Dingelstädt und Heiligenstadt mit. Über Haselmausvorkommen in Nistkästen gibt MANSFELD (1942) den Seebacher Wald, Forstamt Römhild, Altefeld und Forstamt Ostheim an und bemerkt, daß das Tier in Gebieten, die 15 Jahre hindurch untersucht wurden (Seebacher Park, Forstamt Breitungen und Forstamt Bad Berka) nicht nachgewiesen werden konnte.

Nach SCHMIEDEKNECHT (1927) kommt das Tier bei Bad Blankenburg und im Gebüsch der Schwarzatalhänge vor. Auch in jüngerer Zeit mehren sich die Haselmausnachweise. So bemerkt HEISE (1971) für das Eichsfeld, daß die Siedlungsdichte des Tieres höher zu liegen scheint als ursprünglich angenommen wurde und gibt Nachweise im Westerwald, bei Heuthen, Glasehausen, im Zehnsberg, im Heiligenstädter Stadtwald und im Leinetal an. Für das Rhöngebiet liegen ebenfalls Beobachtungen über die Haselmaus vor (HENNICKE, mdl.); und aus dem thüringischen Grabfeld gelangen 1971 2 Nachweise des Bilches aus Schleiereulengewöllen (GÖRNER, 1973). Bei Wasungen gelangen den dortigen Ornithologen in Nistkästen von 1963 bis 1972 jährlich Haselmausnachweise (WÖLFING, 1972 briefl.). Weitere Nachweise konnte GÖRNER (1970) in den höchsten Lagen des Thüringer Waldes, namentlich im Schmücker Graben, erbringen. Auch im Vessertal südlich Vesser waren in angebrachten Nistkästen Haselmäuse zu beobachten, so ebenfalls im Suhler Raum. Im Juli 1972 erhielt Revierförster KÖHLER (mdl.) eine lebende Haselmaus, die in einem Bauwerk in der Nähe des Adlerberges gefangen worden war und die später wieder ausgesetzt wurde. Im November 1967 fing DANZ ein Haselmausweibchen in der Umgebung von Lauscha. Das Tier erhielt das Zoologische Museum Berlin (Katalog. Nr. 39798).

Zwischen Rudolstadt und Orlamünde gelangen mir mehrere Beobachtungen, so der Fund eines Haselmausnestes mit einem anwesenden Alttier im Juni 1970 im Brombeergestrüpp. Im nördlich gelegenen Jenaer Gebiet wurden ebenfalls Haselmäuse (auch in Nistkästen) festgestellt. Ferner liegen Nachweise durch Gewöllanalysen für Treffurt nach MÄRZ (1963) vor, und BÖSENBERG (1969) bestätigte die Anwesenheit der Haselmaus in einem Laub-Nadel-Mischwaldbestand im Revier Seebach und bemerkt, daß den höchsten Haselmausbestand die Nistkästen in der 20jährigen Fichtenfläche aufwiesen.

Abschließend läßt sich sagen, daß die Haselmaus in Thüringen der verbreitetste und wohl auch häufigste Vertreter der Bilche sein dürfte.

Abb. 1. Nachweise von Schläfern *(Muscardinidae)* in Thüringen. →

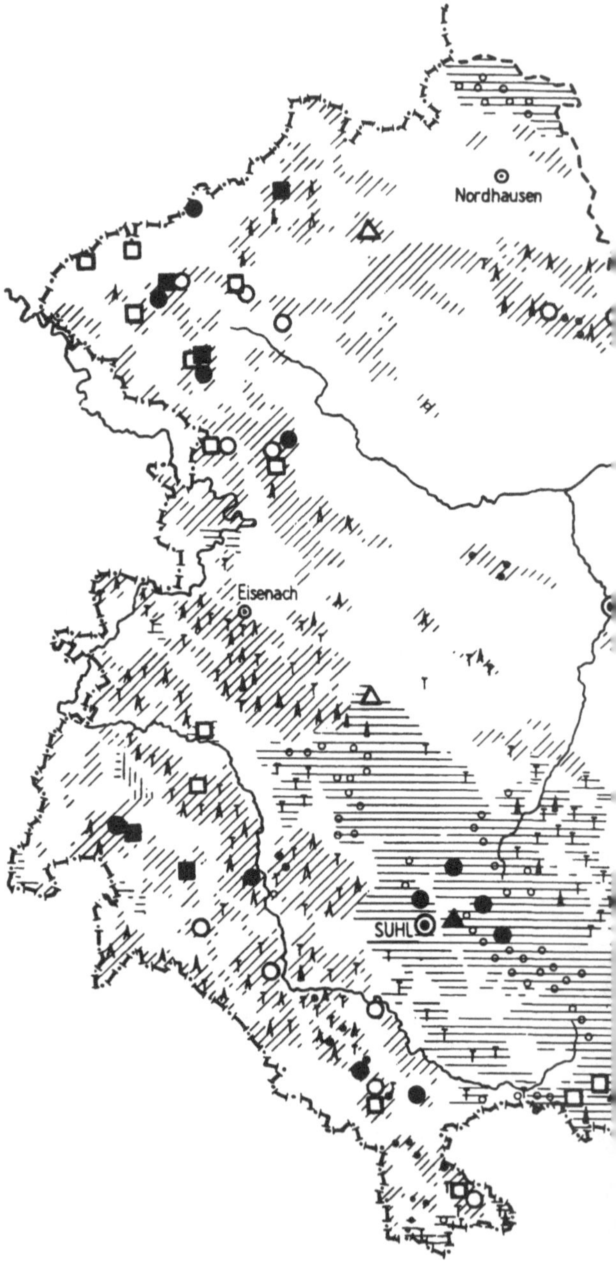
Nordhausen
Eisenach
SUHL

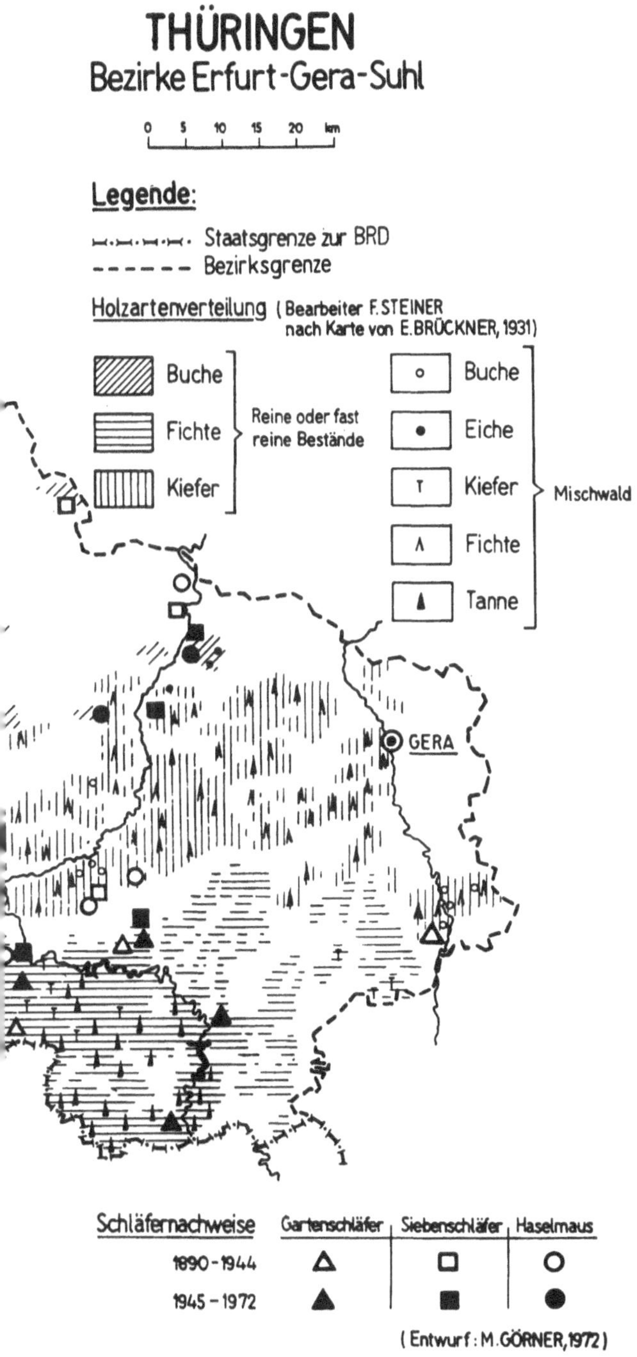
THÜRINGEN
Bezirke Erfurt-Gera-Suhl
0 5 10 15 20 km
Legende:
Staatsgrenze zur BRD
Bezirksgrenze
Holzartenverteilung (Bearbeiter F. STEINER nach Karte von E. BRÜCKNER, 1931)
Buche
Fichte
Kiefer
Reine oder fast reine Bestände
Buche
Eiche
Kiefer
Fichte
Tanne
Mischwald
GERA
Schläfernachweise
Gartenschläfer
Siebenschläfer
Haselmaus
1890-1944
1945-1972
(Entwurf: M. GÖRNER, 1972)

## Schlußfolgerungen

Die Fundpunkte der Bilche wurden in eine Karte mit der schematischen Darstellung der Holzartenverteilung in Thüringen eingetragen (Abb. 1). Das gewonnene Bild überrascht nicht, da sich die Fundpunkte bzw. Beobachtungen des Garten- und Siebenschläfers in die jeweiligen Gebiete der Baumartenverbreitung einfügen und somit die ungefähre territoriale Verbreitung dieser beiden Bilche erkannt werden kann.

So kommt großräumig gesehen der Gartenschläfer hauptsächlich in den Fichtenwäldern, die in den höheren Lagen stocken, und der Siebenschläfer in den tiefer gelegenen Buchen- oder Laubmischwäldern vor. Auch dort, wo Laubhölzer in die Nadelbestände hineingreifen, kann die Möglichkeit des Vorkommens des Siebenschläfers und die des Gartenschläfers nicht ausgeschlossen werden. Ebenfalls bewohnen beide Arten auch Gebäude oder halten sich in der Nähe menschlicher Siedlungen auf.

Inwieweit *Glis glis* und *Eliomys quercinus* in den Kiefernbeständen auftreten, kann vorerst nicht eindeutig für thüringische Verhältnisse gesagt werden, da derartige Beobachtungen aus solchen Waldflächen kaum vorliegen. Die Haselmaus dürfte in Thüringen weit verbreitet sein, denn ihre Anwesenheit konnte vom Grabfeld über den Thüringer Wald bis nach Nordthüringen bestätigt werden. Bei diesem Tier läßt sich keine engere Bindung an bestimmte Bestockungstypen erkennen, da sie sehr zahlreich in den feuchten Fichtentälern des Thüringer Waldes und ebenso in den wärmeren Laubmischwäldern unterschiedlichster Bestockung am Westrand des Thüringer Beckens festgestellt wurde.

Wenn hier der Versuch unternommen wurde, Schläfernachweise in Thüringen zusammenzustellen und ihre Verbreitung zu skizzieren, so erhebt die Arbeit bei der Verarbeitung von Beobachtungsmaterial über solche heimlich lebenden Tiere keinen Anspruch auf Vollständigkeit. Sicherlich werden weitere Untersuchungen das gewonnene Bild verfeinern. Für künftige Untersuchungen über das Vorkommen der Schläfer, insbesondere über ihre Häufigkeit, dürfte als erfolgversprechendste Methode das Anbringen und die Kontrolle von Nistkästen in bestimmten Waldflächen sein. Die Ergebnisse jahrzehntelanger Gewöllauswertungen sind, wie MÄRZ (1963) einschätzt, kaum befriedigend, um einen Beitrag zur Schläferverbreitung zu leisten.

## Zusammenfassung

An Hand von Literaturangaben und Beobachtungen wurde versucht, ein Bild über die Verbreitung und das Vorkommen der Schläfer *(Gliridae)* in Thüringen zu gewinnen.

Während der Baumschläfer *(Dryomys nitedula)* in Thüringen nicht vorzukommen scheint, sind der Gartenschläfer *(Eliomys quercinus)* und der Siebenschläfer *(Glis glis)* anwesend.

Großräumig gesehen kommt der Gartenschläfer *(Eliomys quercinus)* hauptsächlich in den höheren Lagen in mit Fichten bestandenen Waldflächen vor, während der Siebenschläfer *(Glis glis)* die tiefer gelegenen Buchen- oder Laubmischwälder bevorzugt.

Die Haselmaus *(Muscardinus avellanarius)* dürfte im Untersuchungsgebiet weit verbreitet sein, ihr Vorkommen wurde in den höchsten Lagen des Thüringer Waldes wie in Laubmischwäldern festgestellt.

**Summary**

CONTRIBUTION TO THE OCCURRENCE OF THE DORMOUSES (MUSCARDINIDAE) IN THURINGIA

By indications of literature and observations it was undertaken to get a description of existence and occurrence of the dormouses *(Muscardinidae)* in Thuringia (= Thüringen/DDR).

Probably the tree-dormouse *(Dryomys nitedula)* is not to be found in Thuringia, but there are to be met the garden-dormouses *(Eliomys quercinus)* and the dormouse *(Glis glis)*.

In regard of the regions of occurrence, the garden-dormouse *(Eliomys quercinus)* mainly lives in high lying pine-woods; but the dormouse *(Glis glis)* prefers deeper lying beech woods and other leafy woods.

In the area of observations, the common dormouse *(Muscardinus avellanarius)* is often to be met; its occurrence was stated in the highest territories of the Thuringian Forest (= Thüringer Wald/DDR), but as well in all kinds of leafy woods.

**Literatur**

Autorenkollektiv, 1956: Unser Heimatkreis Saalfeld/Saale. Saalfeld.
BÖSENBERG, K., 1969: Die Ausnutzung des Nistkastenangebotes durch Meisen und Trauerschnäpper in einem Laub-Nadel-Mischwaldbestand mit Kleinflächen unterschiedlicher Bestockung. – Aufsätze zu Vogelschutz und Vogelkde., p. 5–11.
BRINK, F. H. van den, 1955: Die Säugetiere Europas. Hamburg und Berlin.
BRÜCKNER, G., 1851: Landeskunde des Herzogthums Meiningen. Meiningen.
BRÜCKNER, G., 1870: Landes- und Volkskunde des Fürstenthums Reuß i. L. Gera.
BRÜCKNER, A., 1926: Die Tierwelt des Coburger Landes. Coburg.
FISCHER, W., 1959: Vom Uhu *(Bubo bubo)* in Südost-Thüringen. – Beitr. z. Vogelk., **6**, p. 395–407.
GÖRNER, M., 1970: Zum Vorkommen der Kleinsäuger *(Insectivora* und *Rodentia)* im Naturschutzgebiet „Beerbergmoor" und im Schmücker Graben. – Arch. Naturschutz u. Landschaftsforsch., **10**, p. 269–284.
GÖRNER, M., 1973: Ergebnisse von Gewöllanalysen der Schleiereule *(Tyto alba)* im südthüringischen Grabfeld. Hercynia, N. F., **10**, p. 127–142.
HEISE, U., 1971: Heimische Tierwelt, 11, p. 144–146. Eichsfelder Heimathefte.
MARZ, R., 1963: Nachweise von Schläfern aus Gewöllen. – Beitr. z. Vogelk., **8**, p. 388–396.

MANSFELD, K., 1942: Über das Auftreten von Bilchen in Nistkästen und ihre Schäden an Vogelbruten. — D. Vogelwelt, **67**, p. 13—20.
MÜLLER, R., 1961: Zur Ernährungsbiologie des Uhus. Saalfelder Heimat, p. 89—99.
NEUREUTER, F., 1912: Zur eichsfeldischen Heimatkunde. Beobachtungen aus der heimischen Tierwelt. Unser Eichsfeld, 7, p. 174—187.
PETRY, A., 1910: Beiträge zur Kenntnis der heimatlichen Pflanzen- und Tierwelt. Nordhausen.
REGEL, F., 1894: Thüringen. Ein geographisches Handbuch. Erstes Buch, Pflanzen- u. Tierverbreitung. Jena.
RÜHL, K., 1929: Das obere Saaltal und der Frankenwald. Sömmerda.
SCHMIEDEKNECHT, O., 1927: Junk's Natur-Führer. Thüringen. Berlin.
SCHULZE, E., 1890: Verzeichniss der Säugethiere von Sachsen, Anhalt, Braunschweig, Hannover und Thüringen. — Zeitschr. f. Naturwissensch., **63**, p. 97—112.
SCHULZE, W., 1970: Beiträge zum Vorkommen und zur Biologie der Haselmaus (*Muscardinus avellanarius* L.) und des Siebenschläfers (*Glis glis* L.) im Südharz. — Hercynia, **7**, p. 355—371.
SYKORA, W., 1970: Erfahrungen mit Methoden zum Nachweis des Siebenschläfers (*Glis glis* L.) in den Waldgebieten des Altenburger Landes. — Abh. u. Ber. Naturkundl. Mus. „Mauritianum" Altenburg, **6**, p. 227—233.
THIEM, H., 1939: Der Siebenschläfer im Vogelschutzgebiet des Deisters. — Zeitschr. f. Säugetierkde., **14**, p. 94—100.
UHLMANN, E., 1940: Die Tierwelt Jenas. In: Jena in Vergangenheit und Gegenwart. Band I. Natürliche Grundlagen der Stadt. Jena.
VIETINGHOFF-RIESCH, A. v., 1960: Der Siebenschläfer (*Glis glis* L.). Jena.
WEISS, A., 1908: Die Fauna. Schrift. d. Vereins f. Sächs.–Meiningische Gesch. u. Landeskde., 57. Heft. Hildburghausen.

Anschrift des Autors:
Martin Görner, DDR - 69 Jena, Thymianweg 25.

III/11/6 Kg (G) 140/74 1,0 1715 D 232/73

ZOOLOGISCHE ABHANDLUNGEN
STAATLICHES MUSEUM FÜR TIERKUNDE IN DRESDEN

Bd. 33 Ausgegeben: 15. Dezember 1974 Nr. 5

# Katalog der ornithologischen Sammlung des Staatlichen Museums für Tierkunde Dresden

## V. Gattung Myiophonus[1] Temminck (Turdidae)

Mit 1 Abbildung

SIEGFRIED ECK
Dresden

Die Gattung wurde von DELACOUR (1942) im „Auk" revidiert und von RIPLEY (1964) in der „Check-List of Birds of the World", Band X, behandelt. Von den derzeit anerkannten 7 Spezies sind in der Dresdener Sammlung in insgesamt 28 Exemplaren folgende vertreten: *M. glaucinus, M. horsfieldi, M. insularis* und *M. caeruleus*. Mithin fehlen *M. blighi* von Ceylon, *M. melanurus* von Sumatra (Sumatera) und *M. robinsoni* von der Malaiischen Halbinsel. Letzterer wurde auch schon zum Formenkreis *M. glaucinus* gerechnet.

Die Durchmusterung unseres gesamten Materials kam durch eine Determinationsschwierigkeit bei *M. caeruleus* in Gang. Mit Vergleichsmaterial halfen mir dabei die Herren Dr. B. STEPHAN (Naturkunde-Museum Berlin) und Dr. H. E. WOLTERS (Museum A. Koenig, Bonn). Ihnen sei an dieser Stelle bestens gedankt.

### Myiophonus glaucinus

*M. g. glaucinus* (TEMMINCK, 1823): 3 ♂ vom Tjerimai/W.-Java (Djawa), 16. 4. 1934, 12. 4. 1929, 23. 8. 1927; leg. J. J. MENDEN.
*M. g. borneensis* SLATER, 1885: 1 ♂ vom Kina Balu/Sabah, Borneo (Kalimantan), 18. 2., von WHITEHEAD erhalten (leg. HOSE?).
Zum Vergleich lagen 2 weitere ♂ des Berliner Museums vor.
Die javanische Rasse ist klein und zeigt den stärksten Blauglanz. Dieser Glanz ist bei der größeren Rasse von Borneo (Kalimantan), die vergleichsweise etwas kurze Tarsen hat, stark reduziert. Man könnte an beider Konspezifität zweifeln. Noch weniger glänzend ist der seltene *M. g. castaneus* RAMSEY von Sumatra. *M. g. glaucinus* und *M. g. borneensis* sind gegenüber den anderen (hier verglichenen) Formenkreisen relativ kurzschwänzig.

### Myiophonus horsfieldi

*M. horsfieldi* VIGORS, 1831: 1 Ex., „Indien".

[1] Zur Schreibweise dieses Gattungsnamens s. auch DEIGNAN, Bull. Brit. Orn. Cl., 85, pp. 3–4.

**Myiophonus insularis**

*M. insularis* GOULD, 1862: 2 Ex., Formosa (Taiwan), das eine von FRANK, das andere von SAUTER gekauft.

Beide Spezies, *M. horsfieldi* und *M. insularis*, ähneln einander in auffallendem Maße, wobei der indische Vogel einen relativ kurzen Tarsus hat (45 mm gegenüber 53 und 54 mm) bei etwa übereinstimmender Flügel-, jedoch unterschiedlicher Schwanzlänge (bei *horsfieldi* kürzer). Im Verhältnis der Schwanz- zur Flügellänge an *M. caeruleus temminckii* erinnernd, haben jedoch die Flügel beider Spezies eine gedrungenere Form. DELACOUR behandelte sie als konspezifisch.

**Myiophonus caeruleus**

*M. c. turcestanicus* ZARUDNYJ, 1909: 1 Ex., Pskem, Usbekistan, 29. 5. 1909.

*M. c. temminckii* GRAY, 1822: 6 Ex.: NW.-Himalaya, Himalaya, Sikkim, „Katghur" (= Katghora in N.-Indien?), außerdem ein Gefangenschaftsvogel ohne Herkunft.

*M. c. immansuetus* BANGS & PENARD, 1925 (x *eugenei* HUME): 1 ♂ vom Fuß des Waschan und (zum Vergleich vom Berliner Museum) 8 weitere Bälge vom selben Fundort. Außerdem liegen 3 weitere Bälge mit stärkerem *eugenei*-Charakter vor: ♀ vom Waschan, ♂ von Tatsienlu und ? von Atentze. Es handelt sich insgesamt um das von WEIGOLD gesammelte und von STRESEMANN in den Abh. Ber. Mus. Tierk. Völkerk. Dresden, XVI/2 (1923), pp. 28—29, bearbeitete Material.

*M. c. caeruleus* (SCOPOLI, 1786): 2 ♂ und 1 ♀ von Kuatun, Fukien (= Fujian), gesammelt im Januar und April 1938 (KLAPPERICH?). Zum Vergleich lagen 3 weitere von KLAPPERICH bei Kuatun gesammelte Bälge des Bonner Museums vor (2 ♂, 1 ♀, III und IV 1938).

*M. (c.) flavirostris* (HORSFIELD, 1821): 7 Bälge: Jungvogel „Java" (v. SCHIERBRAND), die übrigen adult. Das Ex. 7945 „Java" (v. SCHIERBRAND) mit besonders massigem Schnabel, C 11490 „Java" (v. SCHIERBRAND) auffallend groß mit schlankerem Schnabel, des weiteren 2 ♂ und 2 ♀ vom Tjerimai, W.-Java (Djawa), aus den Monaten XII, II und V, leg. J. J. MENDEN. Außerdem standen 5 javanische Bälge des Berliner Museums zur Verfügung, davon 4 ebenfalls vom Tjerimai stammend, sowie ein Balg aus Sumatra *(dicrorhynchus* SALVADORI).

Dieser Formenkreis ist der rassenreichste und bezüglich seiner intraspezifischen Formenbildung neben *M. glaucinus* der interessanteste. Das Verbreitungsgebiet erstreckt sich vom Tienschan und N.-China bis nach Java. Die verwandtschaftlichen Zusammenhänge der Festlandsformen (ausgeschlossen die südöstlichen großschnäbligen Formen *crassirostris* und *dicrorhynchus)* erörterte bereits STRESEMANN (1923, s. o.).

Der größte Teil Chinas wird von schwarzschnäbligen Populationen *(immansuetus, caeruleus,* vgl. Abb., obere Fig.) bewohnt, während die Vögel zwischen Fergana und N.-Vietnam einen überwiegend gelben Schnabel haben *(turcestanicus, temminckii, eugenei)*. Diese letzteren Subspezies (einschließlich *eugenei?)* sind gegenüber den ersteren relativ langschwänzig, ohne daß in der Flügelgestalt ein greifbarer Unterschied zu bestehen scheint, ebensowenig in der Tarsuslänge.

Einzelmaße und -maßverhältnisse der abgebildeten Exemplare:

| | *caeruleus*-♂ von Fukien | *temminckii*-Ex. vom Himalaya | *flavirostris*-♂ vom Tjerimai |
|---|---|---|---|
| Flügel | 179 mm | 177 mm | 179 mm |
| Flügelspitze | 35 mm | 37 mm | 28 mm |
| Handflügelindex | 19,6 % | 20,9 % | 15,6 % |
| Schwanz | 129 mm | 140 mm | 114 mm |
| Schw.: Fl.-Index | 72,1 % | 79,1 % | 63,7 % |
| Tarsometatarsus | 52 mm | 53 mm | 57 mm |

Die schwarzschnäbligen chinesischen Populationen sind nicht einheitlich. Ich konnte 6 Vögel aus Fukien und 4 Vögel aus Kwangtung (Guangdong) mit den von WEIGOLD am Waschan gesammelten vergleichen, wobei betont sei, daß letztere mehr oder weniger prägnanten Mischlingscharakter (mit *eugenei*-Anteilen) zeigen. Vögel aus Hupeh (Hubei) wurden auf Grund stumpferer Färbung bzw. weniger intensiven Glanzes als *immansuetus* 1925 durch BANGS & PENARD gesondert. Nach meiner Untersuchung sind die südostchinesischen Vögel durch stärker blau gefärbtes Gefieder von den Vögeln vom Waschan verschieden; die Glanzzone auf den Federn der Unterseite ist breiter. Ein ♂ aus Kuatun (Fukien) (Museum Dresden C 45006) repräsentiert das Extrem und ist fast so intensiv blau gefärbt wie M. insularis vom benachbarten Taiwan. Einer der 4 Vögel aus Kwangtung ist von der Fukien-Serie nicht zu unterscheiden, während die restlichen 3 (dabei ein ebenfalls vorgelegener Jungvogel nicht mitgezählt) klar an die westlichen Vögel erinnern. Für diese westlichen Vögel (die nordchinesischen inbegriffen) sei hier der Name *immansuetus*

Abb. 1: Köpfe dreier Pfeifdrossel-Formen. Oben: *Myiophonus c. caeruleus* (SCOP.), Kuatun, Fukien, ♂; Mus. A. Koenig Bonn (39.1181) – Mitte: *Myiophonus caeruleus temminckii* GRAY, Himalaya; Staatl. Museum für Tierkunde Dresden (7947) – Unten: *Myiophonus (caeruleus) flavirostris* (HORSF.), Tjerimai, Java (Djawa), ♂; Staatl. Museum für Tierkunde Dresden (C 45007). Vgl. hierzu die Tabelle.
Original H. Quintscher

empfohlen. Die am Südchinesischen Meer wohnenden Populationen sind intensiver gefärbt als die westlichen, welche sich nicht wesentlich von den gelbschnäbligen Subspezies unterscheiden.

Die Formen *dicrorhynchus, crassirostris* und *flavirostris* werden heute als Subspezies (!) an *Myiophonus caeruleus* angeschlossen. Unter phylogenetischem Aspekt erschiene dies insofern vertretbar, als für die spezifische Selbständigkeit der *flavirostris*-Formen nicht hinreichend hieb- und stichfeste Argumente vorliegen. Doch damit ist das Problem der Bewertung von Diskontinuitäten überhaupt angesprochen. Zu dessen Lösung ist es unumgänglich, nach Bewertungsmaßstäben für das zur Zeit gegebene zu suchen und nicht jene Zustände heranzuziehen, aus denen gegenwärtige Formen vermutlich hervorgingen oder in die sie künftig eintreten könnten. Es erscheint ratsam, die Konspezifität von *M. caeruleus* und den *flavirostris*-Formen einer erneuten Prüfung zu unterziehen. Dazu bedarf es reichlichen Materials sämtlicher Formen, das hier nicht vorliegt.

*Myiophonus (caeruleus) flavirostris* ist von wuchtigem Bau (vgl. Abb., untere Fig.), mit fast monströs anmutendem Schnabel, langen Tarsen (dies besagt nicht viel, solange die komplette Hinterextremität unbekannt ist), auch geht die Flügellänge kaum über die der anderen Formen hinaus. Dabei ist die Flügelspitze sehr kurz (Index 14—17 % entgegen 18—21 % bei *M. caeruleus* s. str.), aber auch der Schwanz zum Flügel ist relativ sehr kurz (Index 64—69 % entgegen 69—72 %). Die Gestaltunterschiede zwischen *M. c. temminckii* und *flavirostris* sind in jeder Hinsicht beträchtlich, ohne daß diese im Sinne kompensierten Gestaltwandels ohne weiteres interpretiert werden könnten, wie es in zahlreichen Fällen diskrepanter intraspezifischer Abwandlungen möglich ist. Zur Bewertung der *flavirostris*-Gruppe als Sektor im Formenkreis *M. caeruleus* (Sektorenunterschiede sind nicht mit Subspeziesunterschieden im heutigen Sinne identisch!) reichen m. E. die bekannten Tatsachen nicht aus. Dieser Fall unterstreicht wieder einmal, daß das vergleichende Untersuchen kompletter Körper mehr in den Vordergrund treten muß. Daran wird sich auch die künftige Sammeltätigkeit orientieren müssen.


**Zusammenfassung**

Es wird eine Übersicht über die 28 im Staatlichen Museum für Tierkunde Dresden befindlichen Vertreter der Drossel-Gattung *Myiophonus* TEMMINCK gegeben. Diskutiert werden Fragen der Subspezies-Unterscheidung bei *M. caeruleus* und die Zugehörigkeit der *flavirostris*-Subspezies zu diesem Formenkreis.



**Summary**

CATALOGUE OF THE ORNITHOLOGICAL COLLECTION IN THE STAATLICHES MUSEUM FUER TIERKUNDE DRESDEN

V. Genus *Myiophonus* TEMMINCK *(Turdidae)*

A survey is given on the 28 patterns of the Thrush genus *Myiophonus* TEMMINCK existing in the Staatliches Museum fuer Tierkunde Dresden. Problems of subspecies differentiation at *M. caeruleus* and membership of the *flavirostris* subspecies in this Formenkreis are discussed.


Anschrift des Autors: Siegfried Eck, Staatliches Museum für Tierkunde, DDR
801 Dresden, Augustusstraße 2

ZOOLOGISCHE ABHANDLUNGEN
STAATLICHES MUSEUM FÜR TIERKUNDE IN DRESDEN

Bd. 33 Ausgegeben: 15. Dezember 1974 Nr. 6

# Über Carpal remex und Carpal covert im Vogelflügel
**(Aves)**

Mit 10 Abbildungen

BURKHARD STEPHAN
Berlin

## I. Einleitung

An Unterarm und Hand des Vogelflügels inserieren die Federn so, daß sich ihre Fahnen im ausgebreiteten Flügel noch zum Teil decken. Dies ist auch für den Prozeß des Ausbreitens und Zusammenlegens des Flügels unerläßlich.

Die Federn bilden Längs- und Transversalreihen. Die Längsreihen bestehen jeweils aus Federn der gleichen Kategorie (z. B. Schwungfedern, Große Obere Decken, Mittlere Obere Decken usw.), die Transversalreihen setzen sich dagegen jeweils aus 1 Schwungfeder, 1 Großen Oberen Decke, 1 Mittleren Oberen Decke und 1 oder mehreren Kleinen Oberen Decken bzw. der Schwungfeder und 1 Großen Unteren Decke, 1 Mittleren Unteren Decke und 1 oder mehreren Kleinen Unteren Decken zusammen (Abb. 1 und 2).

Zwischen der Transversalreihe der proximalen Handschwinge (H I) und der distalen Armschwinge (A 1) stehen in der Regel zwei Federn, deren weitere Decken, falls solche vorhanden sind, in die Deckfederreihe der Alula übergehen. Beide Federn werden nicht mitgezählt bei der Zählung (und Numerierung) der Schwungfedern, da sie meist sehr klein oder völlig reduziert sind, obwohl die eine eindeutig zu der Längsreihe der Armschwingen und die andere zu der Längsreihe der Großen Oberen Decken gehört. Sie werden als Carpal remex (Carpalschwinge) und Carpal covert (Carpaldecke) bezeichnet (Abb. 1).

Federn, die zur Schwungfederreihe gehören, aber keine Schwungfedern sind, gibt es noch in zwei weiteren Bezirken des Flügels: 1. am Ellbogen, wo die Armschwingen immer kleiner werden und die Funktion von Schirmfedern haben (vergl. V. STRESEMANN 1963, STEPHAN 1965), und 2. an der Hand distal der äußeren Handschwinge, das Remicle mit Stabilisierungsfunktion (vergl. STRESEMANN und STEPHAN 1968, STEPHAN 1970). Die spezielle Benennung hebt bereits hervor, daß es sich hierbei um Federn mit Besonderheiten handelt. Der unterschiedliche Grad ihrer Ausbildung bzw. Reduktion, ihre Herkunft, ihre Zugehörigkeit und Funktion sind seit Ende des vorigen Jahrhunderts Streitfragen.

So nahm GADOW (1891–1893, S. 558) wie WRAY (1887) an, die Großen Oberen Decken der Hand würden proximal ihrer Handschwingen inserieren. In dieser Annahme sowie in der Tatsache, daß Carpal remex und Carpal covert vor dem Handgelenk stehen, ist der Schluß genannter Autoren begründet, Carpal remex und Carpal co-

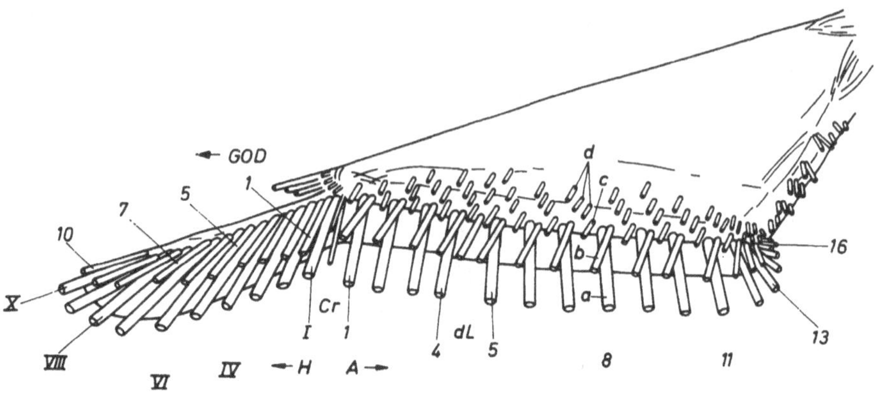


Abb. 1 *Buteo buteo.* Dorsalseite des Flügels.
I–X: Handschwingen, 1–16: Armschwingen, Cr: Carpal remex, dL: diastataxische Lücke, a: Schwinge, b: Große Obere Decke, c: Mittlere Obere Decke, d: Kleine Obere Decke (aus STEPHAN 1970).

vert als Decken (Große Obere und Mittlere Obere Decke) der proximalen Handschwinge, H I, aufzufassen.

DEGEN (1894) verweist jedoch darauf, daß Carpal remex und Carpal covert eher zu den Federn des Unterarmes passen würden, sie seien auch keine Große und Mittlere Obere Decke, sondern eine ehemalige Schwungfeder und ihre Große Obere Decke. Er leitet sie im Zusammenhang mit dem Erklärungsversuch der Diastataxie von Federn her, die ursprünglich am dritten Finger inseriert haben sollen. Seiner Meinung nach sind auch die Armschwingen 1 bis 4 mit ihren Decken ehemalige Federn des dritten Fingers, den er sich ebenso befiedert vorstellte wie den zweiten Finger. Diese Ansicht ist längst widerlegt und damit auch die Herleitung von Carpal remex und Carpal covert von Federn des dritten Fingers. Was aber bleibt, ist sein Hinweis auf die Zugehörigkeit beider Federn zu Federreihen des Unterarmes.

DEGEN gab den beiden carpalen Federn die Namen Carpal remex und Carpal covert. MITCHELL (1899) klärte, daß die Großen Oberen Decken der Hand distal ihrer Schwingen inserieren. MITCHELL, PYCRAFT (1899) und STEINER (1918) faßten nun folgerichtig den Carpal remex als reduzierte ehemalige Armschwinge und Carpal covert als Große Obere Decke dieser Armschwinge auf, während sich REICHLING (1915) noch etwas zurückhaltend äußert: „Mag die erste Handdeckfeder mehr oder minder reduziert oder gänzlich unterdrückt sein, stets wird sie durch eine bestimmte Deckfeder, die meiner Ansicht nach eine vorgerückte Tectrix maior cubitalis ist, ersetzt“ (S. 259). Er bezeichnet den Carpal remex als erste Handdeckfeder und Carpal covert als vorgerückte Armdeckfeder (jeweils unter dem Abschnitt „Tectrices maiores“). BERNDT (1959) nennt den Carpal remex „verkümmerte ursprüngliche 1. Handschwinge“ und Carpal covert „dazugehörige Große Armdecke“ (S. 29). ZEIDLER (1966) bezeichnet Carpal covert als Carpale Deckfeder und schreibt, sich wie STRESEMANN (1927–34), DEGEN (1894) anschließend: „Die Verkümmerung dieser beiden Federn wurde veranlaßt durch die Schwierigkeiten, die sich nach stärkerer Ausbildung der Schwingen beim Falten des Flügels im Handgelenk ergaben.“ (S. 122). Diese Aussage ist jedoch nicht zutreffend.

## II. Die Ausbildung von Carpal remex und Carpal covert innerhalb der einzelnen Ordnungen

Da einige Termini ständig wiederkehren und darüber hinaus ziemlich lang sind, werden im weiteren folgende Abkürzungen verwendet:

| | | | |
|---|---|---|---|
| A | Armschwinge | GOD A 1 | Große Obere Decke der ersten Armschwinge |
| H | Handschwinge | MOD | Mittlere Obere Decke |
| CC | Carpal covert | CR | Carpal remex |

Alle Maße werden in mm angegeben.

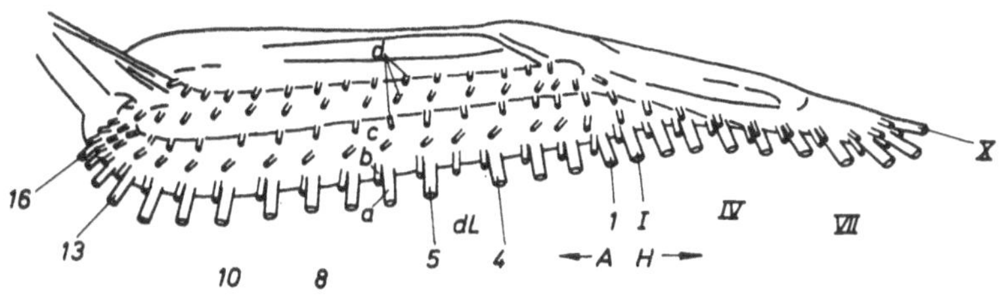


Abb. 2 *Buteo buteo.* Ventralseite des Flügels.
a: Schwinge, b: Große Untere Decke, c: Mittlere Untere Decke, d: Kleine Untere Decke (aus STEPHAN 1970).

Die Prüfung der Verhältnisse innerhalb der Ordnungen wurde vorwiegend an gespannten Flügeln vorgenommen, nur in einigen Fällen mußten Bälge untersucht werden. Es handelt sich dabei nur um Stichproben. Sie genügen jedoch, die in Rede stehenden Entwicklungsprozesse zu veranschaulichen.

### *Tinamiformes*

Material: *Eudromia elegans, Nothoprocta curvirostris, N. ornata, Nothura maculosa.*

CR stets größer als CC. Zwischen CR und H I ist ein Abstand, der – wie z. B. bei *Nothura* – sehr klein sein kann.

| | CR | CC | GOD A 1 |
|---|---|---|---|
| *Eudromia elegans* | 53 | 31 | |
| *Nothoprocta ornata* | 49 | 35 | |
| *N. curvirostris* | 33 | 26 | 37 |
| *Nothura maculosa* | 36 | 26 | 30 |

### *Gaviiformes*

Material: *Gavia arctica, G. stellata.*

CR ist länger als CC, und seine Fahne ist breiter (bei *G. arctica* 18:15). A 1:137, GOD A 1:80.

Der Abstand zwischen A 1 und CR beträgt bei *G. arctica* wie der Abstand zwischen A 1 und A 2 5 mm, der Abstand zwischen CR und H I 4 mm.

CC liegt z. T. über CR, der Basis von H I und z. T. über GOD H I (Abb. 3).

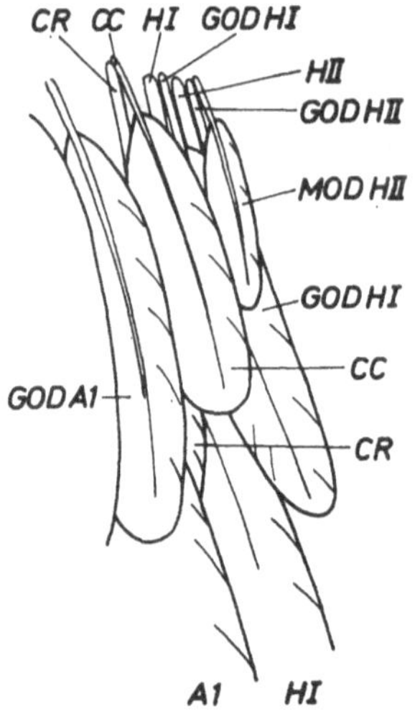


Abb. 3 *Gavia arctica*. Dorsalseite des Flügels im carpalen Bereich. CR liegt H I nicht an.

| | A 1 | CR | CC | GOD A 1 |
|---|---|---|---|---|
| *Gavia arctica* | 137 | 83×18 | 65×15 | 80 |
| *G. stellata* | 120 | 72 | 49 | 66 |

Angegeben sind hier die Längenmaße der Federn und in zwei Fällen die Fahnenbreiten.

*Podicipediformes*

Material: *Podiceps cristatus, P. griseigena, P. ruficollis, Centropelma micropterum.*

CR hat noch eine MOD. Die Schäfte von H I, CR und A 1 liegen an der Basis parallel. Der Winkel, den die Spulen mit den Skelettelementen bilden, ist aber unterschiedlich: H I: Carpus etwa 50°, A 1: Ulna etwa 75°. Die A 1 inseriert am Handgelenk, CR davor, also bereits auf der Hand. Zwischen CR und H I ist ein Abstand wie bei *Phalacrocorax* (Abb. 5).

Während die Armschwingen an ihrer Basis von der Flughaut umfaßt werden, die Flughaut in ihrer ganzen Höhe mit den Schäften der A ventral verbunden ist, zieht zum CR wie auch bei allen A eine Hautfalte hoch, dann aber liegt CR der Flughaut frei auf.

CC vermittelt zwischen GOD A 1 und den Alulafedern.

| | CR | CC | GOD A 1 |
|---|---|---|---|
| *Podiceps cristatus* | 34×7 | 33×8 | 49 |
| *P. griseigena* | 29 | 32 | 45 |
| *P. ruficollis* | 17 | 19 | 26 |
| *Centropelma micropterum* | 22×1,5 | 25×4 | 30 |

CR und CC sind fast gleich lang. Bei der flugunfähigen und eutaxischen Form *Centropelma* sind keine prinzipiellen Unterschiede gegenüber den flugfähigen und diastataxischen Vertretern in der Ausbildung und Anordnung von CR und CC festzustellen. Bei *Centropelma* beträgt der Abstand zwischen A 1 und CR 1,5 mm und zwischen CR und H I 0,5 mm. CR ist nicht mit H I verbunden.

### *Procellariiformes*

Material: ***Fulmarus glacialis, Puffinus gravis, Oceanites oceanicus.***

CR liegt der H I an. CR legt sich über H I und GOD H I und vermittelt zwischen ihnen und der A 1. CC vermittelt zwischen GOD A 1 und der Alula (Abb. 4).

| | A 1 | CR | CC | GOD A 1 |
|---|---|---|---|---|
| *Fulmarus glacialis* | 112 | 55×18 | 61×20 | 72 |
| *Puffinus gravis* | | 52×13 | 62×17 | 78 |
| *Oceanites oceanicus* | | 21×5 | 27×6 | 31 |

CR ist immer etwas kürzer als CC.

### *Pelecaniformes*

Material: ***Pelecanus occidentalis, P. roseus, Phalacrocorax carbo, Anhinga anhinga, Fregata minor, Phaethon aethereus.***

Bei *Phalacrocorax* liegt CR wie A 1. Zwischen CR und H I ist ein Abstand von 7 mm wie zwischen CR und A 1. CR inseriert an der Grenze zwischen Carpus und Ulna, und die innerste H (H 1) inseriert weit distal.
CR liegt zur Hälfte unter A 1 und deckt H I sowie GOD H I, CR vermittelt also zwischen A 1 einerseits und H I und GOD H I andererseits. CC vermittelt zwischen GOD A I und Alula (Abb. 5).

| | A 1 | CR | CC | GOD A 1 |
|---|---|---|---|---|
| *Phalacrocorax carbo* | 200 | 85×22 | 65×21 | 85 |
| *Phaethon aethereus* | | 37×10 | 48×12 | 63 |
| *Pelecanus roseus* | | fehlt | 85×22 | 130 |
| *Fregata minor* | | fehlt | 67 | 94 |
| *Anhinga anhinga* | | fehlt | 35×12 | 58 |

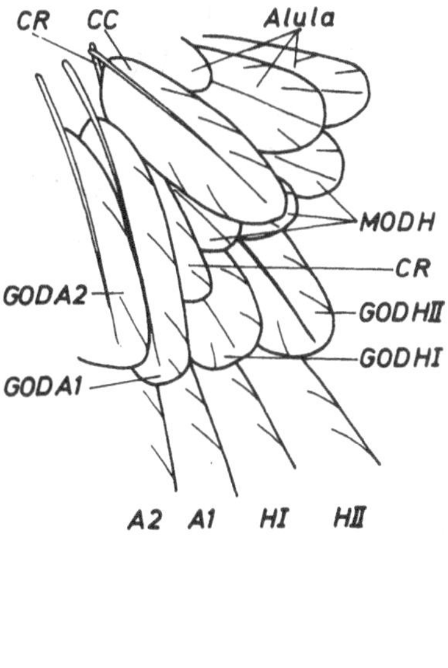


Abb. 4 *Fulmarus glacialis*. CR vermittelt zwischen A 1 und H I sowie GOD H I und MOD H I.

Bei den Pelikanen stehen A 1 und H I sehr weit auseinander. Zwischen A 1 und H I ist bei *P. occidentalis* ein Abstand von 20 und zwischen A 1 und A 2 ein Abstand von 6 mm.
Wie die Aufstellung zeigt, kann CR länger oder kürzer als CC sein und auch völlig fehlen.

*Ciconiiformes*

Material: *Leptoptilos crumeniferus, Ciconia nigra, Ardea cinerea, Ardeola ralloides, Botaurus stellaris, Ixobrychus minutus, Balaeniceps rex.*

CR ist ebenso lang wie CC, kürzer als CC oder fehlt ganz. Wenn CR vorhanden ist, dann liegt der Schaft dieser Feder dem Schaft von H I an. Bei *A. ralloides* liegt er proximal der H I, bei *I. minutus* dagegen schräg über H I. CR überdeckt die Basis von H I und GOD H I. GOD A 1 legt sich über GOD H I und CC und vermittelt so zu den Alulafedern.

| | A 1 | CR | CC | GOD A 1 |
|---|---|---|---|---|
| *Ardea cinerea* | | 60×13 | 75×20 | 128 |
| *Botaurus stellaris* | | 60×15 | 84×25 | 117 |
| *Ardeola ralloides* | 142 | 46×8 | 45×17 | 71 |
| *Ixobrychus minutus* | | 23 | 29 | 45 |
| *Balaeniceps rex* | | 80×25 | 115×20 | 172 |
| *Leptoptilus crumeniferus* | | fehlt | 95×28 | 138 |
| *Ciconia nigra* | | fehlt | 90×24 | 130 |

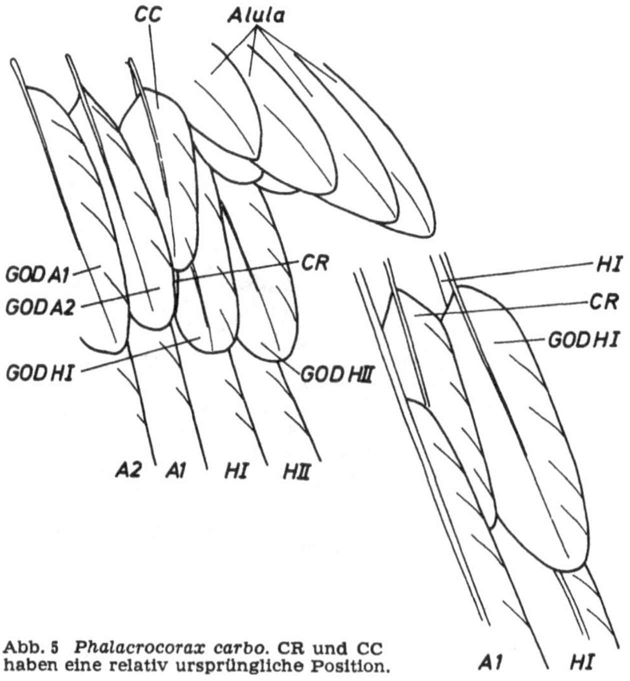


Abb. 5 *Phalacrocorax carbo.* CR und CC haben eine relativ ursprüngliche Position.

CR hat bei *Balaeniceps* dunige Ränder. Bei *B. stellaris* inserieren A 1 und A 2 sowie A 1 und CR jeweils in einem Abstand von 7 mm.

### *Phoenicopteriformes*

Material: *Phoenicoparrus andinus, Phoenicopterus ruber.*

CR ist H I nicht genähert. CR ist kürzer als CC (z. B. 80:90).

### *Anseriformes*

Material: *Anhima cornuta, Anser albifrons, Anas platyrhynchos, Aythya ferina, Oidemia nigra, Mergus serrator.*

H I ist CR nicht genähert. Bei *A. platyrhynchos* sind zwischen A 2 und A 1 sowie zwischen A 1 und CR je 5 mm Abstand und zwischen CR und H I dagegen 3 mm (nach HUMPHREY & CLARK 1961 sind es 2–3 mm). Bei *Anser albifrons* betragen diese Abstände entsprechend 6,8 und 6 mm.
CR liegt schräg zu H I und auf der Basis von GOD H I. Bei *M. nigra* hat CR noch eine wohlausgebildete Fahne, nur die Ränder sind dunig, bei *A. albifrons, A. platyrhynchos* und *M. serrator* ist CR eine Dune. Bei den Wehrvögeln fehlt CR. Es liegen also verschiedene Reduktionsstadien vor.

| | CR | CC | GOD A 1 |
|---|---|---|---|
| *Anser albifrons* | 38 | 65 | 105 |
| *Anas platyrhynchos* | 23 | 48×18 | 63 |
| *Aythya ferina* | 20 | 32 | 58 |
| *Oidemia nigra* | 31×12 | 44×16 | 63 |
| *Mergus serrator* | 26 | 36 | 56 |
| *Anhima cornuta* | fehlt | 83×30 | 130 |

### *Falconiformes*

Material: *Accipiter nisus, Milvus migrans, Circus aeruginosus, Buteo buteo, Aviceda leuphotes, Lophaetus occipitalis, Polyborus plancus, Falco vespertinus.*

CR liegt H I an und überdeckt H I und GOD H I. CR ist schmal und dunig bei *A. nisus*, bei *B. buteo* ist der Spitzenteil dieser Feder nicht zerschlissen, bei *L. occipitalis* ist von 30 mm ein Mittelstreifen von 6 mm feste Fahne, bei *P. plancus* hat CR zerschlissene Ränder, und bei *A. lophotes* ist CR dunig. Auch bei den *Falconiformes* tendiert demnach die Entwicklung in Richtung Reduktion von CR, obwohl CR stets nur wenig kürzer als CC ist. CC vermittelt zwischen GOD A 1 und der vierten Alulafeder.

| | CR | CC | GOD A 1 |
|---|---|---|---|
| *Lophaetus occipitalis* | 77×30 | 86×30 | |
| *Buteo buteo* | 82 | 90 | 115 |
| *Milvus migrans* | 85 | 105 | 135 |
| *Accipiter nisus* | 33 | 39 | 49 |
| *Polyborus plancus* | 70×15 | 86×28 | |
| *Aviceda leuphotes* | 32 | 47 | 48 |

*Galliformes*

Material: *Phasianus colchicus, Perdix perdix, Pavo muticus, Agriocharis ocellata, Lagopus lagopus, Tetrastes bonasia, Leipoa ocellata, Alectura lathami, Macrocephalon maleo, Megapodius lapérouse, M. nicobariensis.*

Bei *Lagopus lagopus* ist CR dunig, aber etwas breiter als CC und fast ebenso lang. CC vermittelt zu den Alulafedern, liegt über dem Schaft von H I und über der Basis von GOD H I und z. T. GOD H II. GOD A 1 liegt auf der Innenfahne von CC und über GOD H I. Die GOD H I wird von der GOD A 1 völlig verdeckt. Der Abstand von A 2 zu A 1 beträgt 3, der Abstand von A 1 zu CR ebenfalls 3 mm. CR liegt H I an.

Bei *Perdix perdix* beträgt der genannte Abstand ebenfalls 3 mm. CR ist offenbar als Dune erhalten (Abb. 6).

Bei *Pavo muticus* deckt CC außer CR den Schaft von H I und die GOD H I. CR ist länger als CC, aber dunig. Ebenfalls dunig, aber wesentlich kürzer als CC ist CR bei *Agriocharis ocellata.*

| | A 2 | A 1 | CR | CC | GOD A 1 |
|---|---|---|---|---|---|
| *Pavo muticus* | | | 61 | 53 × 22 | |
| *Phasianus colchicus* | 165 | 118 | 37 × 10 | 26 × 6 | 68 |
| *Perdix perdix* | | 85 | Dune? | 20 × 4 | 40 |
| *Lagopus lagopus* | | | 34 | 37 × 11 | 51 |
| *Tetrastes bonasia* | 88 | 75 | 20 × 1,5 | 22 × 4 | 42 |
| *Megapodidae:* | | | | | |
| *Leipoa ocellata* | eutaxisch | | 58 × 11 | 57 × 15 | |
| *Alectura lathami* | eutaxisch | | 45 | 45 | |
| *Macrocephalon maleo* | diastataxisch | | etwa 20 (rudimentär) | 45 | |
| *Megapodius lapérouse* | diastataxisch | | 26 | 33 | |
| *M. nicobariensis* | diastataxisch | | 38 | 41 | |

CR kann länger als CC, ebenso lang wie CC oder auch kürzer sein, und zwar unabhängig davon, ob der Flügel eutaxisch oder diastataxisch (einige *Megapodidae*) ist. Die wenigen Arten zeigen bereits eine ganze Reihe aufeinanderfolgender Reduktionsstadien von CR.

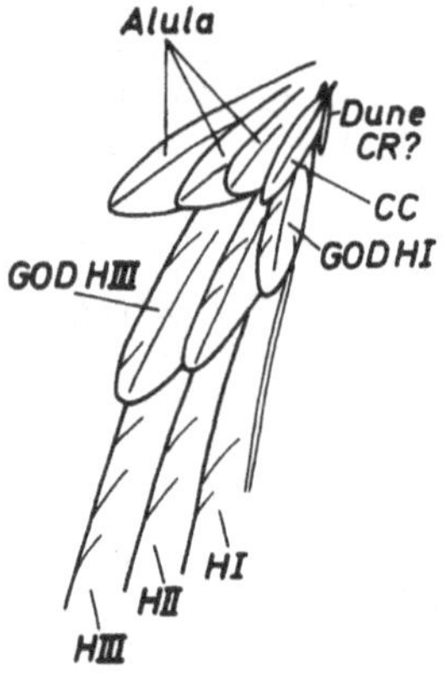


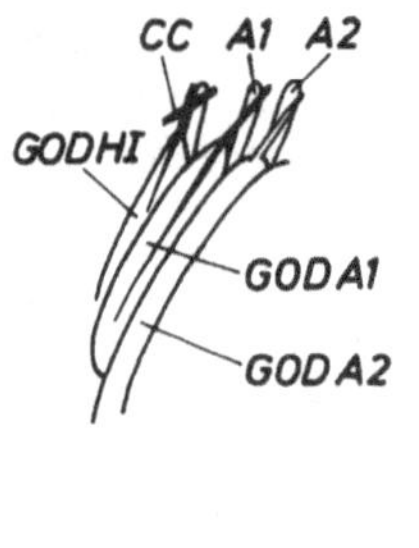


Abb. 6 *Perdix perdix.* Die Funktion von CR hat GOD A 1 übernommen.

### *Opisthocomiformes*

Material: *Opisthocomus hoazin.*

CR fehlt. CC: 38 × 18, GOD A 1:90.

### *Gruiformes*

Material: ***Bugeranus carunculatus, Grus grus, Anthropoides virgo, Balearica pavonina, Fulica atra, Rallus aquaticus, Crex crex, Otis tarda, Mesoenas unicolor, Monias benschi, Psophia viridis, Rhynochetos jubatus, Pedionomus torquatus.***

Bei *Balearica* ist zwischen CR und H I ein Abstand, d. h. CR und H I sind sich nicht genähert. Auch bei den anderen Kranichen *(Grus grus, A. virgo)*, bei denen CR fehlt, ist CC nicht mit H I verbunden. Bei den anderen untersuchten Vertretern der Gruppe liegt CR der H I an (Abb. 7). CC vermittelt zwischen GOD A 1 und der vierten Alulafeder.

| | CR | CC | GOD A 1 |
|---|---|---|---|
| *Bugeranus carunculatus* | fehlt | 102 × 31 | 156 |
| *Anthropoides virgo* | fehlt | 90 | 148 |
| *Balearica pavonina* | 62 × 18 | 100 × 31 | |
| *Fulica atra* | 45 × 5 | 46 × 15 | |
| *Rallus aquaticus* | 22 | 30 | 42 |
| *Crex crex* | 34 × 4 | 36 × 8 | 58 |
| *Otis tarda* | 105 × 30 und dunig | 98 × 39 | 125 |
| *Pedionomus torquatus* | 20 × 2,5 | 26 × 6 | 33 |
| *Rhynochetus jubatus* | 72 | 80 | 107 |
| *Psophia viridis* | fehlt | 46 | 78 |
| *Mesoenas unicolor* | 34 × 5 | 27 × 6 | |
| *Monias benschi* | 38 × 8 | 27 × 8 | 51 |

Die *Gruiformes* zeigen drei Varianten der Reduktion von CR:

1. Wie bei den *Pelecaniformes* kann CR, ohne H I genähert zu sein, gut ausgebildet vorliegen oder völlig fehlen *(Gruidae, Psophia)*.

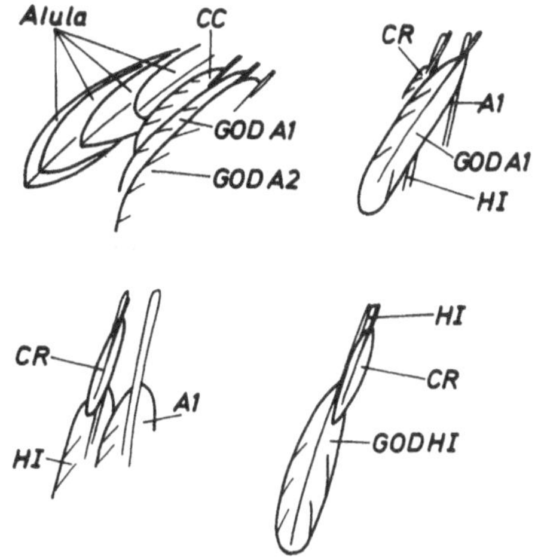


Abb. 7 *Rallus aquaticus*. Links oben: Deckung der GOD A, CC und Alulafedern; rechts oben: nach Entfernung von GOD A 2 und CC; rechts unten: nach Entfernung von GOD A 1; links unten: nach Entfernung aller GOD.

2. CR ist H I genähert und wird wie bei den *Galliformes* kürzer *(Rallidae, Turnicidae, Mesoenatidae, Rhynochaetidae)*.
3. CR ist H I genähert und noch relativ lang, aber seine Ränder sind dunig und zeigen den Reduktionsprozeß an *(Otis)*.

### *Charadriiformes*

Material: *Haematopus ostralegus, Vanellus vanellus, Charadrius hiaticula, Pluvialis squatarola, Gallinago gallinago, Philohela minor, Numenius arquata, Limosa lapponica, Tringa erythropus, T. totanus, T. nebularia, Calidris minuta, C. alpina, Philomachus pugnax, Larus canus, L. ridibundus, Sterna sandvicensis, Chionis minor, Alca torda, Uria lomvia, Cepphus grylle.*

Bei *Larus canus* ist CR der H I bereits genähert (Abb. 8), aber noch nicht so mit ihr verbunden wie bei *Vanellus* und anderen Limikolen. Der Abstand zwischen A 1 und CR ist etwas größer als zwischen A 2 und A 1: bei *Numenius arquata* 5 und 3,5 mm.

| | CR | CC | GOD A 1 |
|---|---|---|---|
| *Haematopus ostralegus* | 60 × 12 | 58 × 17 | 74 |
| *Vanellus vanellus* | 58 × 13 | 56 × 15 | 73 |
| *Charadrius hiaticula* | 23 × 2,5 | 25 × 6 | 30 |
| *Pluvialis squatarola* | 42 × 3 | 43 × 8 | 51 |
| *Gallinago gallinago* | 27 × 8 | 20 × 4 | 39 |
| *Philohela minor* | 23 × 2 | 25 × 7 | |
| *Numenius arquata* | 46 × 7 | 65 × 18 | 78 |
| *Limosa lapponica* | 34 × 6 | 43 × 13 | 54 |
| *Tringa erythropus* | 30 × 4 | 36 × 9 | 49 |
| *T. totanus* | 24 × 4 | 31 × 8 | 45 |
| *T. nebularia* | 33 × 4 | 43 × 7 | 56 |

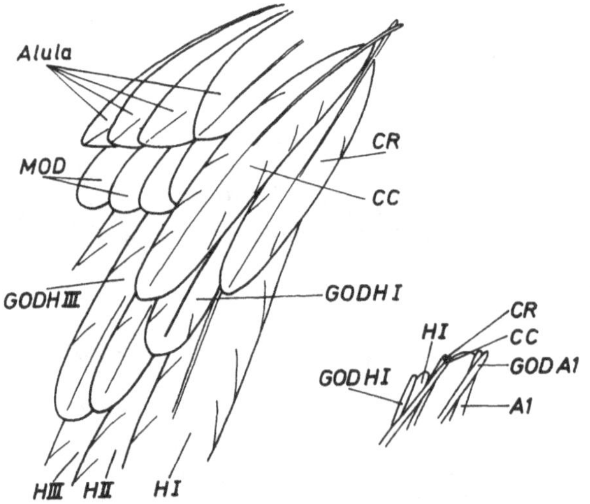


Abb. 8 *Larus canus*. Deckungsweise und Zugehörigkeit von CR und CC zu den Längsreihen der Federn des Unterarmes.

| | CR | CC | GOD A 1 |
|---|---|---|---|
| *Calidris minuta* | 14 × 2 | 17 × 4 | 27 |
| *C. alpina* | 20 × 3 | 23 × 5 | 31 |
| *Philomachus pugnax* | 32 × 6 | 44 × 11 | 55 |
| *Chionis minor* | 58 × 13 | 60 × 17 | |
| *Larus canus* | 70 | 78 | 93 |
| *L. ridibundus* | 60 × 11 | 54 × 16 | 75 |
| *Sterna sandvicensis* | 42 × 10 | 43 × 13 | 59 |
| *Alca torda* | 37 × 7 | 41 × 12 | 55 |
| *Uria lomvia* | 55 × 8 | 45 × 10 | |
| *Cepphus grylle* | 47 × 3–8 | 42 × 13 | 58 |

Bei ***Haematopus, Chionis*** und den drei Vertretern der ***Charadriidae*** sind CR und CC etwa gleich lang (etwa 3 % länger oder auch kürzer). Bei den ***Scolopacidae*** ist CR nur bei ***Gallinago*** länger als CC, nur wenig kürzer bei ***Philohela minor*** und bei den übrigen bis zu 7 % kürzer als CC.

Die untersuchten drei *Laridae* zeigen denselben Reduktionsprozeß. Bei *L. ridibundus* ist CR länger, bei ***Sterna sandvicensis*** etwa gleich lang und bei ***L. canus*** kürzer als CC. CC ist fast so lang wie die längste Alulafeder. CC vermittelt zwischen GOD A 1 und den Alulafedern.

Bei ***Cepphus grylle*** läßt die Färbung der Federn gut erkennen, daß CR zur Armschwingenreihe und CC zur Längsreihe der GOD des Unterarmes gehören. Bei den Alken vermittelt eine zur CR-Transversalreihe gehörende MOD zu den Alulafedern. Die Vermittlung geschieht nicht wie bei den anderen: GOD A 1 —— CC —— Alula, sondern: GOD A 1 —— CC (= GOD CR) —— MOD CR —— Alula.

## *Columbiformes*

*Pteroclidae*

Material: ***Pterocles exustus, Syrrhaptes paradoxus.***

CR ist etwas schwächer ausgebildet als CC. CR sitzt an H I.

| | CR | CC |
|---|---|---|
| *Pterocles exustus* | 26 × 8 | 33 × 11 |
| *Syrrhaptes paradoxus* | 35 × 6 | 38 × 8 |

*Columbidae*

Material: ***Columba palumbus, Streptopelia decaocto, St. chinensis, Geopelia cuneata, Scardafella squammata.***

CR ist etwas länger als CC, oder beide Federn sind gleich lang. CR vermittelt zwischen A 1 und H I und GOD H I, CC zwischen GOD A 1 und der vierten Alulafeder.

| | A 1 | CR | CC | GOD A 1 |
|---|---|---|---|---|
| *Columba palumbus* | 130 | 60 × etwa 20 | 55 × 20 | 78 |
| *Streptopelia decaocto* | 97 | 46 × 15 | 45 × 18 | 62 |
| *St. chinensis* | | 36 × 5 | 33 × 10 | 48 |
| *Geopelia cuneata* | | 21 × 2 | 20 × 4 | 27 |
| *Scardafella squammata* | | 21 × 3 | 17 × 4 | 28 |

Bei *Columba palumbus* ist nur der Spitzenteil der Fahne von CR fest. Zwischen den eutaxischen *(Geopelia, Scardafella)* und den diastataxischen Formen *(Columba, Streptopelia)* gibt es in der Ausbildung von CR und CC keine Unterschiede.

*Psittaciformes*

Material: *Pionus menstruus, Myiopsitta monachus, Brotogeris jugularis, Amazona amazonica, A. ochrocephala.*

CR ist klein und dunig. CC vermittelt zwischen GOD A 1 und Alula. GOD H 1 ist ebenfalls dunig, ihren Platz nimmt CC ein. CC hat bei *Pionus* den gelblichen Farbton wie die GOD A, dieser Farbton fehlt den GOD H.

| | CR | CC | GOD A 1 |
|---|---|---|---|
| *Pionus menstruus* | 14 × 2,5 | 42 × 14 | 110 |
| *Myiopsitta monachus* | 21 | 40 | |
| *Brotogeris jugularis* | 11 | 24 | |
| *Amazona amazonica* | 14 | 39 | |
| *A. ochrocephala* | 17 | 49 | |

*Cuculiformes*

Material: *Cuculus canorus, Rhamphococcyx calorhynchus, Geococcyx californiana, Tapera naevia, Musophaga violacea, Tauraco persa.*

CR liegt H I an und ist länger als CC, ebenso lang wie CC oder völlig reduziert.

| | CR | CC | GOD A 1 |
|---|---|---|---|
| *Cuculus canorus* | 41 × 13 | 36 × 11 | 51 |
| *Rhamphococcyx calorhynchus* | 35 × ~10 | 35 × 13 | 62 |
| *Geococcyx californiana* | 45 × 6 | 30 × 5 | 61 |
| *Tapera naevia* | 30 × 4 | 33 × 9 | 46 |
| *Musophaga violacea* | 17 (Dune) | 64 | |
| *Tauraco persa* | fehlt | 20 × 6 | 45 |

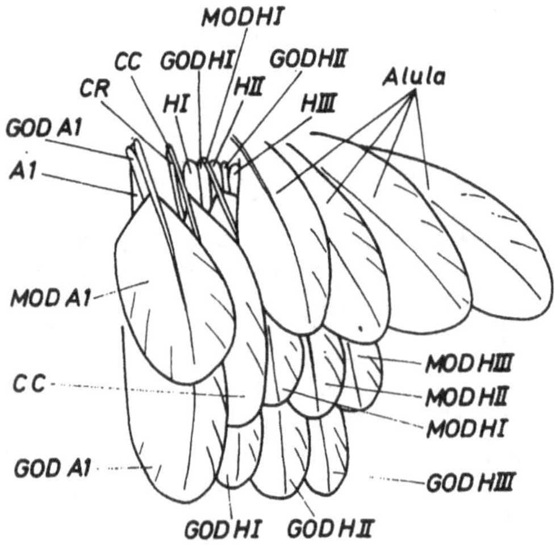


Abb. 9 *Strix aluco.* Die Zuordnung von CR zur Federlängsreihe des Unterarmes ist deutlich.

CR von *Cuculus* hat zerschlissene Ränder. CR liegt über H I und GOD H I. CC vermittelt zwischen GOD A 1 und der vierten Alulafeder.

### *Strigiformes*

Material: *Tyto alba, Strix aluco, Otus choliba, Aegolius funereus.*

CR ist H I nicht genähert (Abb. 9). CR deckt GOD H I. CC deckt CR und GOD H, leitet zur vierten Alulafeder über und vermittelt zur GOD A 1.

| | CR | CC | GOD A 1 |
|---|---|---|---|
| *Tyto alba* | 45 × 12 | 63 × 19 | 75 |
| *Strix aluco* | 70 × 15 | 70 × 15 | 80 |
| *Otus choliba* | 33 × 8 | 41 × 10 | 55 |
| *Aegolius funereus* | 43 | 45 | 58 |

CR ist ebenso lang wie CC oder kürzer. CR ist dunig oder hat wie bei *Strix aluco* zerschlissene Ränder bzw. wie bei *Tyto alba* an der Spitze noch eine gut ausgebildete Fahne.

### *Caprimulgiformes*

Material: *Caprimulgus europaeus.*

CR liegt proximal an der H I, seine breite Fahne deckt H I und Teile der GOD H I. CC deckt den Schaft von H I und die GOD H I und vermittelt zur dritten Alulafeder. Drei Viertel der Fahne von CR (Ränder) sind zerschlissen.

| | A 1 | CR | CC | GOD A 1 |
|---|---|---|---|---|
| *C. europaeus* | 85 | 35 × 14 | 33 × 7 | 47 |

### *Apodiformes*

Material: *Apus apus, Patagona gigas.*

Bei *Apus apus* fehlt CR, und CC ist H I genähert. Bei den Kolibris (weitere Arten wurden daraufhin durchgemustert) ist CR (und damit auch CC) nicht mit H I verbunden.

| | CR | CC | GOD A 1 |
|---|---|---|---|
| *Apus apus* | fehlt | 20 × 4 | 31 |
| *Patagona gigas* | 12 | 10 | 24 |

Bei den *Trochilidae* sind CR und CC gut entwickelt, CR ist meist etwas kürzer als CC (STEINER 1918, STEPHAN 1970).

### *Coliiformes*

Material: *Colius striatus, C. indicus.*

CR liegt H I an und ist besser ausgebildet als CC.

| | CR | CC | GOD A 1 |
|---|---|---|---|
| *Colius indicus* | 29 × 3 | 13 × 3 | 28 |

### *Trogoniformes*

Material: *Trogon elegans.*

CR sitzt an H I. CR und CC sind etwa gleich lang: 24 × 4 und 25 × 6. GOD A 1: 35.

### *Coraciiformes*

Material: *Coracias garrulus, Merops apiaster, Halcyon smyrnensis, H. chloris, Upupa epops, Phoeniculus purpureus, Bycanistes subcylindricus, Bucorvus abyssinicus.*

Bei *Coracias garrulus* liegt CR auf der Innenfahne und dem Schaft von H I. CC legt sich über die Außenfahne von CR, GOD H I und GOD H II und vermittelt zwischen GOD A 1 und der vierten Alulafeder. Bei *Upupa epops* hat CR zerschlissene Ränder und bei *Merops apiaster* ist CR als Dune erhalten, bei *Halcyon smyrnensis* und *H. chloris* fehlt CR.

Auch in dieser Gruppe hat die Ausbildung bzw. Reduktion von CR keinen Zusammenhang mit der Eutaxie *(Merops, Halcyon smyrnensis)* und Diastataxie *(Coracias, Halcyon chloris).*

| | A 1 | CR | CC | GOD A 1 |
|---|---|---|---|---|
| *Coracias garrulus* | 110 | 36 × 5 | 42 × 14 | 51 |
| *Merops apiaster* | | 3 (Dune) | 22 | 25 |
| *Halcyon smyrnensis* | | fehlt | 29 | 32 |
| *Upupa epops* | 105 | 26 × 10 | fehlt | 39 |
| *Phoeniculus purpureus* | | 23 × 7 | 16 × 7 | 32 |
| *Bycanistes subcylindricus* | | 51 × 7 | fehlt | 67 |
| *Bucorvus abyssinicus* | | 90 × 22 | fehlt | 113 |

Bei *Upupa* und den *Bucerotidae* fehlt CC. Die GOD A 1 liegt größtenteils über CR und vermittelt zur GOD H II. Zwischen GOD A 1 und der Alula ist ein freier Bezirk. CC vermittelt nicht zwischen der GOD A 1 und der Alula, sondern nur zwischen den GOD A und den GOD H.

Die Carpalfedern zeigen zwei Entwicklungswege in der Reduktion von CR und CC.

1. CR wird schmal, zur Dune, und verschwindet völlig, CC bleibt gut erhalten.
2. CR bleibt erhalten, aber CC wird vollständig reduziert.

### *Piciformes*

Material: *Galbula galbula, Notharchus macrorhynchos, Semnornis ramphastinus, Ramphastos cuvieri, Pteroglossus aracari, Selenidera maculirostris, Picus viridis, Dendrocopus major, Jynx torquilla.*

CR ist als Dune vorhanden. Sie füllt den Raum aus, der am fahnenfreien Schaft der H I vorhanden ist. Die GOD A 1 legt sich bis über die Hälfte der GOD H I. Sie hat keine Verbindung zur Alula. Eine ähnliche Entwicklung zeigen einige *Coraciiformes.*

CC ist bei *Galbula* und *Notharchus* gut entwickelt, fehlt aber bei *Semnornis,* den *Ramphastidae* und *Picidae.* Auf diese Verhältnisse bei den *Picidae* und den *Upupidae* hat schon PYCRAFT in einer Fußnote zur Arbeit von DEGEN (1894) hingewiesen.

| | CR | CC | GOD A 1 |
|---|---|---|---|
| *Galbula galbula* | 11 (dunig) | 13 × 3 | 21 |
| *Notharchus macrorhynchos* | 22 (dunig) | 18 × 4 | 27 |
| *Semnornis ramphastinus* | 14 (Dune) | fehlt | 30 |
| *Ramphastos cuvieri* | 25 (dunig) | fehlt | 61 |
| *Selenidera maculirostris* | 18 (dunig) | fehlt | 34 |
| *Pteroglossus aracari* | 36 × 6 | fehlt | 44 |
| *Picus viridis* | 124 (dunig) | fehlt | 43 |

*Passeriformes*

Material: ***Eurylaimus javanicus, Pitangus sulphuratus, Batara cinerea, Formicarius analis, Cotinga maculata, Rupicola peruviana, Menura alberti, Alauda arvensis, Hirundo rustica, Lanius excubitor, L. collurio, Bombycilla garrulus, Troglodytes troglodytes, Turdus merula, T. pilaris, Luscinia megarhynchos, Erithacus rubecula, Sylvia atricapilla, Parus major, P. palustris, Sitta europaea, Emberiza citrinella, E. calandra, Carduelis flammea, Pyrrhula pyrrhula, Loxia curvirostra, Passer domesticus, Sturnus vulgaris, Corvus frugilegus, C. corax, C. corone, Pica pica, Garrulus glandarius, Nucifraga caryocatactes, Perisoreus infaustus.***

CC ist wohl ausgebildet (Abb. 10). CR ist als Dune vorhanden oder fehlt. Oft ist die Entscheidung nicht zu treffen, ob die Dune an der H I CR oder eine der Dunen ist, die in diesem Bereich stehen können, besonders bei den *Corvidae*. So steht hier bei ***Alauda, Passer*** und den ***Fringillidae*** eine Dune, die keine Verbindung zu CC hat, aber durchaus CR sein könnte. Bei ***Sturnus*** sitzt die Dune entsprechend CR. Bei *Lanius* stehen im betreffenden Bereich 2 Dunen, aber keine von beiden kommt als Rudiment von CR in Betracht. CC vermittelt zwischen GOD A 1 und der Alula.

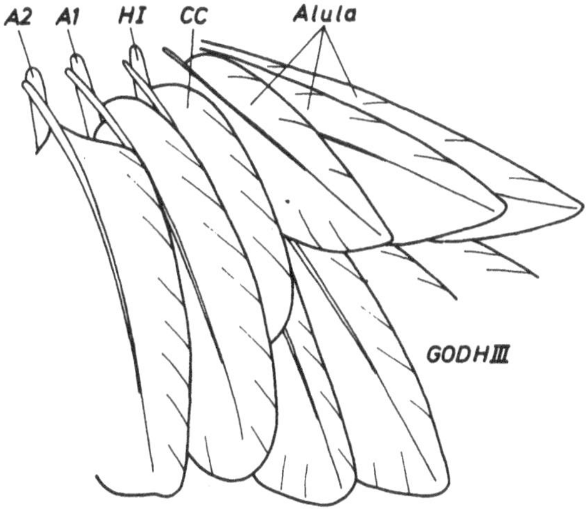


Abb. 10 *Corvus corax*. CC vermittelt zwischen GOD A 1 und der dritten Alulafeder.

| | CR | CC | GOD A 1 |
|---|---|---|---|
| *Eurylaimus javanicus* | 7 (schmale Dune) | 16 × 4 | 24 |
| *Batara cinerea* | fehlt | 22 × 8 | 36 |
| *Formicarius analis* | 7 (Dune) | 16 × 6 | 24 |
| *Pitangus sulphuratus* | fehlt | 19 × 7 | 32 |
| *Cotinga maculosa* | fehlt | 19 × 7 | 33 |
| *Rupicola peruviana* | fehlt | 30 × 10 | 43 |
| *Menura alberti* | fehlt | 46 | 73 |
| *Alauda arvensis* | 6 (Dune) | 19 | 29 |
| *Hirundo rustica* | fehlt (?) | | |
| *Lanius excubitor* | fehlt | | |
| *L. collurio* | fehlt | | |
| *Bombycilla garrulus* | 4 | 18 | |
| *Troglodytes troglodytes* | fehlt | 10 | 15 |
| *Turdus merula* | Dune | | |
| *T. pilaris* | Dune | | |
| *Luscinia megarhynchos* | Dune | 13 | 23 |
| *Erithacus rubecula* | Dune | | |
| *Sylvia atricapilla* | fehlt | 12,5 | 20 |
| *Parus major* | fehlt | 11 | 20 |
| *P. palustris* | fehlt | 9 | 15 |
| *Sitta europaea* | fehlt | 15 | 23 |
| *Emberiza citrinella* | Dune (?) | | |
| *E. calandra* | Dune (?) | | |
| *Carduelis flammea* | 3,5 | 12,5 | 18 |
| *Pyrrhula pyrrhula* | 3 | 16,5 | 24,5 |
| *Loxia curvirostra* | 2,5 | 15,5 | 23 |
| *Passer domesticus* | 3,5[1] | 14,5[1] | 21 |
| *Sturnus vulgaris* | 7 | 19 | 28 |
| *Corvus frugilegus* | fehlt | | |
| *Corvus corax* | 10 (Dune ?) | 80 | 110 |
| *C. corone* | fehlt | | |
| *Pica pica* | 6 (Dune ?) | 36 | |
| *Garrulus glandarius* | fehlt | | |
| *Nucifraga caryocatactes* | fehlt | | |
| *Perisoreus infaustus* | Dune (?) | | |

## III. Die Herkunft von Carpal remex und Carpal covert

Die Zugehörigkeit von CR zur Längsreihe der Armschwingen und die Zugehörigkeit von CC zur Längsreihe der Großen Oberen Decken des Unterarmes können als gesichert gelten. Sie ergeben sich

1. aus der Insertion und Lage dieser Federn in den Flügeln der Formen, bei denen zwischen CR und H I ein Abstand vorhanden ist, CR der H I nicht angelagert ist

[1] ZEIDLER (1966) gibt 11,7 mm an, CR hat er nicht festgestellt.

und CR mit CC die gleiche Position hat wie die Armschwingen mit ihren Großen Oberen Decken, und

2. aus der Färbung dieser Federn, die bei einigen Arten die Zugehörigkeit eindeutig erkennen lassen (z. B. *Cepphus grylle, Pionus menstruus).*

Die Zugehörigkeit der beiden Federn zu den entsprechenden Längsreihen des Unterarmes beantwortet zugleich die Frage nach ihrer Herkunft. CR ist wie das Remicle der Handschwingenreihe als Feder der Armschwingenreihe entstanden, ist aber nicht zu einer langen Schwungfeder geworden, sondern hier — wie das Remicle an der Flügelspitze und die innersten und nach und nach immer kleiner werdenden und sich nicht überlagernden Armschwingen am Ellbogen — als stabilisierendes Element zunächst erhalten geblieben. Es handelt sich also nicht um eine reduzierte ehemalige lange Schwungfeder.
In diesem Bereich des Flügels ist jedoch eine andere Funktion noch wichtiger. Auf sie wird weiter unten näher eingegangen.
CC ist die GOD von CR. Auf die wichtige Funktion dieser Feder wird ebenfalls noch speziell eingegangen.

## IV. Die Reduktion von Carpal remex und Carpal covert

Die unterschiedliche Ausbildung von CR und CC gestattet folgende Gruppierung, wobei die einzelnen Gruppen als Abschnitte (Phasen) der Entwicklung aufzufassen sind.

1. CR ist der H I nicht genähert.
   1.1. CR ist länger als CC: *Tinamiformes, Gaviiformes, Falconiformes* (Teil).
   1.2. CR ist ebenso lang wie CC: *Podicipediformes.*
   1.3. CR ist kürzer als CC: *Pelecaniformes* (Teil), *Phoenicopteriformes, Anseriformes* (Teil), *Gruiformes* (Teil), *Apodiformes* (Teil).
   1.4. CR fehlt: *Pelecaniformes* (Teil), *Anseriformes* (Teil), *Gruiformes* (Teil).
2. CR ist der H I genähert und die Spulen beider Federn liegen dicht nebeneinander. Die Fahne von CR ist intakt.
   2.1. CR ist länger als CC: *Galliformes* (Teil), *Gruiformes* (Teil), *Charadriiformes* (Teil), *Columbiformes* (Teil), *Cuculiformes* (Teil), *Coliiformes.*
   2.2. CR und CC sind etwa gleich lang: *Ciconiiformes* (Teil), *Galliformes* (Teil), *Gruiformes* (Teil), *Charadriiformes* (Teil), *Columbiformes* (Teil), *Cuculiformes* (Teil), *Trogoniformes.*
   2.3. CR ist kürzer als CC: *Procellariiformes, Ciconiiformes* (Teil), *Galliformes* (Teil), *Gruiformes* (Teil), *Charadriiformes* (Teil), *Pteroclidae, Coraciiformes* (Teil).
   2.4. CR fehlt: *Ciconiiformes* (Teil), *Opisthocomiformes, Cuculiformes* (Teil).
3. Wie 2., aber die Fahne von CR hat dunige Ränder bzw. ist nur als Dune ausgebildet.
   3.1. Ist gleich 2.1.
   3.2. CR ist etwas länger oder etwa so lang wie CC, Ränder, Basis oder ganze Feder dunig: *Falconiformes, Gruiformes* (Teil), *Strigiformes* (Teil), *Caprimulgiformes.*
   3.3. CR ist eine kleine Dune: *Psittaciformes, Coraciiformes* (Teil), *Strigiformes* (Teil), *Passeriformes* (Teil).
   3.4. CR fehlt: *Apodiformes* (Teil), *Coraciiformes* (Teil), *Passeriformes* (Teil).

4. CR ist vorhanden, aber CC fehlt.
   4.1. CR ist lang und hat dunige Ränder: *Coraciiformes* (Teil), *Piciformes* (Teil).
   4.2. CR ist eine Dune: *Coraciiformes* (Teil), *Piciformes* (Teil).

Zwei Prozesse sind aus obiger Aufstellung abzulesen.

1. Es erfolgt eine Annäherung und Anlagerung von H I und CR. Wie die Messungen des Abstandes zwischen CR und A 1 ergeben, bleibt CR mehr oder weniger an seinem Platz, und es nähert sich H I, d. h. H I inseriert ursprünglich distaler am Carpometacarpus.

2. Es erfolgt eine allmähliche Reduktion dieser carpalen Federn, wobei am stärksten CR betroffen ist:
   a) Die Reduktion von CR setzt bereits ein, wenn zwischen H I und CR noch ein Abstand vorhanden ist.
   b) CR wird allmählich immer kürzer – ursprünglich ist CR länger als CC – bis zum völligen Verschwinden.
   c) CR wird dunig und zugleich kürzer und fällt schließlich ganz fort.
   d) Nur in wenigen Fällen wird kein CC ausgebildet. CR zeigt in diesen Fällen Reduktionserscheinungen, hat dunige Ränder oder ist zur Dune geworden (s. 4.1. und 4.2.).

Dieselben Prozesse, die uns hier die Vertreter aus allen Ordnungen gemeinsam veranschaulichen, demonstrieren uns auch einige engere Verwandtschaftsgruppen (s. Aufstellung 1.–4.):

1.: *Pelecaniformes, Anseriformes, Gruiformes.*

2.: *Ciconiiformes, Galliformes, Gruiformes, Charadriiformes, Columbiformes, Cuculiformes.*

3.: *Strigiformes, Coraciiformes, Passeriformes.*

4.: *Coraciiformes, Piciformes.*

## V. Die Funktion von Carpal remex und Carpal covert

Als Feder der Armschwingenreihe angelegt, hat CR zunächst Stabilisierungsfunktion, denn sie stützt die A 1, die länger als CR werden kann. In der weiteren Entwicklung des Vogelflügels findet A 1 Stütze bei H I, indem sich die Außenfahne von A 1 auf die Innenfahne von H I legt und die Reihe der Armschwingen an die Reihe der Handschwingen anschließt. CR bleibt dabei relativ kurz. Und nun wird die zweite Funktion dieser Feder verstärkt: sie vermittelt zwischen A 1, die den basalen Teil ihrer Außenfahne auf CR legt, und H I sowie GOD H I, und zwar so, daß beim Zusammenlegen des Flügels A 1 einwandfrei über H I hinweggleiten, d. h. der Handfittich gut unter den Armfittich gebracht werden kann. Je mehr nun der Abstand zwischen H I und CR verringert wird und die Außenfahne der A 1 den Kontakt zu H I aufnimmt, um so mehr entfällt diese Gleitfunktion für CR, und CR wird reduziert.

CC hat neben der Deckfunktion ebenfalls eine Gleitfunktion. Die Feder vermittelt nämlich zwischen der GOD A 1 und der kleinsten (dritten bzw. vierten) Alulafeder. Nur in ganz wenigen Fällen ist hier noch eine MOD dazwischengeschaltet, oder CC hat keinen Kontakt zur Alula.

### VI. Carpal remex, Carpal covert und Eutaxie, Diastataxie

Die hier skizzierten Evolutionsprozesse stehen nicht in direktem Zusammenhang mit der Erscheinung der Eutaxie und Diastataxie. In der Ausbildung bzw. Reduktion der beiden carpalen Federn besteht kein Unterschied zwischen eutaxischen und diastataxischen Formen.
Sowohl die Funktion der Eutaxie und Diastataxie als auch die Funktion von CR und CC unterliegen wie Remicle, Schirmfedern und alle anderen Gefiedereigenschaften des Flügels den Aufgaben und Bedingungen für den Flügel als Ganzes. Und so können viele Evolutionsprozesse an ein und demselben Flügel parallel ablaufen, ja sie müssen es, wenn der betreffende Flügel als Struktur in vielfältiger Weise funktionstüchtig bleiben soll.

### Zusammenfassung

Es wird versucht, Herkunft, Entwicklung und Funktion der carpalen Federn Carpal remex und Carpal covert zu klären. Carpal remex gehört zur Längsreihe der Armschwingen und Carpal covert zur Längsreihe der Großen Oberen Decken des Unterarmes. Carpal remex ist keine reduzierte ehemalige Schwungfeder. Die Reduktion dieser beiden Federn bis zu ihrem völligen Verschwinden steht im Zusammenhang mit ihren Aufgaben, von denen die Funktion als Gleitlager für die benachbarten Federn die wichtigste ist. Die mit diesen beiden carpalen Federn zusammenhängenden Evolutionsprozesse erfolgen unabhängig von anderen Evolutionsprozessen am Vogelflügel.

### Summary

ON CARPAL REMEX AND CARPAL COVERT OF THE BIRD-WING

It will attempt to clear up the origin, evolution and function of the two carpal feathers Carpal remex and Carpal covert. The Carpal remex is belonging to the long row of secondaries and the Carpal covert is belonging to the greater upper coverts of the forearm. The Carpal remex is not a reduced former secondary remex. The reduction of both feathers up to their full disappearance is connected with their tasks, from which the function as a slide bearing for the neighbouring feathers is the point. The evolutionary processes connected with these both feathers leads the way independent of other evolutionary processes on the birds wing.

### Literatur

BERNDT, R., **1959**, in: BERNDT, R. & W. MEISE, Naturgeschichte der Vögel. Bd. 1. Stuttgart.

DEGEN, E., **1894**: On some of the main Features in the Evolution of the Bird's Wing. — Bull. Brit. Orn. Club, **2**, p. 7—33.

GADOW, H., **1891—93**: Vögel, in: Bronns Klassen und Ordnungen des Tier-Reichs. Leipzig. (p. 558).

HUMPHREY, P. S. & G. A. CLARK, Jr., **1961**: Pterylosis of the Mallard Duck. — Condor, **63**, p. 365—385.

MITCHELL, P. Ch., **1899**: On so-called "quintocubitalism" in the wing of birds; with special reference to the Columbae and notes in anatomy. — J. Linn. Soc. London, Zool., **27**, p. 210—236.

PYCRAFT, W. P., **1899**: Some Facts concerning the so-called "Aquintocubitalism" in Bird's wing. — J. Linn. Soc. London, Zool., **27**, p. 236—256.

REICHLING, H., **1915**: Die Flügelfederkennzeichen der nordwestdeutschen Vögel. — J. Orn., **63**, p. 229—267.

STEINER, H., **1918**: Das Problem der Diastataxie des Vogelflügels. — Jenaische Z. Naturw., **55**, p. 221—496.

STEPHAN, B., 1965: Die Zahl der Armschwingen bei den *Passeriformes*. — J. Orn., **106**, p. 446–458.

—, 1970: Über Vorkommen und Funktion des Remicle. — Beitr. Vogelkunde, **16**, p. 372–385.

—, 1970: Eutaxie, Diastataxie und andere Probleme der Befiederung des Vogelflügels. — Mitt. Zool. Mus. Berlin, **46**, p. 339–437.

STRESEMANN, E., 1927–34: *Aves*, in: KÜKENTHAL, Handbuch der Zoologie, Bd. 7. Berlin/Leipzig.

STRESEMANN, E. & B. STEPHAN, 1968: Über das Remicle. — J. Orn., **109**, p. 315–320.

STRESEMANN, V., 1963: Zur Richtungsumkehr der Schwingen- und Schwanzmauser von *Muscicapa striata*. — J. Orn., **104**, p. 101–111.

WRAY, R. S. 1887: On some points in the morphology of the wings of birds. — Proc. Zool. Soc. London, p. 343–357.

ZEIDLER, K., 1966: Untersuchungen über Flügelbefiederung und Mauser des Haussperlings (*Passer domesticus* L.). — J. Orn., **107**, p. 113–153.

Anschrift des Autors:

Dr. sc. Burkhard Stephan, Zoologisches Museum der Humboldt-Universität,
DDR — 104 Berlin, Invalidenstraße 43

ZOOLOGISCHE ABHANDLUNGEN
STAATLICHES MUSEUM FÜR TIERKUNDE IN DRESDEN

Bd. 33 Ausgegeben: 15. Dezember 1974 Nr. 7

# Katalog der ornithologischen Sammlung des Staatlichen Museums für Tierkunde Dresden

## VI. Artamidae

Mit 3 Abbildungen

SIEGFRIED ECK
Dresden

Die Familie der *Artamidae*, aus der einzigen Gattung *Artamus* LESSON, 1816 bestehend und fossil unbekannt, ist klar umgrenzt und leicht zu überschauen. *Pseudochelidon eurystomina* HARTLAUB, 1861 und *P. sirintarae* THONGLONGYA, 1968 *(Hirundinidae)* sind mit Sicherheit nur konvergente Bildungen. Eine Übersicht über *Artamus* gab zuletzt MAYR (1962, pp. 160–165). Danach sind 10 Spezies zu unterscheiden, deren allein 7 – bei Berücksichtigung der Feststellungen von MEES (1964, p. 95) an *A. cyanopterus* – keine Subspezies ausgebildet haben! Im Falle der weißrückigen Artamiden faßt MAYR die Spezies zu eng, während mit *A. leucorhynchus mentalis* JARDINE dieser im übrigen formenreichste Formenkreis zu weit gefaßt ist. In diesen dürfte dagegen nach den Ausführungen RENSCHs (1931, p. 592) *A. fuscus* VIEILLOT aus SO-Asien gehören. Bereits MEISE (1929, p. 22) erwog Konspezifität zwischen den weißrückigen Formen *A. monachus* BONAPARTE (Celebes [Sulawesi] bis Sula-Inseln) und *A. insignis* SCLATER (New Britain, New Ireland). MAYR stellt allerdings den geographisch vermittelnden *A. maximus* MEYER (Neuguinea) zwischen die „Spezies" *monachus* und *insignis*. Hier wird der Standpunkt vertreten, daß die disjunkte Verbreitung von *monachus* und *insignis* nicht gegen deren Konspezifität spricht. Die Käuze *Ninox punctulata* (QUOY & GAIMARD) und *N. odiosa* SCLATER von Celebes (Sulawesi) und New Britain sowie die Schleiereulen *Tyto inexpectata* (SCHLEGEL) und *T. aurantia* (SALVADORI) von Celebes (Sulawesi) und New Britain stützen durch ihre Verbreitung selbstredend diese Auffassung. Bei der Bewertung des *A. mentalis* JARDINE als Subspezies von *A. leucorhynchus* greift DEIGNAN (1961, p. 476) auf eine nicht weiter begründete Äußerung MAYRs (1945, p. 144) zurück. *A. mentalis* bewohnt die Fidschi-Inseln und weicht äußerlich stark vom benachbarten *A. leucorhynchus tenuis* MAYR der Neuen Hebriden ab. Die Oberseite ist gleichmäßig bräunlichschwarz, der Bürzel ausgedehnter weiß, die Unterhalszeichnung gänzlich abweichend. Auch die östlichsten Populationen von *A. leucorhynchus* sind sehr dunkel, zeigen aber dabei die für diesen Formenkreis charakteristische Färbung der Oberseite (Oberkopf grauer, Rücken brauner) besonders deutlich (STRESEMANN 1913, p. 293). Zwar sind bei Randformen stärkere Abweichungen zu erwarten, doch scheint es, daß in diesem Fall allein die geo-

Abb. 1 Gegenüberstellung zum Vergleich der Zeichnung von *Artamus leucorhynchus longipennis* von Peleng (C 44722) oben und *Artamus mentalis* von Viti Levu (C 17754) unten. Original H. Quintscher

graphische Vikarianz für die subspezifische Bewertung den Ausschlag gab. Die Flügel-Schwanz-Proportionen sind bei den *leucorhynchus*-Subspezies ziemlich übereinstimmend – *A. (l.) fuscus* tendiert zu relativer Kurzschwänzigkeit bei Neigung zu längerer Flügelspitze. Hingegen zeichnet sich *A. mentalis*, von dem leider nur 2 Bälge untersucht werden konnten, durch relative Langschwänzigkeit aus, doch ist der Flügelbau nicht so beschaffen, daß zwanglos von kompensiertem Gestaltwandel, wie er intraspezifisch oft vorkommt, gesprochen werden könnte.

In die relativ langschwänzige *Artamus*-Gruppe gehören außer *A. mentalis* die Spezies *A. personatus* (GOULD), *A. superciliosus* (GOULD), *A. cinereus* VIEILLOT, *A. cyanopterus* (LATHAM) und *A. minor* VIEILLOT. Als relativ kurzschwänzig sind anzusehen *A. leucorhynchus* (incl. *fuscus), A. monachus* (incl. *insignis), A. maximus.* IMMELMANN (1966, p. 37) bildet nebeneinander zwei australische Artamiden ab, die diesen Unterschied ausgezeichnet illustrieren: *A. cinereus* für die langschwänzige und *A. leucorhynchus* für die kurzschwänzige Gruppe.

Die Anzahl der in der Dresdener Sammlung vorliegenden Stücke beträgt 93, darunter 2 aufgestellte Stücke. Nicht mehr vorhanden sind die beiden während des 2. Weltkrieges auf der Festung Königstein ausgelagerten Typen von *A. maximus* MEYER, 1874 (C 2678) und *A. Musschenbroeki* MEYER, 1884 (C 7136) (= *A. leucorhynchus musschenbroeki* MEYER), die von MEISE (1929) besprochen wurden, sowie 6 Paratypen von *A. l. musschenbroeki* (C 7130, C 7132, C 7134, C 7135, C 7138, C 21880).

Abb. 2 Nest von *Artamus mentalis*, gesammelt von THEODOR KLEINSCHMIDT auf Viti Levu, 1882 vom Museum Godeffroy für die Dresdener Sammlung (Nr. 1218) erworben.
Aufnahme G. Hoffmann

Abb. 3 Dasselbe Nest wie in Abb. 2, von oben.
Aufnahme G. Hoffmann

Tab. 1 Maße und Indizes der untersuchten Exemplare der Gattung *Artamus*.

| | Flügel | M | Flügel-spitze | M | Schwanz | M | Flügel-Index | M | Schw.: Fl.-Index | M |
|---|---|---|---|---|---|---|---|---|---|---|
| *(l.) fuscus*, n = 5 | 127—137 | 132,4 | 61—66 | 63,8 | 54—59 | 56,2 | 47,4—49,3 | 48,2 | 41,8—43,1 | 42,5 |
| *l. leucorhynchus*, n = 13 | 130—142 | 135,5 | 58—65 | 61,2 | 59—66 | 62,0 | 42,6—47,3 | 45,2 | 43,8—48,2 | 45,8 |
| *l. amydrus*, n = 4 | 132—140 | 134,3 | 57—64 | 60,8 | 56—67 | 61,3 | 43,2—47,7 | 45,3 | 42,4—47,9 | 45,6 |
| *l. humei*, n = 1 | 133 | | 61 | | 59 | | 45,9 | | 44,4 | |
| *l. celebensis*, n = 15 | 134—146 | 140,0 | 56—67 | 62,9 | 58—67 | 63,6 | 41,8—47,8 | 44,9 | 43,3—46,5 | 45,4 |
| *l. longipennis*, n = 3 | 146—147 | 146,3 | 62—66 | 64,0 | 3× 66 | 66,0 | 42,5—44,9 | 43,7 | 44,9—45,2 | 45,1 |
| *l. albiventer*, n = 1 | 135 | | 60 | | 62 | | 44,4 | | 45,9 | |
| *l. musschenbroeki*, n = 2 | 133—134 | | 60—61 | | 59—64 | | 44,5—45,5 | | 44,4—47,8 | |
| *l. leucopygialis*, n = 9 | 127—140 | 132,0 | 57—66 | 61,6 | 57—63 | 59,9 | 44,7—48,5 | 46,6 | 43,9—47,7 | 45,3 |
| *m. monachus*, n = 9 | 150—163 | 157,1 | 64—71 | 67,3 | 69—77 | 74,1 | 40,0—43,8 | 42,8 | 46,1—48,0 | 47,2 |
| *m. sulaensis*, n = 8 | 150—153 | 151,8 | 65—68 | 66,8 | 70—74 | 71,9 | 43,0—44,7 | 44,0 | 45,8—49,3 | 47,3 |
| *m. insignis*, n = 3 | 143—145 | 143,7 | 62—67 | 64,7 | 65—68 | 66,3 | 43,4—46,9 | 45,0 | 45,5—47,6 | 46,2 |
| *maximus*, n = 2 | 158—167 | | 78—88 | | 67—69 | | 49,4—52,7 | | 41,3—42,4 | |
| *mentalis*, n = 2 | 128—131 | | 55—60 | | 68—71 | | 43,0—45,8 | | 51,5—55,5 | |
| *personatus*, n = 1 | 125 | | 54 | | 77 | | 43,2 | | 61,6 | |
| *superciliosus*, n = 5 | 122—128 | 125,2 | 53—55 | 54,2 | 71—76 | 74,0 | 42,2—45,1 | 43,5 | 58,6—66,4 | 60,7 |
| *cinereus*, n = 2 | 128—130 | | 45—46 | . | 72—78 | | 34,6—35,9 | | 56,3—60,0 | |
| *cyanopterus*, n = 4 | 123—128 | 126,3 | 55—59 | 57,0 | 67—72 | 69,8 | 43,0—46,3 | 45,2 | 53,9—56,3 | 55,3 |
| *minor*, n = 2 | 99—102 | | 45—47 | | 55—56 | | 45,5—46,1 | | 54,9—55,6 | |

Anmerkung: Die 3 Exemplare von *A. monachus insignis* sowie je 1 Exemplar von *A. mentalis* und *A. minor* gehören nicht zur Sammlung des Dresdener, sondern des Berliner Museums.

Ein Paratypus (C 7131) ging 1930 im Tausch an das U.S. National Museum, wird aber von DEIGNAN (1961) nicht erwähnt.

Vorhandenes Typen-Material:

Von *A. leucorhynchus longipennis* NEUMANN, 1941 liegt ein ♀ vor, auf dessen Original-Etikett NEUMANN „Paratypus" eigenhändig in „Typus" änderte. Dieses Stück sammelte MENDEN am 31. 7. 1938, doch heißt es in der Original-Beschreibung (NEUMANN 1941, p. 110): „Typus: Peleng, VIII. 1938." Im Museum of Comparative Zoology in Cambridge/Mass. ist nach freundlicher Auskunft Dr. R. A. PAYNTERs der Typus dieser (von MAYR 1962 übrigens nicht erwähnten) Subspezies nicht vorhanden, auch in Berlin nicht, so daß das genannte Stück, sollte sich kein anderes finden, wohl als Typus zu gelten hätte. — Von *A. monachus sulaensis* NEUMANN, 1939 befinden sich der Typus und 3 Paratypen in unserer Sammlung.

**Artamus leucorhynchus**

*A. (l.) fuscus* VIEILLOT, 1817

5 Ex.: 809, Ceylon, coll. BRODIE; C 44942, Trincomalee, Ceylon, ♀, coll. C. SCHNEIDER; C 19505, Coonoor, Nilgiri-Berge, S-Indien, ♀, 15. 9. 1870, leg. ? G. WAIT; C 4893, Daman-i-Koh, W- oder NW-Indien, Dez. 1867, leg. V. BALL; C 44941, „Mongphoo" (in Sikkim oder Mongpu in Burma ?), 26. 8. 1894, coll. C. SCHNEIDER.

*A. l. leucorhynchus* (LINNAEUS, 1771)

14 Ex.: C 4535, Cebu, ♀, leg. EVERETT; C 8036—37, Sibulan, Mindanao, 1882, leg. SCHADENBERG; C 738, Negros, ♂, März 1872, leg. A. B. MEYER; C 13747, Dapitan, leg. RIZAL; C 739—40, Luzon, Jan. u. April 1872, leg. A. B. MEYER; 806 (aufgestellt), Borneo (Kalimantan); C 26406, N-Borneo, coll. ROLLE; 5 Ex. aus Brunei, NW-Borneo: C 26403, Lokutan-Fl., ♀, April 1899, leg. WATERSTRADT; C 26405 und C 45421, Mengalung-Fl., ♀♀, Juli 1899, leg. WATERSTRADT; C 26404, Marabok-Fl., Febr. 1898, leg. WATERSTRADT; Punang-Fl., ♀, Nov. 1897, coll. C. SCHNEIDER.

*A. l. amydrus* OBERHOLSER, 1917

5(+1) Ex.: C 30203, Cheribon, ♀, 29. 4. 1930, leg. MENDEN; C 44723, Cheribon, ♂, 3. 1. 1929, leg. MENDEN; C 44735, Cheribon, ♂, 24. 7. 1927, leg. MENDEN; C 6686, Westküste Sumatras, leg. v. FABER; C 6685, Westküste Sumatras, juv., leg. v. FABER; C 19504, ohne Angaben.

*A. l. humei* STRESEMANN, 1913

1 Ex.: C 45422, Andamanen, ♀, 10. 5. 1893, coll. C. SCHNEIDER.

*A. l. celebensis* BRÜGGEMANN, 1876

17 Ex.: 807, N-Celebes (Sulawesi), leg. RIEDEL; C 5196, Manado, N-Celebes, leg. v. MUSSCHENBROEK; C 735, Manado, April 1871, leg. A. B. MEYER; C 736, Limbotu, ♀, Juli 1871, leg. A. B. MEYER; C 3491—93, Minahassa, N-Celebes, leg. v. FABER; C 12165, Manado tua vor N-Celebes, 9. 4. 1893, leg. CURSHAM; C 14215—17, Lembeh vor N-Celebes, ♂, ?, ?, 8. 3. 1895, 5. 3. 1895, 17. 3. 1895, leg. CURSHAM; C 12166—67, Bangka vor N-Celebes!, juv. mit wachsendem Großgefieder, 18. 5. 1893, 10. 5. 1893, leg. CURSHAM; C 6171, C 6173—74, Sumba, 1881, leg. RIEDEL; C 14700, Banggai, Juni 1895, leg. CURSHAM.

Wenn *A. l. longipennis* unterscheidbar ist, dürfte der Vogel von Banggai dazugehören, dessen Flügellänge von 142 mm allerdings extrem niedrig ist. NEUMANN (1941,

p. 110) hatte von Peleng u. a. ein ♂ mit 142 und ein ♀ mit nur 140 mm Flügellänge, gab aber als Maximum 150 mm an.

*A. l. longipennis* NEUMANN, 1941

3 Ex.: C 44707, Peleng, ♀, 31. 7. 1938, Typus ? (s. o.), leg. MENDEN; C 44716, Peleng, ♀, 31. 7. 1938, leg. MENDEN; C 44722, ♂, 2. 8. 1938, leg. MENDEN.
Über einen Vogel von der Insel Banggai vgl. unter *A. l. celebensis!*

*A. l. albiventer* (LESSON, 1830)

1 Ex.: C 6175, Wetar, leg. RIEDEL.

*A. l. musschenbroeki* MEYER, 1884

3 Ex.: C 10533, Timorlaut (= Tanimbar), 1884, leg. RIEDEL; C 45423–24, Larat, Kep. Tanimbar, ♂ juv. und ♀, 7. 1. 1901, 16. 2. 1901, coll. C. SCHNEIDER.

*A. l. leucopygialis* GOULD, 1842

9 Ex.: 808, Molukken, leg. v. SCHIERBRAND; C 4631, Ternate, Molukken, ♂, Sept. 1876, leg. LAGLAIZE; C 4632, Batanta, 1879, leg. LAGLAIZE; C 8190, Hufeisengebirge (= Owen Stanley-Gebirge), ♀, leg. HUNSTEIN; C 8258–59, SO-Neuguinea, leg. GOLDI; C 26407, Wokam, Aru-Ins., ♀, 24. 9. 1900, leg. KÜHN; C 45425–26, Kai-Inseln, ♂, ?, 23. 3. 1900, 1900, coll. C. SCHNEIDER.

**Artamus monachus**

*A. m. monachus* BONAPARTE, 1851

10 Ex.: C 15644, Celebes (Sulawesi), Febr. 1876, leg. RIEDEL; die anderen 9 Ex. sammelte CURSHAM bzw. seine Sammler: C 10880–82, zwischen Manado und „Arakan“, N-Celebes, Aug.–Sept. 1892; C 14211–12, Insel Lembeh, 3. 3. 1895, 8. 3. 1895; C 14415–16, Tonkean, O-Celebes, Mai–Aug. 1895; C 14331, Balante, Mai 1895; C 14699, Banggai, Juni 1895.

*A. m. sulaensis* NEUMANN, 1939

8 Ex.: sämtlich auf Taliabu von MENDEN gesammelt: C 44684 (Typus), ♂, 24. 9. 1938; C 44729 (Paratypus), ♂, 3. 10. 1938; C 44715 (Paratypus), ♀, 27. 9. 1938; C 44730 (Paratypus), ♀, 18. 10. 1938; C 44731–34, 3 ♂, ♀, 24. 9. 1938, 10. 10. 1938, 18. 10. 1938, 6. 10. 1938.

**Artamus maximus**

*A. maximus* MEYER, 1874

2 Ex.: C 5608, Babinjai, Mt. Arfak, Neuguinea, ♂, 1879, leg. BRUIJN; C 17846, Sattelberg, O-Neuguinea, ♂, 1901, leg. WAHNES.

**Artamus mentalis**

*A. mentalis* JARDINE, 1845

1 Ex.: C 17754, Viti Levu, Fidschi-Inseln, Mai 1895, leg. WEISKE.

**Artamus personatus**

*A. personatus* (GOULD, 1841)

1 Ex.: 815, Australien.

### Artamus superciliosus

*A. superciliosus* (GOULD, 1837)

5 Ex.: 811 (aufgestellt), ohne Angaben, erworben von SCHÜTZE; 810 und 812, ohne Angaben; C 20352, ♀, New South Wales, 1909 von FÖRSTER gekauft; C 11114, Adelaide, (ohne Kopf), erworben vom Museum Godeffroy.

### Artamus cinereus

*A. c. cinereus* VIEILLOT, 1817

2 Ex.: 813, Timor, bezogen durch VERREAUX; C 6176, Sumba!, um 1880 von RIEDEL gesammelt.

RIEDEL, seinerzeit holländischer Resident auf Amboina, hatte in der Zeit bis 1880 auf Sumba Vögel gesammelt und diese dem Dresdener Museum überlassen (MEYER 1881). Darunter befand sich außer einer *Ninox novaeseelandiae fusca*, deren Herkunft inzwischen als fraglich hingestellt wurde, auch ein „*Artamus perspicillatus* (TEMM.)", den RENSCH (1931, p. 389) vorbehaltlos unter die Vögel Sumbas einreihte. MAYR (1944) zweifelt den Fund an und erwähnt ihn 1962 nicht mehr.

### Artamus cyanopterus

*A. cyanopterus* (LATHAM, 1801)

4 Ex.: 814, Tasmanien; C 11123, Australien; C 44736, Australien, ♂; C 44940, Australien, coll. C. SCHNEIDER.

### Artamus minor

*A. minor* VIEILLOT, 1817

1 Ex.: C 20571, Warialda, New South Wales, ♂, Mai 1909, 1910 von ROSENBERG gekauft.

### Zusammenfassung

Über die im Staatlichen Museum für Tierkunde Dresden befindlichen 93 Artamiden wird ein Katalog vorgelegt. Er enthält auch die Hinweise, daß *Artamus mentalis* wohl nicht zum Formenkreis *A. leucorhynchus gehört*, während keine Bedenken gegen die Vereinigung des *A. insignis* mit dem Formenkreis *A. monachus* zu bestehen brauchen.

### Summary

CATALOGUE OF THE ORNITHOLOGICAL COLLECTION
IN THE STAATLICHES MUSEUM FUER TIERKUNDE DRESDEN

VI. *Artamidae*

The 93 patterns of *Artamidae* in the Staatliches Museum fuer Tierkunde, Dresden, are listed in a catalogue. It contains also informations that *Artamus mentalis* is probably not belonging to the Formenkreis *A. leucorhynchus* while objections to incorporation of *A. insignis* into the Formenkreis *A. monachus* need not be raised.

### Literatur

DEIGNAN, H. G., 1961: Type Specimens of Birds in the United States National Museum. – Bull. U.S. Nat. Mus., 221.

IMMELMANN, K., 1966: Beobachtungen an Schwalbenstaren. – J. Orn., **107**: 37–69.

KEAST, J. A., 1958: Seasonal movements and geographic variation in the Australian Wood-Swallows (*Artamidae*). – Emu, **58**: 207–218.

MAYR, E., 1944: The birds of Timor and Sumba. – Bull. Amer. Mus. Nat. Hist., **83**: 125–194.

–, 1945: Birds of the Southwest Pacific. New York.

–, 1962: *Artamidae*, in: PETERS, Check-List of Birds of the World, XV: 160–165.

– u. D. AMADON, 1951: A classification of rezent birds. – Amer. Mus. Novit., Nr. 1496.

MEES, G. F., 1964: Geographical variation and distribution of some birds from Western Australia. – J. Roy. Soc. West. Austr., **47**: 91–96.

MEISE, W., 1929: Verzeichnis der Typen des Staatlichen Museums für Tierkunde in Dresden, 2. Teil, Vögel I. – Abh. Ber. Mus. Tierk. Völkerk. Dresden, **17** (4): 1–22.

MEYER, A. B., 1881: Über Vögel von einigen der südöstlichen Inseln des malayischen Archipels, insbesondere über diejenigen Sumbas. – Verh. zool.-bot. Ges. Wien, **31**: 759–774.

NEUMANN, O., 1941: Neue Subspecies von Vögeln aus Niederländisch-Indien. – Zool. Meded., **23**: 109–113.

RENSCH, B., 1931: Über einige Vogelsammlungen des Buitenzorger Museums von den Kleinen Sunda-Inseln. – Treubia, **13**: 371–400.

SHARPE, R. B., 1890: Catalogue of the Birds in the British Museum, 13. London.

STRESEMANN, E., 1913: Ornithologische Miszellen aus dem indo-australischen Gebiet II. – Nov. Zool., **20**: 289–324.

THONGLONGYA, K., 1968: A new martin of the genus *Pseudochelidon* from Thailand. – Thai natn. scient. Pap., Fauna Ser. Nr. 1, 10 S. u. 2 Taf.

## Anmerkung

Die bisher erschienenen Teile des Kataloges der ornithologischen Sammlung des Staatlichen Museums für Tierkunde Dresden sind:

I. Die Kleidervögel *(Drepanididae)* des Staatlichen Museums für Tierkunde in Dresden. – Zool. Abh. Mus. Tierk. Dresden, **29** (1968): 279–282.

II. Die ausgestorbenen Vögel (Bälge, Skelette, Eier) in den Sammlungen des Staatlichen Museums für Tierkunde in Dresden. – Zool. Abh. Mus. Tierk. Dresden, **30** (1970): 131–134.

III. Katalog der Eulen des Staatlichen Museums für Tierkunde Dresden *(Aves, Strigidae)*. – Zool. Abh. Mus. Tierk. Dresden, **30** (1971): 173–218.

IV. Katalog der ornithologischen Sammlung des Zoologischen Institutes der Karl-Marx-Universität Leipzig, übernommen vom Staatlichen Museum für Tierkunde Dresden, I. *Strigidae*. – Zool. Abh. Mus. Tierk. Dresden, **32** (1973): 155–169.

V. Katalog der ornithologischen Sammlung des Staatlichen Museums für Tierkunde Dresden, Gattung *Myiophonus* TEMMINCK *(Turdidae)*. – Zool. Abh. Mus. Tierk. Dresden, **33** (1974): 71–74.

Anschrift des Autors:

Siegfried Eck, Staatliches Museum für Tierkunde
DDR – 801 Dresden, Augustusstraße 2

ZOOLOGISCHE ABHANDLUNGEN
STAATLICHES MUSEUM FÜR TIERKUNDE IN DRESDEN

Bd. 33 Ausgegeben: 15. Dezember 1974 Nr. 8

# Die Ausbreitung des Weidensperlings (Passer hispaniolensis) auf der Balkanhalbinsel und ihre Ursachen

**(Aves, Passerinae)**

Mit 1 Karte und 12 Abbildungen

WOLFGANG BAUMGART und BURKHARD STEPHAN
Berlin

## 1. Einleitung

Die verstärkte avifaunistische Erforschung der Balkanhalbinsel erbrachte in den letzten Jahren Ergebnisse, die dafür sprechen, daß hier eine Reihe von Vogelarten ihr Areal erweitert hat oder auch gegenwärtig noch in Ausbreitung begriffen ist (RUČNER 1965, DONTSCHEV 1966, TALPEANU 1967, SIMEONOV 1970). Auffälligerweise vollziehen sich diese Vorgänge zu einer Zeit, während der sich in einigen der auf der Balkanhalbinsel gelegenen Staaten grundlegende gesellschaftliche Umwandlungen vollziehen. Im Gefolge des Aufbaus der sozialistischen Gesellschaftsordnung kommt es in steigendem Maße zur Industrialisierung. Die Form der Bewirtschaftung auf dem Lande ändert sich ebenfalls, wodurch Prozesse der Umgestaltung bis zum Grade von Landschaftsveränderungen eingeleitet werden. In welcher Weise dadurch die Vogelwelt beeinflußt wird, ist bisher nur unzureichend bekannt, wobei entsprechende Untersuchungen zumeist in wesentlich höherem Maße negative Folgeerscheinungen aufzeigen als begünstigende Auswirkungen.

Die Ausbreitung des Weidensperlings *(Passer hispaniolensis)* verdient nicht nur deshalb besonderes Interesse, weil sie sich innerhalb eines erstaunlich kurzen Zeitraumes vollzog. Noch mehr Beachtung ist der Tatsache zu schenken, daß dieser Sperling in einen Raum vordrang, der schon von einer nahe verwandten Art, dem Haussperling *(Passer domesticus)*, seit langem bewohnt wird. Beide Sperlingsarten scheinen sich hier auf den ersten Blick in keiner Weise gegenseitig zu beeinflussen, und sie zeigen auch nicht die geringste Tendenz zur Vermischung. Die Aufklärung der Ursachen für die Expansion des Weidensperlings läßt daher gleichzeitig Rückschlüsse auf sein Verhältnis zum Haussperling sowie zum Feldsperling erwarten.

Für ihre Bemühungen, uns schwer zugängliche oder unveröffentlichte Materialien zur Verfügung zu stellen, danken wir vielmals Frau Dr. R. RUČNER (Zagreb), Herrn Prof. Dr. F. BERNIS (Madrid) und Herrn W. GUBLER (Zürich).

## 2. Der bisherige Verlauf der Ausbreitung des Weidensperlings

Wie die Karte (Abb. 1) zeigt, liegen Angaben, die eine Ausbreitung des Weidensperlings bestätigen, vor allem aus Bulgarien und Rumänien vor. Die Daten aus Jugoslawien liefern hierfür ebenfalls Anhaltspunkte, vermitteln jedoch kein geschlossenes Gesamtbild.

## 2.1. Volksrepublik Bulgarien

Aus Bulgarien, wo der Weidensperling erstmals 1875 von KRÜPER (zit. nach REISER 1894) bei Ajtos festgestellt worden ist, sind bis zum Erscheinen der Landesfauna von PATEV (1950) im Landesinneren nur Fundorte südlich des Balkangebirges bekannt geworden, während im Küstengebiet der nördlichste Fundort an der Mündung der Kamčija lag. Das Tal der Marica erwies sich nach Westen bis zum Dorfe Mokrište (früher Jamurčevo) bei Pazaržik und das der Tundža nördlich bis zum Dorfe Pandaklij (Bezirk Jambol) als besiedelt. Hinweise auf eine wesentliche Arealerweiterung während der ersten Hälfte dieses Jahrhunderts sind aber nicht gegeben, denn der durch v. JORDANS (1940) mitgeteilte Fundort an der Kamčija-Mündung befindet sich nur etwa 35 km nördlich von Ajtos, und bei Plovdiv, das etwa gleich weit östlich von Pazaržik liegt, hatte schon REISER (1894) den Weidensperling nachgewiesen.

Auf ein weiteres Vordringen der Art nach Norden deuten dann erst die Beobachtungen eines Bastards und eines Männchens im Mai 1959 durch MAUERSBERGER (1960) am „Goldsand" nördlich von Varna hin. Für den lokalen Charakter dieses Vorkommens spricht, daß LIEDEL und LUTHER (1969) dem Sperling in der Umgebung von Varna während der Jahre 1961 und 1962 nicht begegneten. MOUNTFORT und FERGUSON-LEES (1961) nennen für 1960 bereits Beobachtungen nördlich von Balčik, was insofern besonderes Interesse verdient, als dieses Gebiet nur

Abb. 1: Die Ausbreitung des Weidensperlings auf der Balkanhalbinsel. Ausgezogene Linie: Ausbreitungsgrenzen des Weidensperlings bis 1950 (mit den Punkten 1–6).
1: Kamcija-Mündung – v. JORDANS (1940); 2: Pandaklij – PATEV (1950); 3: Mokrište (östl. Pazardžik) – PATEV (1950); 4: Petrič – BALAT (1962); 5: Tabanovci (nördl. Kumanovo) – GENGLER (1920); 6: San Stefano (nahe Budva) – KATTINGER (1960); 7: nordwestl. Sofia – DORNBUSCH (1969); 8: Celopečene – SIMEONOV und BAUMGART (1962); 9: Neguševo – DONČEV (1964); 10: Gara Saranci – DONČEV (1964); 11: Černosem – BAUMGART (1967); 12: Stara Zagora – BOEV, GEORGIEV und DONČEV (1964); 13: Sliven – SIMEONOV und BAUMGART (1962); 14: östl. Sliven – BALAT (1962); 15: Beloslav – PEŠEV (zit. nach SIMEONOV, 1970); 16: Ignatievo – BAUMGART (1967); 17: Varna – BAUMGART (1967); 18: „Goldsand" – MAUERSBERGER (1960); 19: Balčik – MOUNTFORT und FERGUSON-LEES (1961); 20: Kavarna – BAUMGART (1967); 21: Bulgarevo – BAUMGART (1967); 22: Rusalka (nördl. Kap Kaliakra) – OUNDJIAN (1968); 23: Kamen brjag – BAUMGART (1967); 24: Tjulenovo – DONTSCHEV (1966); 25: Šabla – DONTSCHEV (1966); 26: Durankulak – DONTSCHEV (1966); 27: Kranovo – PASPALEVA und TALPEANU (1967); 28: Golech – PASPALEVA und TALPEANU (1967); 29: Kolartzy PASPALEVA und TALPEANU (1967); 30: Balik – PASPALEVA und TALPEANU (1967); 31: Karapelit – PASPALEVA und TALPEANU (1967); 32: Sreburna – BAUMGART (1967)); 33: Provadija – BAUMGART (unveröff.); 34: Nevša – BAUMGART (unveröff.); 35: Madara – SIMEONOV (1970); 36: Šumen – BAUMGART (1967); 37: Gara Chitrino – BAUMGART (unveröff.); 38: Razgrad – BAUMGART (1967); 39: Dralfa (östl. Popovo) – SIMEONOV (1970); 40: Bruslen und Rjachovo – OUNDJIAN (1968); 41: Russe – OUNDJIAN (1968); 42: Božičen – OUNDJIAN (1968); 43: Nisovo – OUNDJIAN (1968); 44: Oreš (südwestl. Svištov) – OUNDJIAN (1968); 45: Somovit (westl. Nikopol) – SPITZENBERGER (1966); 46: Roman – SIMEONOV (1970); 47: Vidin – OUNDJIAN (mündl. Mitt.); 48: Hagieni PAPADOPOL (1965); 49: Mangalia – PAPADOPOL (1966); 50: Comarova – PAPADOPOL (1966); 51: Agigea – PAPADOPOL (1964); 52: Konstanta – TUCHSCHERER und FÖRSTER (1965); 53: Baneasa – PAPADOPOL (1965); 54: Petrieni – PAPADOPOL (1965); 55: Istria – RADU (1966); 56: Sarichioi – PAPADOPOL (1970); 57: Agighiol – GEROUDET (1967); 58: Tulcea – PAPADOPOL (in BAUMGART, 1967); 59: Jegalia – MANOLACHE (1967); 60: Lehliu – RADU (1971); 61: Hanul din Salcimi – RADU (1971); 62: Branesti – RADU (1971); 63: Rosu – RADU und TALPEANU (1972); 64: Craiova – RADU und TALPEANU (1972); 65: Calafat – OUNDJIAN (mündl. Mitt.); 66: Belgrad – VASIČ (1967); 67: Jagodina – GENGLER (1920); 68: Grejača – GENGLER (1920); 69: Kruševac – HAM (1971); 70: Insel Pag – IGALFFY (1962).

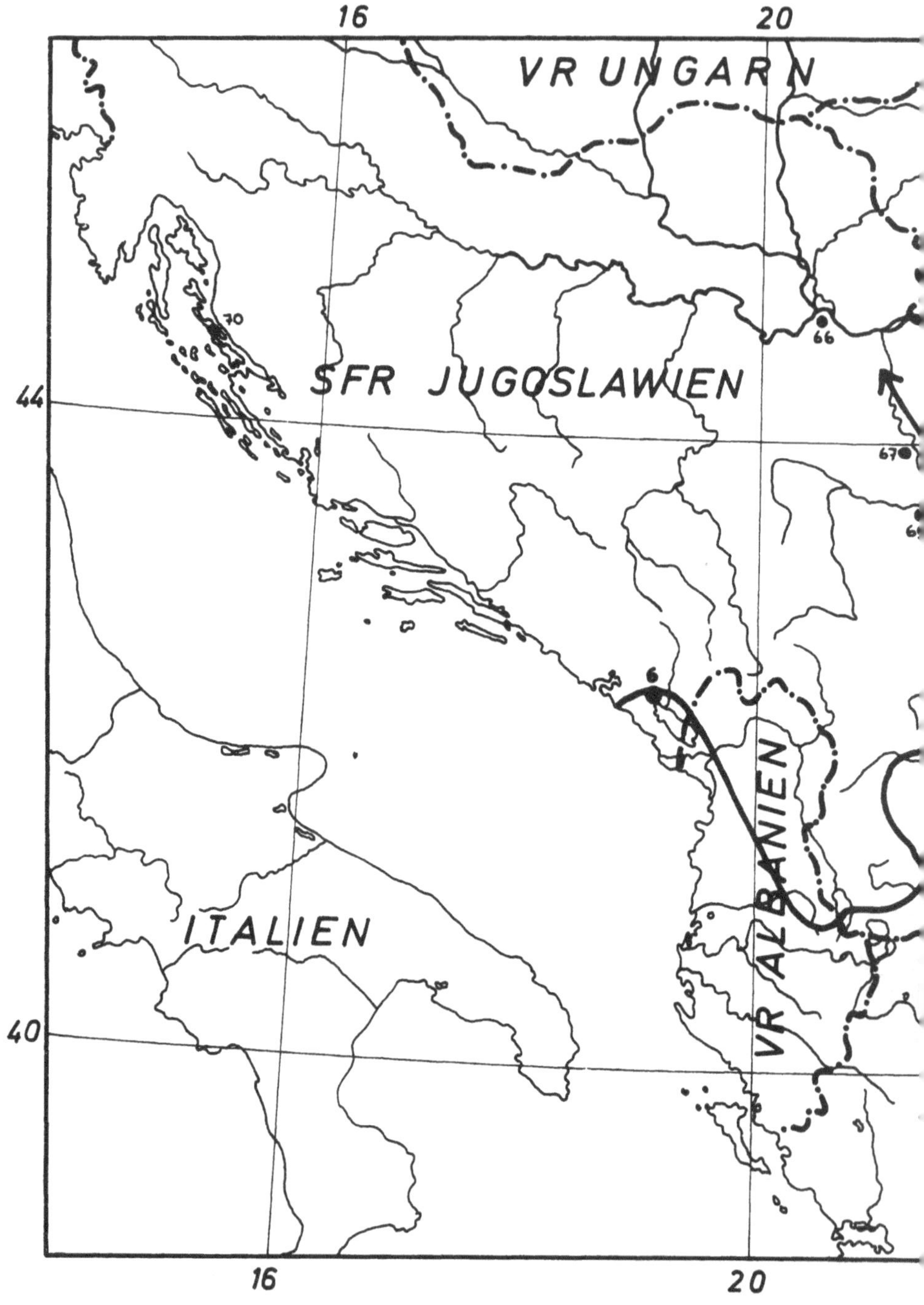
16
20
VR UNGARN
SFR JUGOSLAWIEN
44
70
66
67
ITALIEN
VR ALBANIEN
40
16
20

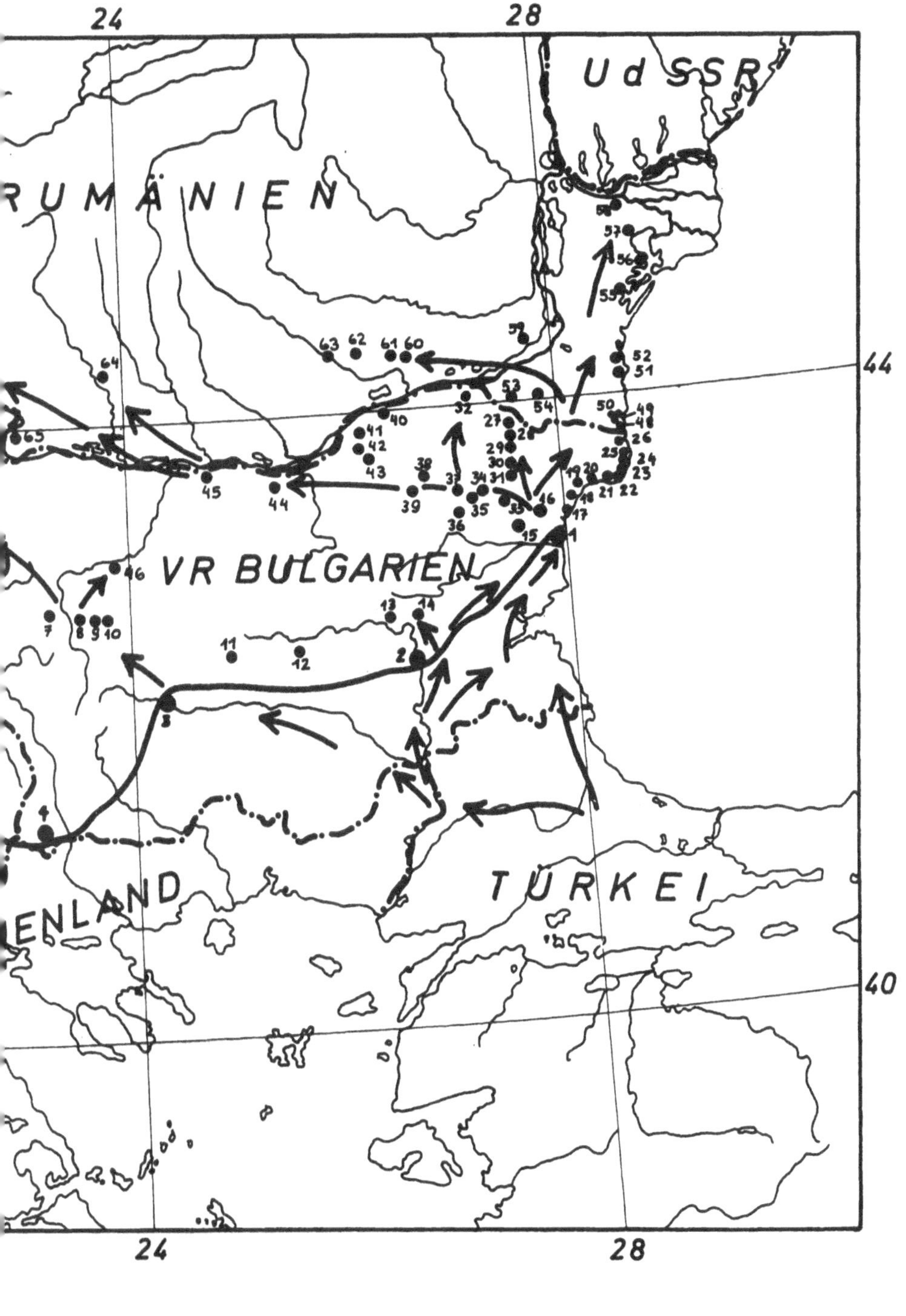
24
28
Ud SSR
RUMÄNIEN
VR BULGARIEN
TÜRKEI
ENLAND
44
40
24
28

wenige Jahre vorher von PETROV und ZLATANOV (1955) recht intensiv durchforscht worden ist, ohne daß Beobachtungen des Weidensperlings glückten.

Etwa zur gleichen Zeit dürfte auch von der Maricaebene aus die Besiedlung des Sofioter Beckens erfolgt sein. Bereits im Juli 1957 hatte DORNBUSCH (1969) nordwestlich der Hauptstadt an der Straße nach Berkovitca ein einzelnes Männchen des Weidensperlings festgestellt. Über die ab Mai 1961 kontrollierte Entwicklung eines Bestandes bei Celopečene (10 km nordöstlich von Sofia) berichten SIMEONOV und BAUMGART (1962) sowie BAUMGART (1967). Waren hier im ersten Jahr nur in zwei Fällen einzelne Vögel gesehen worden, so konnten am 23. 4. 1965 als höchste Zahl 80 Männchen verzeichnet werden. Als weitere, 1963 ermittelte Fundorte im Bezirk Sofia nennt DONČEV (1964) Gara Saranci und Neguševo.

Gleichzeitig zeichnet sich eine immer dichter werdende Besiedlung der Landesteile südlich des Balkangebirges ab. In den Veröffentlichungen von MOUNTFORT und FERGUSON-LEES (1961), BALAT (1962), SIMEONOV und BAUMGART (1962), BOEV, GEORGIEV und DONČEV (1964), DONČEV (1964), FERIANZ, DONČEV und HANZAK (1965) und BAUMGART (1967) ist eine Reihe neuer Nachweise genannt. Seine höchste Siedlungsdichte erreicht der Weidensperling offenbar im Küstengebiet in der Umgebung von Burgas (PROSTOV 1955, BAUMGART 1967).

Unklar bleibt, ob neben dem Marica- und dem Tundžatal auch dem Strumatal eine Bedeutung als Leitlinie für die in das Landesinnere vorstoßenden Weidensperlinge zukommt. Bemerkenswert ist immerhin, daß am Unterlauf dieses Flusses bei Sandanski schon 1957 von BALAT (1962) die Art festgestellt wurde und DONČEV (1964) im Oktober 1960 sowohl bei Petrič als auch bei Goze Delčev an der Mesta je ein Belegexemplar sammelte. PROSTOV (1963) und MAUERSBERGER (1969) glückten hier dagegen keine entsprechenden Nachweise.

Einer von Vorkommen im Landesinneren ausgehenden weiteren Expansion in breiter Front nach Norden war offenbar das Balkangebirge im Wege (BAUMGART 1967, OUNDJIAN 1968). Es verwundert daher nicht, wenn diese Barriere zuerst im Küstengebiet umgangen und weitere Funde anfangs nur aus nordöstlichen Landesteilen bekannt wurden. Da diese Gebiete nur gelegentlich und ziemlich unregelmäßig von Feldbeobachtern aufgesucht werden und andererseits schon 1961 auf dem Territorium von Rumänien Weidensperlinge festgestellt worden sind, läßt sich eine Kontinuität im Verlaufe der Expansion nicht dokumentieren. Die nachstehend genannten Fundorte vermitteln daher nur eine Vorstellung in bezug auf die Streuung in diesem Raum.

Im Norden der bulgarischen Dobrudscha stellte DONČEV (1966) den Weidensperling 1965 bei Tjulenovo, Šabla und Durankulak fest. Wenig südlich von hier fand BAUMGART (1967) auf der Strecke Kavarna—Bulgarevo—Kamen brjag 1966 mehrfach Weidensperlinge. Durch PASPALEVA und TALPEANU (1967) wurden im gleichen Jahr für die zentrale bulgarische Dobrudscha Nachweise bei Kranovo, Golech, Kolartzy, Onogur, Balik und Karapelit erbracht. Fundorte nördlich des Kap Kaliakra bei Tauk-liman (heute Rusalka) nennt OUNDJIAN (1968) für die Jahre 1966 und 1967. Am 15. und 19. 6. 1972 durchgeführte eigene Nachforschungen im Gebiet des Kap Kaliakra ergaben, daß die Weidensperlinge in der Umgebung der Dörfer Bulgarevo, Sveti Nikola und Rusalka sehr häufig sind. Die Frage, ob inzwischen im gesamten Bereich der bulgarischen Dobrudscha eine derartige Siedlungsdichte erreicht wird, kann gegenwärtig noch nicht beantwortet werden, obwohl gegen eine solche Annahme keine grundsätzlichen Bedenken bestehen.

Ein Fehlen des Weidensperlings im Donaugebiet vermerken MOUNTFORT und FERGUSON-LEES (1961) für 1960 ausdrücklich. Nachweise bei Šumen und am Belilom bei Razgrad durch BAUMGART (1967) sowie beim Dorfe Dralfa im Juni 1966 durch SIMEONOV (1970) belegen demgegenüber jedoch ein Überspringen in das Donaueinzugsgebiet. Daß dem Provadijatal als Leitlinie für die dorthin einwandernden Weidensperlinge eine wesentliche Bedeutung zukommen könnte, wird durch das Auffinden zahlreicher hier gelegener kopfstarker Kolonien bei Gara Chitrino, Madara, Gara Nevša und Provadija während der letzten Jahre (1968 bis 1972) wahrscheinlich. Über die Besiedlung der bulgarischen Donauebene berichtet OUNDJIAN (1968) ausführlicher. Bereits 1962 konnte bei Brŭslen ein Nest und bei Rjachovo (etwa 30 km donauabwärts von Russe) eine Kolonie gefunden sowie ein Männchen gesammelt werden. Eine über hundert Nester zählende Kolonie wurde 1963 an der Donaubrücke bei Russe entdeckt. Auf die Besiedlung des Lomtales südlich dieser Stadt weist der im gleichen Jahr geglückte Fund eines Nestes bei Božičen hin, dem 1964 das Auffinden einer Kolonie in der Nähe von Nisovo folgte. 1965 wurde die Art auch im Reservat Srebŭrna bei Silistra als Brutvogel bestätigt. Weiter westlich wurde der Sperling aber schon 1964 beim Dorfe Oreš (etwa 10 km südwestlich von Svištov) brütend angetroffen. Die Feststellung des Weidensperlings bei Somovit, 40 km westlich von dort, durch SPITZENBERGER (1966) im Jahre 1966 läßt ebenso wie die Nachweise von VASIČ (1967) und MATVEJEV (BAUMGART 1967) bei Belgrad ein Bestehen weiterer Ansiedlungen längs der bulgarischen Nordgrenze vermuten. Die Bestätigung hierfür liefert eine Mitteilung von OUNDJIAN (briefl.), wonach der Weidensperling 1970 bei Vidin im äußersten Nordwesten des Landes als Brutvogel festgestellt worden ist. Somit kann in allen geeigneten Lebensräumen innerhalb der Landesgrenzen mit dem Auftreten des Weidensperlings gerechnet werden.

Ob jedoch die nunmehr in Nordwestbulgarien auftretenden Weidensperlinge im Frühjahr das Balkangebirge generell nur im Küstenbereich umgehen, ist fraglich, nachdem SIMEONOV (1970) 1968 bei Roman an den Nordausläufern des Westbalkans brütende Weidensperlinge antraf. Dies könnte als Hinweis auf ein Durchfliegen des Iskardurchbruches gewertet werden. Damit wäre auch über das Sofioter Becken ein weiteres Vordringen nach Norden möglich. Welche Bedeutung der hier ansässigen Population in bezug auf die Besiedlung Nordostjugoslawiens zukommen könnte, wird an entsprechender Stelle noch zu betrachten sein.

### 2.2. Sozialistische Republik Rumänien

Erste Nachweise liegen aus dem Jahre 1961 vor: TUCHSCHERER und FÖRSTER (1965) stellten am 3. 6. ein Männchen des Weidensperlings bei Agigea und am 12. 6. fünf nestbauende Männchen am Flugplatz von Constanta fest. Die Annahme, es handle sich hierbei um ein erst seit kurzer Zeit bestehendes und lokales Vorkommen, wird durch die Veröffentlichung von DORNBUSCH und GREMPE (1965) gestützt, denn die von diesen Autoren zusammengestellte Liste der zwischen 1959 und 1962 in der Umgebung von Constanta beobachteten Vogelarten enthält den Weidensperling nicht. Eine kleine Brutkolonie entdeckte PAPADOPOL (1965) bei Agigea am 26. 6. 1964 und erbringt damit den ersten Brutnachweis für Rumänien. In den nachfolgenden Jahren weisen mehrere Autoren (CATUNEANU, TALPEANU und THEIS 1966; CATUNEANU, JOHNSON und TALPEANU 1967, RADU 1966, GEROUDET 1967, VIELLARD 1967, CIOCHIA 1969a, 1969b, PAPADOPOL 1970a, 1970b) auf die sich in der Dobrudscha vollziehende Ausbreitung des Weidensperlings hin. Als Fundorte werden genannt: Baneasa, Petrieni, Hagieni, Mangalia, Comarova, Agigea, Constanta, Istria, Sarichioi und Agighiol. Besonderes Interesse verdient die Erlegung eines Bastards zwischen Weiden- und Haussperling am 16. 6. 1965 bei Hagieni durch PAPADOPOL (1966).

Aus den genannten Angaben ergibt sich eine relativ dichte Besiedlung der rumänischen Dobrudscha, die 1966 mit dem Vordringen in die Umgebung von Tulća (GEROUDET 1967, PAPADOPOL in BAUMGART 1967) im wesentlichen abgeschlossen sein dürfte. Die Häufung der Vorkommen im Küstenbereich ist wohl teilweise mit auf eine intensivere Beobachtungstätigkeit in diesem Gebiet zurückzuführen.

Am westlichen Donauufer wird die Art 1967 von MANOLACHE (1967) bei Jegalia gefunden. Neben den östlich der Hauptstadt gelegenen Orten Lehliu und Hanul nennt RADU (1971) auch Branesti im Vorfeld von Bukarest als Fundstelle für den Juni 1971. Bei Rosu am Rande der Hauptstadt beobachtete TALPEANU (RADU und TALPEANU 1972) im Juli 1971 einen Weidensperling in einer Kolonie des Haussperlings.

Über die Besiedlung des sich im Westen anschließenden Teils der Donauebene ist dagegen wenig bekannt. Fehlen dürfte der Weidensperling hier aber auch nicht. Das trifft besonders für die unmittelbare Donauniederung zu, wo ihn SPITZENBERGER (1966) auf bulgarischem Territorium fand. Nach OUNDJIAN (briefl.) befindet sich auch bei Calafat wenigstens seit 1970 eine größere Kolonie. Da RADU und TALPEANU (1972), ohne allerdings nähere Angaben zu machen, einen in der Kollektion des Museums von Craiova vorhandenen und hier erlegten Bastard zwischen Weiden- und Haussperling erwähnen, liegt der Schluß nahe, daß die vorrückenden Weidensperlinge teilweise schon die Südausläufer der Karpaten erreicht haben. Eine intensivere Nachsuche verheißt hier ebenso wie anderenorts Erfolg. Das Vordringen des Weidensperlings in diesen Raum kann von Bulgarien her in breiter Front erfolgen.

### 2.3. Sozialistische Föderative Republik Jugoslawien

Im Westen der Balkanhalbinsel sind die Verhältnisse hinsichtlich der Ausbreitung des Weidensperlings nicht so übersichtlich wie im Osten. Seit langem ist die Art als Brutvogel für Griechenland und Albanien bekannt (MAKATSCH 1950, PEUS 1954, KATTINGER 1960, RUČNER 1965). Die Vorkommen in den genannten Ländern stehen mit denen im Süden Jugoslawiens in Verbindung.

Für die im Küstengebiet gelegene Republik Montenegro geben KATTINGER (1960) und RUČNER (1965) als Fundorte San Stefano bzw. Boka Kotorska an, wohingegen MAKATSCH (1950) summarisch von Süddalmatien spricht. In Mazedonien bestehen Vorkommen des Weidensperlings seit langem im Einzugsgebiet des Flusses Warda (bei Kalukovo, Udovo, Skopje und Tabanovci nördlich von Kumanovo), worüber GENGLER (1920), MAKATSCH (1950) und RUČNER (1965) berichten. Jedoch noch heute ist die Art im Skopjer Becken beispielsweise nur ein vereinzelter, wenn auch regelmäßiger Brutvogel (DIMOVSKI 1972).

Besonderes Interesse verdienen weiterhin die Nachweise durch GENGLER (1920) aus dem Tal der Morava in Mittelserbien. Wurde am 15. 10. 1916 bei Jagodina ein altes Männchen gesehen, so hielten sich am 23. 5. 1917 bei Greac sogar 11 Männchen auf.

Zur Ausbreitung des Weidensperlings in Jugoslawien teilte uns Frau Dr. R. RUČNER (Zagreb) freundlicherweise mit, daß unveröffentlichte Unterlagen über das Vordringen des Weidensperlings längs der Adria nach Norden vorliegen. Von ihr erhielten wir auch den Hinweis auf die uns im Original leider nicht zugängliche Publikation von IGALFFY (1962). Dieser Autor hat den Weidensperling im Herbst 1959 auf der Insel Pag festgestellt. Dabei kann es sich natürlich auch um umherstreifende, hier nicht brütende Vögel gehandelt haben.

Ein weiteres Zentrum neuerlicher Nachweise befindet sich in Mittelserbien. Den Fang eines Weidensperlings am 24. 3. 1966 im Botanischen Garten von Belgrad meldet VASIČ (1967). Da das auch bei BAUMGART (1967) wiedergegebene Belegfoto (Abb. 2) einen Vogel mit nur schwach ausgebildeter Flankenstreifung und grauem Wangenfleck zeigt und unter Berücksichtigung der Tatsache, daß vor Mitte April kaum mit der Rückkehr des Weidensperlings in diesem Gebiet zu rechnen sein dürfte, besteht der Verdacht, daß es sich hier um einen Bastard zwischen Weiden- und Haussperling handelt.

MATVEJEV (in BAUMGART 1967) sah dann am 18. 6. 1967 ein Männchen an der Save bei Belgrad. Der zur Bestätigung des Brutverdachtes erforderliche Nestfund glückte aber nicht. HAM (1971) erbrachte dann den ersten Brutnachweis für Serbien. Er fand am 10. 7. 1970 eine Kolonie des Weidensperlings auf den Fluren des Dorfes Donji Stupany in der Umgebung von Krusevac im Tal der Morava.

Es ist wenig wahrscheinlich, daß die offenbar noch im Entstehen begriffene Population in Serbien durch Zuwanderer aus Mazedonien gebildet wird, da das Wardatal vom Moravatal durch höhere Gebirgszüge getrennt ist. Aus gleichen Gründen kommt auch ein Vordringen aus dem Küstengebiet kaum in Betracht.

Die schon von BAUMGART (1967) vermutete Verbindung zwischen den serbischen und bulgarischen Vorkommen bringt dagegen eine annehmbare Erklärung für den

Abb. 2: Dieser Sperling wurde am 24. März 1969 im Botanischen Garten von Belgrad gefangen. Es handelt sich wahrscheinlich um einen Bastard zwischen Haus- und Weidensperling.
Foto: V. F. Vasič

Besiedlungsverlauf. Dabei könnte die Einwanderung einmal längs der Donau erfolgt sein, wofür vor allem die Belgrader Funde sprechen. Für die das Moravatal besiedelnden Weidensperlinge wäre dagegen ein anderer Weg naheliegend; ist es doch wenig wahrscheinlich, daß die dem Lauf der Donau in nordwestlicher Richtung folgenden Sperlinge plötzlich wieder nach Südosten abbiegen und über 100 km in dieser Richtung wandern sollten. Demgegenüber brauchten die aus der Maricaebene in das Sofioter Becken einfliegenden Weidensperlinge ihren Flug nur in der gewohnten nordwestlichen Richtung um weitere 150 km fortzusetzen. Als höchste Erhebung wäre dabei der nahe der bulgarisch-jugoslawischen Grenze gelegene Dragoman-Paß zu überwinden, der mit nur 843 m über NN genau die gleiche Höhe aufweist wie die sich zwischen der Maricaebene und dem Sofioter Becken befindliche Trajanspforte. Diese Höhe stellt, wie die Betrachtungen zur Höhenverbreitung noch zeigen werden, kein ernsthaftes Hindernis dar.
Die hinsichtlich der Besiedlung Serbiens durch den Weidensperling noch offenen Fragen könnten in absehbarer Zeit durch eine Aktivierung der feldornithologischen Beobachtertätigkeit beantwortet werden.

### 2.4. Schlußfolgerungen aus dem Verlauf der Ausbreitung des Weidensperlings

Auf der Grundlage der ausgewerteten Unterlagen ergibt sich, daß der Weidensperling im Osten der Balkanhalbinsel innerhalb weniger Jahre sein Brutgebiet um etwa 250 km nach Norden erweitert hat. Ihren Ausgang nahm diese Expansion von Vorkommen im Süden Bulgariens, dessen gesamtes Territorium inzwischen besiedelt worden ist. Diesem Land kommt für die Ausbreitung des Weidensperlings auf dem Balkan eine zentrale Bedeutung zu.
In Rumänien ist der Weidensperling bis zu den Südausläufern der Karpaten und zum Donaudelta vorgedrungen. Die Möglichkeit einer Besiedlung des Südwestens der Ukrainischen SSR und des Südens der Moldauischen SSR muß in Erwägung gezogen werden.
Nicht völlig geklärt sind die Verhältnisse in Jugoslawien. Während für das Küstengebiet keine auswertbaren Materialien vorliegen und es somit künftigen Untersuchungen vorbehalten bleibt, das Ausmaß und den Charakter der sich hier möglicherweise vollziehenden Expansion zu erfassen, scheinen in Mazedonien keine Veränderungen erfolgt zu sein. In den nordöstlichen Landesteilen (Donau-, Save- und Theißniederung) wäre dagegen mit einer weiteren Verbreitung zu rechnen, als es die bisherigen Nachweise belegen können. Ja selbst in den südlichen Bezirken Ungarns müßte aus noch aufzuzeigenden Gründen auf den Weidensperling geachtet werden. Die Besiedlung Nordostjugoslawiens dürfte, da eine Nutzung von Flußläufen und Niederungsgebieten als Leitlinie offensichtlich ist, eher von Osten bzw. Südosten als von Süden oder Westen her erfolgt sein.
Welches die nördlichsten Punkte in der Verbreitung während der einzelnen Jahre waren, läßt sich bei der in ihrem explosionsartigen Verlauf an die Türkentaube erinnernden Ausbreitung heute nicht mehr mit Sicherheit ermitteln. Die ersten Ansiedlungen erfolgten offenbar überall sehr lokal, verteilt über ein weites Gebiet. Die Zahl der Beobachter in Südosteuropa ist leider immer noch zu gering, um alle Veränderungen sofort zu erfassen, so daß die Vögel, vor allem wenn sie in geringer Zahl und zusammen mit Haussperlingen auftraten, wohl leider oft übersehen worden sind. Bedauerlicherweise wurden auch die aus dieser Sicht so wichtigen Be-

obachtungen von TUCHSCHERER und FÖRSTER (1965) und DORNBUSCH (1969) erst mit erheblicher Verspätung publiziert. Durch sie wäre schon zu einem früheren Zeitpunkt eine intensivere Nachsuche angeregt worden.
Ein gewisser Wert kommt in dieser Hinsicht den Funden von Bastarden zwischen Haus- und Weidensperling zu, da nach OUNDJIAN (1968) vor allem dort eine Vermischung erfolgt, wo die neu eingewanderte Art noch stark in der Minderheit ist. Leider ergibt sich auch hier keine eindeutige Aussage, da ja die Vögel zum Zeitpunkt des Auffindens schon mehrjährig sein können.
Zu beachten ist ein weiterer Hinweis dieses Autors, wonach im Falle von Arealerweiterungen immer geprüft werden muß, ob nicht in Wirklichkeit nur eine zahlenmäßige Zunahme der Art erfolgt ist, die dann zur Entdeckung des Vorkommens führte. Beim Weidensperling verdient dieser Aspekt besondere Beachtung, denn immerhin wurden von GENGLER (1920) bereits 1916/17 im Moravatal Weidensperlinge beobachtet, und schon 1898 will ALMASY (in DOMBROVSKI 1946) in der rumänischen Dobrudscha einen Weidensperling gesehen haben. Dieser Nachweis ist allerdings nach TALPEANU (mündl.) nicht belegt und auch nicht als völlig zweifelsfrei zu betrachten. Für einen Zugvogel wie den Weidensperling wäre ein solches Vordringen von Einzelvögeln nach Norden und ein gelegentliches Brüten aber keineswegs ungewöhnlich. Doch selbst wenn es sich bei der Erweiterung des Areals des Weidensperlings im Balkanraum in Wirklichkeit nur um die dichtere Besiedlung eines ohnehin schon seit langem besetzten Brutgebietes handeln würde, verdienen die hierzu führenden Ursachen gleichgroßes Interesse.

## 3. Ökologische Ansprüche und Verhalten des Weidensperlings

Es kann als gegeben vorausgesetzt werden, daß die Zunahme des Weidensperlings in einigen der seit langem von ihm bewohnten Gebieten ebenso wie die Ausdehnung seines Areals auf die Schaffung von Verhältnissen in diesem Raum zurückzuführen sind, die seinen Umweltansprüchen in hohem Maße entsprechen. Die Frage nach den Ursachen für seine Expansion kann daher nicht ohne den Versuch beantwortet werden, die diesbezüglich sich begünstigend auswirkenden Veränderungen zu erfassen. Nachfolgend soll daher betrachtet werden, welchen Lebensraum der Weidensperling bewohnt, wovon er sich ernährt und welche grundlegenden Besonderheiten sein Zug- und Fortpflanzungsverhalten aufweist. Darüber hinaus erscheint es wesentlich, aufzuzeigen, in welchem Verhältnis er in diesen Beziehungen zum nahe mit ihm verwandten Haussperling steht, neben dem er auf der Balkanhalbinsel ebenso wie in Vorderasien, Marokko, Spanien und Portugal vorkommt. Daß sich beide Sperlinge nicht vermischen, ist nach MEISE (1936) ökologisch bedingt. Eine Betrachtung der Umweltansprüche und des Verhaltens kann daher auch zur Bewertung des Status dieser sich nahestehenden Arten beitragen.

### 3.1. Klimatische, geographische und landschaftliche Charakteristik des neu besiedelten Areals

Das Klima Bulgariens ist in seiner Gesamtheit — mit Ausnahme eines schmalen Küstenstreifens im Osten — kontinental, wobei allerdings eine Abstufung zwischen Süd- und Nordbulgarien festzustellen ist. Während für die schon seit langem vom Weidensperling besiedelte Maricaebene gemäßigte Winter, Frühsommerregen und heiße Sommer bezeichnend sind, gehören in den neu besiedelten Gebieten nördlich des Balkangebirges und im Sofioter Becken neben gleichfalls heißen und trockenen

Sommern kalte schneereiche Winter zur Regel. Das Klima in den rumänischen Landesteilen südlich der Karpaten und in Nordjugoslawien gleicht etwa dem Nordbulgariens, so daß das neu besiedelte Areal sich durch ziemlich einheitliche klimatische Bedingungen auszeichnet (OGRISSEK 1969, Meyers Neues Lexikon 1972).

Obwohl der Weidensperling vornehmlich in Gegenden mit geringer Höhenlage angetroffen wird, ist er diesbezüglich in seinen Ansprüchen nicht streng festgelegt, denn im Sofioter Becken befinden sich die Brutplätze oberhalb 560 m, und von STRACHE und POHLMANN (mündl.) wurde er im Juli 1972 in der Umgebung von Samokov beobachtet, die eine Höhe von mindestens 950 m aufweist.

Ganz allgemein kann der Weidensperling als ein Bewohner offener bis parkartig durchbrochener Landschaften bezeichnet werden. Eine darüber hinausgehende Charakterisierung seines Lebensraumes bzw. seiner Ansprüche an diesen bereitet Schwierigkeiten, da einmal zwischen den einzelnen Siedlungsgebieten recht deutliche Unterschiede bestehen, zum anderen aber auch sein Auftreten oft recht sporadisch und lokal ist (HARRISON 1933, v. JORDANS 1940), so daß man, wie MAKATSCH (1952/55) ganz richtig bemerkt, nie recht sagen kann, warum er an einigen Stellen fehlt.

Eine Bevorzugung feuchter Niederungen ist offensichtlich. Sie trug der Art auch den Namen „Sumpfsperling" (REISER 1894) ein. Nach BAUMGART (1967) erfolgen neue Ansiedlungen in erster Linie an eben solchen Plätzen (Abb. 3).

Die Bindung an das Wasser, in dessen Nähe auch zumeist eine hohe Siedlungsdichte erreicht wird, ist aber keineswegs obligatorisch. Nicht selten findet man auch Brutplätze weit ab von Gewässern in kleinen Feldgehölzen oder Baumgruppen (MAKATSCH 1952/55, BAUMGART 1967). Sogar an ausgesprochen trockenen Orten, wie etwa in den das Provadijatal einschließenden Hängen oder der unmittelbaren Küstenzone der Dobrudscha, kann der Weidensperling angetroffen werden. Das verdeutlicht, wie wenig streng er hinsichtlich seiner Umweltansprüche festgelegt ist.

Abb. 3: Das Gebiet der Erstansiedlung des Weidensperlings bei Razgrad. Zwischen den weiträumigen Anbauflächen ein Wasserlauf mit Gebüsch. Foto: W. Baumgart

Im eigentlichen Sinne bezeichnend und daher für den Weidensperling als Regel zu betrachten ist wenigstens in Bulgarien (Sofioter Becken, Dobrudscha, Marica- und Donauebene) die Besiedlung der flachen Kulturlandschaft. Sofern sich zwischen den weiträumigen, intensiv bewirtschafteten, mit Mais, Getreide oder Rüben bebauten Feldern Baumbestände befinden, die ihm Brutgelegenheiten bieten, kann mit dem Auftreten des Weidensperlings mit einiger Sicherheit gerechnet werden. Dabei spielt es keine Rolle, ob diese in Form von kleinen Gehölzen, Waldschutzstreifen, Allee- und Straßenbäumen weitab von Siedlungen oder inmitten derselben gelegen sind. Allerdings hat es den Anschein, als würden letztere in zunehmendem Maße bevorzugt. Zum eigentlichen Ortschaftsvogel wie etwa der Haussperling wird der Weidensperling dadurch aber nicht. Felder oder Ödflächen, auf denen er seine Nahrung suchen kann, müssen immer in unmittelbarer Nähe sein (Abb. 4). So waren beispielsweise auf den Straßen und Plätzen der Dobrudschadörfer St. Nikola und Bulgarevo im Juni 1972 nie nahrungssuchende Weidensperlinge, sondern immer nur Haussperlinge zu finden, obwohl die Bäume der Straßen und Anlagen Weidensperlingsnester in großer Zahl beherbergten (Abb. 5). Ebenso kann der Weidensperling auch in der Randzone von Städten (Karnobad, Šumen, Razgrad) brüten oder, sofern weiträumige Parkanlagen wie in Plovdiv und Russe vorhanden sind, auch in diesen angetroffen werden. Innerhalb geschlossener Stadtviertel wird man ihn jedoch stets vergeblich suchen.

Augenfällig ist auch das Brüten auf dem Gelände abgelegener Bahnhöfe (Ravnja, Nevša, Madara und Chitrino im Provadijatal), innerhalb von Touristenbasen (Otmanli südlich von Burgas) oder Kurorten mit überwiegendem Saisonbetrieb („Sonnenstrand" bei Nessebar, Rusalka). Demgegenüber fällt der Weidensperling in einem ganzjährig Kurbetrieb aufweisenden Bade- und Konferenzort, wie ihn der „Goldsand" bei Varna darstellt, kaum auf.

Bei der Vielgestaltigkeit der vom Weidensperling besiedelten Landschaften und seiner offensichtlichen Vorliebe für die intensiv bewirtschaftete Kulturlandschaft zeichnet sich hinsichtlich des Lebensraumes kein klar definierbarer Unterschied

Abb. 4: Das Dorf St. Nikola in der Dobrudscha liegt zwischen ausgedehnten und intensiv bewirtschafteten Anbauflächen. Der Baumbestand im Dorf bietet Weidensperlingen zahlreiche Nistgelegenheiten. Foto: W. Baumgart

Abb. 5: St. Nikola in der Dobrudscha. Die Alleebäume dieses modernen Dorfes beherbergen in großer Zahl Nester des Weidensperlings. Foto: W. Baumgart

zwischen Weiden- und Haussperling ab. Abgesehen von der zentralen Zone großer Städte und Siedlungen teilen beide Arten den Lebensraum. Auch hinsichtlich der Höhenverbreitung trifft das zu. Nach PATEV (1950) wird der Haussperling in Bulgarien bis in Höhen von 1000 bis 1200 m angetroffen, wobei sich lokal auch gewisse Überschreitungen dieses Limits nachweisen lassen (z. B. Berghütte Vichren im Pirin bei 1950 m). Der Fundort bei Samokov erreicht wenigstens 950 m, damit nähert sich die Höhenverbreitung des Weidensperlings der 1000-Meter-Grenze. Einschränkend ist jedoch zu bemerken, daß es sich bei Samokov gleichfalls um ein Gelände mit Niederungscharakter am Fuße des Rilagebirges handelt, wie man es anderswo in dieser Höhe nur selten antrifft.

### 3.2. Nahrung

Über die Ernährung des Weidensperlings liegen nur wenige Angaben vor. So schreibt PATEV (1950), daß er die gleiche Nahrung aufnehme wie der Haussperling. In einer entsprechenden Aufzählung werden Getreidekörner sowie besonders die noch unreifen Samen der unterschiedlichsten Pflanzen, verschiedene Früchte und Erdbeeren sowie Insekten genannt. Auch PROSTOV (1964) weist auf das Überwiegen pflanzlicher Kost in der Nahrung des Weidensperlings hin. Acht Mägen enthielten Getreidekörner, Sonnenblumenkörner und Unkrautsamen. Früchte, Kirschen, Weinbeeren und Maulbeeren sollen demgegenüber eine geringere Rolle spielen als beim Haussperling. OUNDJIAN (1968) umreißt die Nahrung des Weidensperlings nur grob und erwähnt Samen von Kulturpflanzen und Unkräutern wie auch andere Teile von Pflanzen sowie Früchte. In diesen Rahmen passen auch die Feststellungen von BAUMGART (1967), der Weidensperlinge vor Beginn des Brütens auf mit Knöterich bestandenen Flächen Nahrung suchen sah. In einigen Fällen wurde die Aufnahme anderer Unkrautsamen sowie von Getreide in der Milchreife beobachtet, wozu die Sperlinge stets die Feldfluren aufsuchten.

Da Weidensperlinge nicht in Siedlungen auf Nahrungssuche gehen, spielen Abfälle von menschlichen Nahrungsmitteln und tierischen Futtermitteln hinsichtlich ihrer Ernährung keine oder nur eine sehr geringe Rolle. Der Weidensperling steht also in keinem direkten Abhängigkeitsverhältnis zum Menschen.
Zur Jungenaufzucht benötigt der Weidensperling wie die anderen Sperlingsarten Insekten und ihre Larven (PATEV 1950, OUNDJIAN 1968). Diese werden nach Fliegenschnäpperart im freien Luftraum erhascht (BOEV, GEORGIEV und DONČEV 1964) oder im Geäst der Bäume flatternd bzw. in der Bodenvegetation zu Fuß aufgesammelt (PROSTOV 1964, BAUMGART 1967). Die Bevorzugung von feuchten Orten könnte mit dem hier meist vorhandenen reichen Insektenleben teilweise erklärt werden.
Damit bestehen auch bezüglich der Sommernahrung für die Altvögel und des Bedarfs an Insekten für die Jungenaufzucht keine grundlegenden Unterschiede zum Haussperling, dessen Nahrung ja im wesentlichen durch den Charakter des bewohnten Lebensraumes geprägt ist. Während in Bulgarien innerhalb von Siedlungen Backwarenabfälle sowie Pferde- und Geflügelfutter eine wesentliche Rolle spielen können, wurden die Haussperlinge in ländlichen Gegenden regelmäßig bei der Aufnahme von Unkrautsamen und Getreide beobachtet. Auch DECKERT (1969) verzeichnete vor allem von August bis Dezember regelmäßig Unkrautsamen in der Nahrung des Haussperlings. Diese können zusammen mit Grassamen 17 % (USA: KALMBACH 1940) bis 42 % (Dänemark: HAMMER 1948) der Nahrung ausmachen. HOBBS (1955) stellte sogar in Neu-Südwales fest, daß der Haussperling notfalls ganz auf Getreide und andere in der Umgebung des Menschen anfallende Nahrungsquellen verzichten und vollständig von Samen wildwachsender Pflanzen leben kann.
Es ergibt sich aus alledem die Schlußfolgerung, daß alle vom Weidensperling genutzten Nahrungsquellen auch für den Haussperling geeignet sind, andererseits aber der Weidensperling im Gegensatz zum Haussperling nicht oder nur in sehr beschränktem Maße die im Gefolge des Menschen und der Haustierhaltung sich bietenden Ernährungsmöglichkeiten nutzt.

### 3.3. Zugverhalten

Im Gegensatz zu Haus- und Feldsperling ist der Weidensperling in Bulgarien und in Rumänien ein reiner Zugvogel. Überwinterungsversuche sind bisher nicht bekannt geworden.
Die Erkenntnis, daß sich der Weidensperling so verhält, hat sich offenbar erst in den letzten Jahren durchgesetzt, denn PATEV (1950) bezeichnet ihn noch als Strichvogel, während MAKATSCH (1950) sich nicht zum Zugverhalten des Weidensperlings äußert und nur feststellt, daß sich diese Vögel in Mazedonien vom letzten Aprildrittel an am Nistplatz aufhalten. Erst in seinem 1966 erschienenen Bestimmungsbuch weist der Autor auf ein Überwintern des Weidensperlings in Nordafrika und Südwestasien hin, während OUNDJIAN (1968) das Niltal als mögliches Überwinterungsgebiet nennt.

#### 3.3.1. Frühjahrszug

Im Gebiet von Burgas treffen die Weidensperlinge nach PROSTOV (1964) bereits Ende März ein, und als frühesten Termin wird der 19. 3. (1959) genannt. Auch OUNDJIAN (1968) spricht von einer Ankunft in der zweiten Märzhälfte, kann hierfür aber kein belegendes Material vorweisen.

In anderen Landesteilen liegen die Termine von Erstbeobachtungen wesentlich später. In der Umgebung von Pazaržik sahen BOEV, GEORGIEV und DONČEV (1964) den Weidensperling erstmals am 21. 4. (1960). Auf eine möglicherweise noch etwas frühere Rückkehr nach Thrakien weist aber der Fund von fertigen bzw. fast fertigen Nestern am 22. 4. (1962) bei Topolovo (Bezirk Chaskovo) und am 26. 4. (1961) bei Popovica (Bezirk Plovdiv) durch die gleichen Beobachter hin.
Bei Celopečene im Sofioter Becken fand BAUMGART (1967) 1962 erstmals am 14. 4. (1 Ex.), 1963 am 20. 4. (2 Ex.), 1964 am 24. 4. (8 bis 10 Ex.) und 1965 am 23. 4. (etwa 80 Ex.) zurückgekehrte Weidensperlinge. Danach ist hier vor Mitte April mit dieser Art nicht zu rechnen. Die Mehrzahl der von anderen Autoren erwähnten Beobachtungen stammt aus den Monaten Mai, Juni und Juli. Die Daten sind z. T. bereits bei den Darstellungen über die Verbreitung genannt.
In Rumänien liegen ähnliche Verhältnisse vor, und nach RADU und TALPEANU (1972) trifft der Weidensperling hier im April wieder ein.

### 3.3.2. Herbstzug

Hinsichtlich des herbstlichen Abzuges gestalten sich die Verhältnisse wenig übersichtlich. OUNDJIAN (1968) schreibt, daß die Sperlinge bis Ende Oktober das Land verlassen. Er stützt sich dabei wohl vor allem auf die Angaben von PROSTOV (1964), der 1958 noch am 21. 10. im Bezirk Burgas mehrere Weidensperlinge beobachtete, und von DONČEV (1964), dem es 1960 glückte, noch am 20. 10. bei Goze Delčev und am 25. 10. bei Petrič je ein Belegexemplar zu sammeln.
Obwohl RADU und TALPEANU (1972) für Rumänien nur auf ein Verweilen des Weidensperlings bis September hinweisen, können auch sie einen Oktobernachweis (20. 10. 1969 bei Agigea) nennen. Diese Angaben korrespondieren auch mit den Beobachtungen von WALTER (1968), der bei seinen Untersuchungen am Eleonorenfalken auf der nordöstlich von Kreta gelegenen Insel Praximada Anfang Oktober 1965 große Schwärme des Weidensperlings rasten sah und zwischen dem 24. 9. und dem 8. 10. die Rupfungen von 6 Sperlingen fand.
Demgegenüber erscheint es bemerkenswert, wenn BOEV, GEORGIEV und DONČEV (1964) den 26. 7. 1961 als letzten Beobachtungstermin für Thrakien nennen. Auch BAUMGART (1967) konnte über mehrere Jahre an dem Brutplatz bei Celopečene trotz intensiver Nachsuche im September keine Weidensperlinge mehr feststellen (im Juli und August keine Nachsuchen). Daraufhin wurde bei nachfolgenden Exkursionen im Spätsommer immer besonders auf die Art geachtet. Dabei glückten weder bei Razgrad (26. 8. 1965 und 16. 8. 1969) noch im Bereich der Silberküste zwischen Kavarna und Šabla (30. 8. bis 1. 9. 1967) oder im Provadijatal bei Madara und Nevša (18. und 19. 8. 1969) entsprechende Beobachtungen. Auch in den während dieses Zeitraumes vielerorts festgestellten großen Sperlingsschwärmen, die sich zum überwiegenden Teil aus jungen Haussperlingen des jeweiligen Jahres zusammensetzten, in denen aber auch stets Altvögel mitflogen, konnte nie ein Männchen des Weidensperlings einwandfrei festgestellt werden, obwohl MAKATSCH (1950) schreibt, daß auch die Weidensperlinge sich nach der Brutzeit zu großen Schwärmen vereinen.
Nach diesen Feststellungen scheinen die Weidensperlinge wenigstens in Nordbulgarien bereits im August (evtl. auch noch früher) ihre Brutplätze zu verlassen. Über ihren Verbleib bis zum endgültigen Abzug aus Südosteuropa, der mit Ende September – Anfang Oktober (bei einem etwas längerem Verweilen einzelner Indi-

viduen bis Ende Oktober) anzusetzen ist, können noch keine Angaben gemacht werden. Möglicherweise verteilen sie sich teilweise schon unmittelbar nach Beendigung der ersten Brut über ein weites Gebiet, in dem sie nur wenig auffallen. Recht aufschlußreich sind diesbezüglich die Beobachtungen von GRÖSSLER (1967), der in der Umgebung des „Sonnenstrandes" bei Nessebar zwischen 18. und 31. 5. 1962 nur relativ wenige Exemplare antraf, während sich Anfang Juni öfter ziehende Trupps zeigten. Diese Trupps bestanden aus über 150 Individuen, und in ihnen befanden sich auch viele Weibchen und Jungvögel.

## 3.4. Fortpflanzungsverhalten

### 3.4.1. Neststandort

Zumeist errichten die Weidensperlinge ihre Nester freistehend in Bäumen oder im Unterbau von Großvogelhorsten. Da die Vögel sehr gesellig sind, nisten sie in der Regel zu mehreren vereint in Kolonien (Abb. 6—7). Einzeln brütende Paare wurden aber auch schon gefunden.

In Mazedonien werden die Nester meist auf Pappeln und Platanen gebaut. In Bulgarien und Rumänien wird die Pappel ebenfalls bevorzugt. An die Stelle der hier weniger verbreiteten Platane tritt die Robinie (PROSTOV 1955; BOEV, GEORGIEV und DONČEV 1964; BAUMGART 1964; GRÖSSLER 1967; OUNDJIAN 1968 u. a.). Darüber hinaus wurden Nester auf Weiden, Birnbäumen, Nußbäumen, Eichen, Ulmen, Fichten, Kiefern, Lebensbäumen und in Brombeerhecken gefunden. Obwohl

Abb. 6: Nester des Weidensperlings. Erste Kolonie von Sreberna, 1965. Aufgenommen im Februar 1966. Ein Teil der Nester ist vom Wind bereits herabgeweht worden. Foto: L. Güthert

ein Neststandort im Geäst bevorzugt wird, bauen einzelne Paare auch an kahlen, völlig unverzweigten, dicken Ästen. Als geringste Höhe für den Nistplatz nennt OUNDJIAN (1968) 2,5 m, als Regel 4—15 m.

Das Brüten unter den Horsten von Großvögeln gewährt nach OUNDJIAN (1968) ebenso Schutz vor Feinden wie die Nachbarschaft des Rotrückenwürgers *(Lanius collurio)*. Regelmäßig wird der Unterbau von Storchennestern bezogen. Die gleiche Bevorzugung genießen günstig gelegene Greifvogelhorste (Kaiser- und Schreiadler, Schwarzmilan, Würgfalke). Aber auch unter Krähen- oder Elsternestern siedeln sich die Weidensperlinge an.

Den Ausbau verlassener Mehlschwalbennester, die sich z. T. auch an Gebäuden oder gebäudeähnlichen Standorten befanden, erwähnen BOEV, GEORGIEV und DONČEV (1964), BAUMGART (1967) und GRÖSSLER (1967). KATTINGER (1960) verzeichnete eine Kolonie im Dachgebälk eines Magazingebäudes, BAUMGART fand den Weidensperling sogar an Hauswänden zwischen Leuchtstoffröhren und elektrischen Leitungen und auf Lichtmasten brütend (Abb. 8 und 9), was besondere Beachtung verdient, weil v. JORDANS (1940) die Weidensperlinge Gebäude stets meiden sah, MAKATSCH (1952/55) kein Brüten an Häusern feststellte und PEUS (1954) ausdrücklich bemerkt, daß auf Hausdächern stehende Storchennester im Gegensatz zu solchen auf Bäumen nie angenommen würden. Obwohl sich somit

Abb. 7: Nester des Weidensperlings im Park des Dorfes Bulgarevo.
Foto: W. Baumgart

eine gewisse Tendenz zur Anlage von Nestern an den Außenwänden von Gebäuden abzeichnet, sind Meldungen wie die von BOEV, GEORGIEV und DONČEV (1964) und DONTSCHEV (1966) über ein Brüten unter Dächern oder Dachziegeln mit einer gewissen Skepsis aufzunehmen.

Außer v. JORDANS (1940) berichtet kein Autor über das Nisten des Weidensperlings im Schilf. Da die entsprechende Darstellung keine Einzelheiten enthält, die dies belegen würden, offenbar auch kein Nestfund glückte, muß diese Meldung als unbewiesene Vermutung bewertet werden. Auch die Beobachtungen von MOUNTFORT und FERGUSON-LEES (1961), wonach der Weidensperling in Baumhöhlen und Klippenspalten brüte, wurden von anderer Seite bisher nicht bestätigt.

Ein Brüten innerhalb von Siedlungen, in Dörfern, in den Außenbezirken von Städten oder in der Umgebung isoliert stehender Gebäudekomplexe, das von REISER (1894) noch nicht festgestellt werden konnte, gehört inzwischen so zur Regel, daß es fast von allen Autoren erwähnt wird und hier detaillierte Angaben nicht erforderlich macht. Möglicherweise bietet auch die Nähe des Menschen mehr Schutz und wird daher in zunehmendem Maße bevorzugt (Abb. 10).

Während unter Großvogelhorsten die Zahl der Nester allein durch das Raumangebot begrenzt ist und mehr als 10–15 nicht gefunden werden, erreichen die in Bäumen freistehenden Kolonien oft ein beachtliches Ausmaß. Im Durchschnitt bewegt sich die Zahl der Nester zwischen 10 und 30, wobei zu bemerken ist, daß in gemischten Kolonien mit Haussperlingen kaum genaue Feststellungen getroffen werden können. Bei Burgas fand BALAT (1962) beispielsweise allein auf einer Ulme 80 Nester, und am „Sonnenstrand" bei Nessebar verzeichnete GRÖSSLER (1967) drei Kolonien mit etwa 90, 40 bzw. 20 Nestern. Nach OUNDJIAN (1968) zählte die Kolonie an der Donaubrücke bei Russe 1963 über 100 Nester.

Abb. 8: Nest des Weidensperlings auf einem Leitungsmast (Nevša – Provadija, Juli 1973). Foto: W. Baumgart

Hinsichtlich der Nestunterlage unterscheiden sich die Haussperlinge in Bulgarien nicht grundsätzlich von den Weidensperlingen. Auch von ihnen werden große Kolonien freistehend in Bäumen gefunden, und für den Unterbau von Großvogelhorsten zeigen sie die gleiche Vorliebe. In Rumänien scheinen nach TUCHSCHERER und FÖRSTER (1965) und HAENSEL (1966) wenigstens gebietsweise ähnliche Verhältnisse vorzuliegen.

Daneben ist auch, sofern hierzu die Möglichkeiten bestehen, die Nutzung menschlicher Bauwerke als Niststätte durch den Haussperling zu verzeichnen, ebenso werden Höhlen von Bienenfressern und Felsspalten angenommen. Das bestätigt die Schlußfolgerung von PEUS (1954), der dem Haussperling hinsichtlich seiner Nistweise eine größere ökologische Potenz bescheinigt, ohne jedoch eine ökologische Trennung beider Sperlingsarten feststellen zu können.

### 3.4.2. Brutverlauf

Unmittelbar nach der Rückkehr im Frühjahr halten sich die Weidensperlinge bisweilen gemeinsam mit Haus- und Feldsperlingen in gemischten Schwärmen auf den Feldfluren auf. Andererseits können Paarbildung und Nestbau offenbar auch sofort nach der Ankunft erfolgen. PROSTOV (1964) nennt hierfür Ende April/Anfang Mai (28. 4. bis 4. 5.). BOEV, GEORGIEV und DONČEV (1964) fanden schon am 22. 4. (1960) ein fertiges Nest. Bauende Weidensperlinge sieht man dann bis in den Juli hinein (11. 7. 1960: BOEV, GEORGIEV und DONČEV 1964).

Die Nester des Weidensperlings sind viel sorgfältiger gebaut als die des Haussperlings (MAKATSCH 1952/55, PEUS 1954). Sie stellen unregelmäßig kugelige Gebilde dar, deren großer und kleiner Durchmesser 18—30 bzw. 12—15 cm beträgt (Abb. 11 und 12). Die seitliche Einflugöffnung hat eine Weite von etwa 4 cm. Stehen mehrere Nester auf engstem Raum, so sind sie derart miteinander verwebt, daß sie nicht zu trennen und eindeutig zu zählen sind (OUNDJIAN 1968).

Abb. 9: Nester des Weidensperlings an der Außenwand eines Trafohäuschens (Nevša — Provadijatal, Juli 1973). Foto: W. Baumgart

Auffällig ist das Verwenden grüner Pflanzenteile (MAKATSCH 1950, PEUS 1954, BAUMGART 1967, GRÖSSLER 1967). Unter anderem werden Gräser und Hirtentäschel genannt. Eine umfassende Aufstellung der als Baumaterial genutzten Pflanzenarten gibt OUNDJIAN (1968). Die Innenauskleidung besteht aus Wermut (Artemisia). Im Gegensatz zu Haus- und Feldsperling trägt der Weidensperling nur selten Federn ein. Die Nester riechen angenehm nach frischem Heu.
Während MAKATSCH (1950) in Mazedonien bereits am 16. 5. ein Nest mit frischen Eiern fand, ist nach PROSTOV (1964) mit Vollgelegen frühestens zwischen dem 19. und 24. 5. zu rechnen. Daß sich jedoch aus dem Entwicklungsverlauf der Jungvögel auch Legetermine vor dem 10. 5. ableiten lassen, wird aus nachfolgenden Daten ersichtlich. In einer von BALAT (1962) kontrollierten Kolonie enthielten am 1. 6. alle Nester Eier. Doch auch zu wesentlich späteren Terminen werden noch Gelege gefunden, wie z. B. von CATUNEANU, TALPEANU und THEIS (1966) am 3. 7. und von BOEV, GEORGIEV und DONČEV (1964) am 9. 7.
Die Eizahlen von 56 Gelegen gibt MAKATSCH (1950) mit folgenden Werten an: 2 × 4, 13 × 5, 34 × 6, 6 × 7 und 1 × 8. Es ergibt sich ein Durchschnitt von 5,83 Eiern für ein Vollgelege. Nach PROSTOV (1964) bestehen Vollgelege aus 5—6 Eiern, und der Legeabstand beträgt 1 Tag. Die Jungen schlüpfen nach Angaben des letztgenannten Autors zufolge zwischen dem 6. 6. und 14. 7. Da jedoch GRÖSSLER (1967) bereits am 8. 6. 1962 und BAUMGART (1967) am 9. 6. 1962 flügge Junge beobachten konnten, müssen diese schon im letzten Maidrittel geschlüpft sein, was, legt man

Abb. 10: Pappeln mit Nestern des Weidensperlings im Dorfe Chursovo (Ludogorie).
Foto: W. Baumgart

vergleichsweise die für den Haussperling von NIETHAMMER (1937) und DECKERT (1969) angegebene Brutdauer von 13–14 bzw. 11,5–13 Tagen und eine Nestlingszeit von 17–18 Tagen zugrunde, auf eine Eiablage noch vor dem 10. 5. schließen läßt. Auf das Vorhandensein von Jungvögeln im letzten Maidrittel deutet auch die Beobachtung insektenfangender Altvögel zu diesem Zeitpunkt hin (BAUMGART 1967). Noch am 9. 7. (1960) fanden BOEV, GEORGIEV und DONČEV (1964) Nester, die neben Eiern auch schon eben geschlüpfte nackte Junge enthielten. Da Eiablagen beim Weidensperling bis in den Juli hinein erfolgen, ist nicht mit Sicherheit zu sagen, mit wieviel Jahresbruten bei dieser Art gerechnet werden kann. MAKATSCH (1950) spricht für Mazedonien von nur einer Brut, während BOEV, GEORGIEV und DONČEV (1964) und PROSTOV (1964) auf Grund noch im Juli nestbauender Vögel eine zweite Jahresbrut vermuten. Ohne eingehendere Untersuchungen mit Hilfe der individuellen Markierung ist hier eine endgültige Klärung nicht zu erwarten.
Der Haussperling beginnt früher als der Weidensperling mit der Brut. Nach BOEV, GEORGIEV und DONČEV (1964) und PROSTOV (1964) sind in Bulgarien die Gelege schon Ende April, Nester mit Jungen von Mitte Mai bis Ende Juli zu finden. Die Zahl der Jahresbruten wird mit 2, möglicherweise aber auch 3 angegeben.
Im Brutablauf bestehen somit zwischen Haus- und Weidensperling ebenfalls keine wesentlichen Unterschiede.

### 3.5. Verhalten der Sperlingsarten zueinander

Die vor der Paarbildung im Frühjahr auf den Feldern umherstreifenden Weidensperlinge schließen sich mit Vorliebe den hier gleichfalls Nahrung suchenden und zu Schwärmen vereinten Haus- und Feldsperlingen an, wobei es den Anschein hat, als wäre ihre Bindung an den Feldsperling enger (BAUMGART 1967). Solange die

Abb. 11: Nest des Weidensperlings in einem Storchenhorst, Srebërna, Juli 1965. Weibchen am Nest. Foto: L. Güthert

Weidensperlinge im Lande weilen, besteht immer die Möglichkeit, sie zusammen mit den beiden anderen Arten zu sehen. Nach PEUS (1954) wohnen Weiden- und Haussperlinge in der gleichen Landschaft neben- und miteinander. BALAT (1962) fand im Gebiet von Burgas die Haussperlinge unter den Hausdächern und die Weidensperlinge auf den danebenstehenden Bäumen nistend. Unter Großvogelhorsten siedeln sie gemeinsam (BAUMGART 1967, OUNDJIAN 1968), und die sich in den Darstellungen von MAKATSCH (1950) abzeichnende Regel, wonach in frei auf Bäumen angelegten Kolonien des Weidensperlings meist keine Haussperlinge anzutreffen wären, bestätigt sich in Bulgarien (BAUMGART 1967, OUNDJIAN 1968) und in Rumänien (RADU und TALPEANU 1972) heute nicht mehr. Andererseits sind nicht selten in einer großen Brutkolonie des Haussperlings nur wenige Paare des Weidensperlings anzutreffen und daher auch leicht zu übersehen.

Hat man die Gelegenheit, Haus- und Weidensperlinge nebeneinander zu beobachten, fällt die größere Scheu und Zurückhaltung des Weidensperlings auf, die die Art auch gegenüber dem Menschen zeigt. Ein Hinweis hierauf findet sich auch bei v. JORDANS (1940).

Insgesamt hat es den Anschein, als würde sich in Konfliktsituationen der Haussperling dem Weidensperling gegenüber durchsetzen. Der Weidensperling weicht aber meist schon vorher aus, so daß direkte Konfrontationen kaum zu beobachten sind. Voraussetzungen hierfür ist aber immer das Vorhandensein eines Streitobjektes. Liegt ein weites Nahrungsfeld vor, über das sich die Vögel verteilen können (z. B. Knöterichflächen, Getreidefelder), kommt es, wie auch BERCK (1961) beim Feld- und DECKERT (1969) beim Haussperling feststellten, kaum zu aggressiven Äußerungen. Dementsprechend verhalten sich auch die Vögel beider Arten während der Nahrungssuche auf den Feldfluren meist indifferent zueinander.

Auch bei der Wahl des Brutplatzes scheint der Haussperling eine Vorrangstellung

Abb. 12: Das gleiche Nest wie in Abb. 11 mit dem Männchen.

zu genießen, die mit daraus resultieren könnte, daß wenigstens ein Teil von ihnen mit dem Brutgeschäft bereits begonnen hat, wenn die Weidensperlinge aus dem Überwinterungsgebiet eintreffen. Besonderes Interesse verdienen diesbezüglich die Beobachtungen am Brutplatz bei Razgrad. Die ersten sich 1965 hier ansiedelnden Weidensperlinge brüteten unter einem Storchennest. So war es auch 1966. Da in diesem Jahr aber mehr Sperlinge als Brutgelegenheiten vorhanden waren, errichteten einige Paare ihre Nester auf den benachbarten Robinien. 1968 hatten dann mehrere Paare des Haussperlings unter dem Storchennest gebaut. Ihre Ansiedlung wurde begünstigt durch den Bau einer Fabrik in diesem außer einem Sommerrestaurant bisher keine Gebäude aufweisendem Gelände. Im darauffolgenden Jahr (1969) war dann der begehrte Nistplatz unter dem Storchennest nur von den zahlreicher vorhandenen Haussperlingen besetzt, während die Weidensperlinge ihre Nester auf den umstehenden Robinien errichtet hatten (vorhandene Pappeln wurden nicht bezogen). Als 1971 der Baum mit dem inzwischen schon einige Jahre leerstehenden Storchenhorst fiel, brüteten einzelne Paare des Haussperlings zwischen den Weidensperlingen auf den Robinien.

### 3.6. Die Wirkung der Isolationsmechanismen zwischen Weiden- und Haussperling

Über den Grad der verwandtschaftlichen Beziehungen von Weiden- und Haussperling sowie dem Italiensperling wird schon eine seit Jahrzehnten währende Auseinandersetzung geführt, ohne daß eine allgemein annehmbare Lösung gefunden worden wäre. Eine Übersicht der hierzu vorliegenden Thesen und Nomenklaturvorschläge bringt MEISE (1936). MEISE spricht auch von einer ökologischen Trennung beider Formen. Hierzu äußern sich jedoch unter Bezugnahme auf die in den Balkanländern vorliegenden Verhältnisse bereits v. JORDANS (1940) und PEUS (1954) kritisch, und auch in den Darstellungen von MAKATSCH (1950, 1952/55) finden sich keine Hinweise auf das Vorhandensein einer ökologischen Trennung. Wie die Betrachtungen zum Lebensraum, zur Nahrung und zum Fortpflanzungsverhalten des Weidensperlings zeigen, bestehen gegenüber dem Haussperling keine grundlegenden Unterschiede. Die Erwägung von PEUS (1954), der der Nestbauweise evtl. eine trennende Wirkung zuschreibt, und von KLEINSCHMIDT (in PEUS 1954), der den in dieser Hinsicht unterschiedlichen Brutzeiten Bedeutung beimessen möchte, können nicht als stichhaltig akzeptiert werden, denn die auf der Balkanhalbinsel sich ausbreitenden Weidensperlinge besetzen ja offenbar keine neugeschaffene ökologische Nische, sondern besiedeln den gleichen Lebensraum, nutzen dieselbe Nahrung wie der Haussperling und weisen auch im Fortpflanzungsverhalten eine weitgehende Übereinstimmung mit dieser Art auf. Dabei verwundert es um so mehr, daß dort, wo beide Arten nebeneinander vorkommen, nicht der Weiden-, sondern der Haussperling in den zwischenartlichen Beziehungen zu dominieren scheint.

Wenn der Weidensperling nicht an Häusern brütet, so muß das nicht unbedingt darauf zurückzuführen sein, daß er grundsätzlich andere Nistgewohnheiten als der Haussperling hat. Möglicherweise sind diese Nistgelegenheiten begrenzt und, wo vorhanden, regelmäßig vom Haussperling besetzt. Den nächstbesseren Nistplatz scheinen die Großvogelhorste darzustellen, unter denen bei Fehlen von Haussperlingen die Weidensperlinge ebenfalls siedeln können. Keiner Limitierung dürfte dagegen das freie Brüten in Bäumen unterliegen, zu dem aber Haussperlinge nach den Darstellungen von SCHALOW (1919), BUSSE (1964) und HAENSEL (1966) erst übergehen, wenn sich an Gebäuden keine Brutplätze finden oder diese nicht mehr genügend gesichert sind.

Die Ausbreitung des Weidensperlings kann demnach auch nicht als Folge irgendeiner Überlegenheit gegenüber dem Haussperling gewertet werden. Den vorliegenden Fakten nach spricht nichts für eine solche Annahme, eher das Gegenteil ist naheliegend. Der einzige grundlegende Unterschied zwischen beiden Arten, und diesbezüglich zeichnen sich vorerst keine verabsolutierbaren Überlegenheitsmomente ab, besteht darin, daß der Weidensperling im Gegensatz zu dem äußerst standortstreuen Haussperling ein reiner Zugvogel mit außereuropäischem Überwinterungsgebiet ist. Inwieweit diesem Unterschied aber eine wesentliche Rolle als arttrennender Faktor zukommen könnte, soll hier nicht weiter diskutiert werden.

Dennoch ist die Trennung zwischen beiden Arten offensichtlich, und Bastarde treten nur selten auf. Während MAKATSCH (1950) berichtet, daß weder er noch PEUS auf solche gestoßen wären, nennt KATTINGER (1960) Feststellungen aus Albanien.

In der durchgesehenen Literatur werden aus dem neu besiedelten Gebiet nachfolgende Nachweise von Bastarden genannt, die hier der Übersicht halber zusammengefaßt werden sollen. In allen Fällen sind die nachgewiesenen Bastarde selbstverständlich Männchen.

Bulgarien. 1.: 20. 5. 1959, „Goldsand" bei Varna (MAUERSBERGER 1960); 2.: 1. 9. 1966, Taukliman (OUNDJIAN 1968); 3.: 18. 6. 1967, Russe (OUNDJIAN 1968).

Rumänien. 4.: 6. 6. 1965, Hagieni (PAPADOPOL 1966); 5.: ohne Datum, Craiova (RADU und TALPEANU 1972).

Jugoslawien. 6.: 25. 3. 1966, Belgrad (VASIČ 1967).

Soweit es sich hierbei um reine Sichtnachweise handelt (1, 2 und 3), fehlt ein dokumentarischer Beleg.

Die seltene Bildung von Mischpaaren spricht für die Wirksamkeit von Isolationsmechanismen. Nach OUNDJIAN (1968) kommt es zu einer Kreuzung nur dann, wenn Weidensperlinge in neue Gebiete vorstoßen und hier keine Partner der eigenen Art finden. Er nennt diesen Vorgang daher „Zwangs-Kreuzung". Auf diese Weise erzielte auch MACKE (1965) unter den Bedingungen der Gefangenschaftshaltung Bastarde.

Wahrscheinlich sind es in erster Linie äußere Merkmale, die die Männchen für die Weibchen der jeweiligen Art besonders anziehend machen. Besondere Bedeutung könnte dabei der Kopfzeichnung zukommen.

Daneben ist auch der Ruf recht unterschiedlich und gestattet dem geübten Feldbeobachter ein einwandfreies Ansprechen. MAUERSBERGER (1960) umschreibt die Rufe des Weidensperlings mit „tjefyid", während er die des Haussperlings mit „schilp" wiedergibt. Es ist aber nicht nur der andere Klang dieses Rufes, sondern vor allem der Rhythmus des Vortrages, der auffällt. Während die einzelnen Rufe des seine Brutstätte anzeigenden Haussperling-Männchens voneinander gut abgesetzt sind, trägt das Weidensperling-Männchen eine Reihe von meistens vier Rufen vor, die RADU und TALPEANU (1972) mit „sic-sic-sic-sic" wiedergeben. Erst bei Kenntnis dieses Unterschiedes können auch einzelne Weidensperlinge in gemischten Kolonien ausgemacht werden.

Somit dienen der wechselseitigen Abgrenzung von Haus- und Weidensperling als Isolationsmechanismen wie bei anderen, nahe verwandten Arten äußere Merkmale und stimmliche Besonderheiten. Das beweist die artliche Selbständigkeit von Haus- und Weidensperling. Bastarde scheinen mehr zum Haussperling zu neigen und gehen wahrscheinlich, sofern sie fruchtbar sind, wieder in dieser Art auf, so daß auch eine allmähliche Ausbildung einer Mischpopulation wenig wahrscheinlich ist. Eine Bestätigung hierfür gibt die Feststellung von MAUERSBERGER (1960), wonach ein Bastard nach Haussperlingsart rief und mit diesen gemeinsam unter einem Dach brütete. Auch das von VASIČ (1967) gefangene Exemplar dürfte sich kaum als Zug-, sondern müßte sich als Stand-, höchstens aber als Strichvogel und somit wie ein Haussperling verhalten haben, denn der 25. 3. ist selbst für einen zeitigen Rückkehrer im Raum von Belgrad etwas zu früh.

## 4. Die Ursachen der Ausbreitung

Der postglazialen Erwärmung in den nördlicheren Breiten und der landschaftsumgestaltenden Tätigkeit des Menschen werden als Hauptursachen für die Erweiterung der Areale von Vogelarten größte Bedeutung beigemessen, wobei auch Verhaltensänderungen und ein Wandel im Genpool zu berücksichtigen sind (vgl. STEPHAN 1970). Diese Faktoren wurden auch zur Erklärung der Expansion des Weidensperlings bereits herangezogen, erfahren aber bei den einzelnen Autoren eine unterschiedliche Bewertung.

### 4.1. Der Einfluß der Klimaerwärmung

In der relativen Klimaerwärmung, die sich in milderen Wintern, trockeneren Frühjahren und Herbsten mit einer vermehrten Zahl warmer Tage äußert, sieht OUNDJIAN (1968) eine wesentliche Ursache für das Vordringen des Weidensperlings nach Norden.

Ähnlich äußert sich SIMEONOV (1970) unter Bezugnahme auf BERG (1947) und CHRANOV (1956), die in Europa eine erhebliche Erwärmung während der letzten zwanzig Jahre ermittelt haben. Nach seinem Dafürhalten steht die Ausbreitung einiger Arten zweifellos hiermit in Zusammenhang, wobei allerdings feststeht, daß der Weidensperling nicht wie andere Arten streng an die mediterrane Vegetation gebunden ist.

Untersuchungen zur direkten Beziehung zwischen Ende der fünfziger, Anfang der sechziger Jahre zu beobachtenden Expansion des Weidensperlings und den damaligen konkreten Klimaverhältnissen im betroffenen Raum fehlen aber bisher und lassen kaum überzeugende Ergebnisse erwarten. Es ist nicht nur die Explosivität der Ausbreitung, die die vorrangige Bedeutung des Klimafaktors in Frage stellt. Auch hinsichtlich der räumlichen Verhältnisse erwachsen Zweifel, ist doch die Zunahme der Art im östlichen Teil der Balkanhalbinsel unverhältnismäßig stärker als im Westen, obwohl von der Klimaerwärmung dieser Raum insgesamt erfaßt worden sein müßte.

Gleiches Interesse verdienen aus dieser Sicht auch die Verhältnisse auf der Iberischen Halbinsel, dem zweiten Siedlungsgebiet des Weidensperlings in Europa. Nach einer Information von Herrn Prof. Dr. F. BERNIS (Madrid), die wir der Vermittlung von Herrn W. GUBLER (Zürich) verdanken, dürfte sich der Weidensperling in Spanien während der letzten zwanzig Jahre nur in geringem Maße im Südwesten des Landes ausgebreitet haben. Einstige Brutnachweise aus der Provinz Madrid konnten in jüngster Zeit nicht bestätigt werden.

Dieser Tatbestand läßt ernste Zweifel daran aufkommen, daß klimatische Veränderungen überhaupt in Zusammenhang mit der Ausbreitung des Weidensperlings im Osten der Balkanhalbinsel stehen.

### 4.2. Umweltveränderungen auf Grund menschlicher Einwirkungen

In den neuen Arealteilen besiedelt der Weidensperling vor allem Gebiete mit intensiver landwirtschaftlicher Nutzung. Es ist daher von besonderem Interesse, alle in den letzten Jahrzehnten erfolgten Veränderungen zu erfassen, die sich in den betroffenen Ländern, angefangen vom Wandel in der Organisation der Agrarproduktion über die neuen Formen des Feldbaues und der Tierhaltung bis hin zur Lebensweise der Landbevölkerung vollzogen haben. Erst eine komplexe Betrachtung dieser Faktoren gibt Aufschluß über alle mit der Expansion des Weidensperlings in Verbindung stehenden Fragen.

#### 4.2.1. Gesellschaftsordnung und Organisation der landwirtschaftlichen Produktion

Volksrepublik Bulgarien: Das kapitalistische Bulgarien galt als rückständiges Agrarland, dessen gesamte volkswirtschaftliche Bruttoproduktion zu mehr als zwei Dritteln aus der Landwirtschaft kam, in der rund 80 % der erwerbstätigen Bevölkerung beschäftigt waren (DENISSOW, IGNATJEW und PALGUNOW 1959). Die sozialökonomische Struktur auf dem Lande war durch die Zersplitterung der Ackerflächen, die vorwiegend von Klein- und Mittelbauern (63,1 % der Bauernhöfe unter 5 ha) bewirtschaftet wurden, gekennzeichnet (SEYDEWITZ und ZELLER 1972). Mit der nach dem 9. 9. 1944 beginnenden sozialistischen Umgestaltung der Landwirtschaft setzte eine Reihe von Umwandlungsprozessen ein, die eine grundlegende Veränderung der Infrastrukturen bewirkte.
Die Kollektivierung der Landwirtschaft begann bereits 1944 mit der Bildung von 110 landwirtschaftlichen Produktionsgenossenschaften (LPG). 1959 war dieser Prozeß nahezu abgeschlossen, denn 97,3 % der bearbeiteten Flächen gehörten LPGs und Staatsgütern. In diesem Jahre vollzog sich auch ein Konzentrierungsprozeß. Aus 3450 LPGs wurden 1000 Großgenossenschaften gebildet. 1968 existierten dann im Lande (landwirtschaftliche Nutzfläche: 5 880 900 ha) nur noch 857 LPGs mit einer Durchschnittsgröße von 3874 ha und 152 Staatsgüter mit durchschnittlich 4118 ha. Damit bestanden die Voraussetzungen für den Übergang zu industriemäßigen Methoden in der Produktion pflanzlicher und tierischer Erzeugnisse. Bereits 1957 waren in den Produktionsgenossenschaften 87 % der Feldarbeit mechanisiert (RADO 1962). Dafür spricht auch das Anwachsen der Zahl der Traktoren von 6630 im Jahre 1950 auf 50 788 im Jahre 1969 (Meyers Neues Lexikon 1972). Auf Dreiviertel der Anbaufläche wachsen Getreidekulturen, unter denen Weizen und Mais dominieren. Zentren des Getreideanbaus sind die Donauebene und die Süddobrudscha (DENISSOW, IGNATJEW und PALGUNOW 1959).
Infolge dieser Entwicklungstendenzen in der Landwirtschaft ging der Anteil der in der Landwirtschaft tätigen Bevölkerung bis zum Jahre 1969 auf 38 % zurück, und in den schnell wachsenden Städten wohnten 1970 bereits 52 % der Bevölkerung. Inzwischen ist Bulgarien ein fortgeschrittenes Industrie-Agrarland geworden, und das Verhältnis von industrieller zu landwirtschaftlicher Produktion belief sich 1970 auf 80:20 (SEYDEWITZ und ZELLER 1972).

Sozialistische Republik Rumänien: Vor der Befreiung vom Faschismus war Rumänien ein rückständiges Agrarland mit vorrangig extensiv betriebener Landwirtschaft. Von 75 % der Wirtschaften wurden Nutzflächen unter 5 ha bearbeitet. 1949 begann die sozialistische Umgestaltung und wurde bis 1962 abgeschlossen, was ähnliche Veränderungen wie in Bulgarien zur Folge hatte. Zu diesem Zeitpunkt umfaßte der sozialistische Sektor 81,9 % der landwirtschaftlichen Nutzfläche, von der 1969 60,6 % auf die LPGs, 30,0 % auf die staatlichen Landwirtschaftsbetriebe und 9,4 % auf Privatwirtschaften entfielen (landwirtschaftliche Nutzfläche 14 967 800 ha). Für den Grad der Mechanisierung zeugt der Bestand von 107 500 Traktoren im Jahre 1970. Die wichtigsten Produkte der rumänischen Landwirtschaft sind Mais mit 37 % und Weizen mit 29 % der Anbaufläche. Der Anteil der in der Landwirtschaft tätigen Bevölkerung sank von 74,1 % im Jahre 1950 auf unter 50 % im Jahre 1970 (Angaben nach RADO 1962 sowie SEYDEWITZ und ZELLER 1972).

S o z i a l i s t i s c h e  F ö d e r a t i v e  R e p u b l i k  J u g o s l a w i e n : Auch Jugoslawiens Wirtschaft war vor dem 2. Weltkrieg vor allem auf die Agrarproduktion ausgerichtet, und die Landwirtschaft erbrachte etwa die Hälfte des Nationaleinkommens, wobei rückständige Bewirtschaftungsformen angewandt wurden. Bezeichnend war eine starke Zersplitterung des Landbesitzes (68 % der Wirtschaften unter 5 ha, 20 % zwischen 5 und 10 ha, 12 % zwischen 10 und 50 ha).
Im Gegensatz zu Bulgarien und Rumänien wurde die Kollektivierung der Landwirtschaft nach einem anfänglichen Aufschwung wieder aufgegeben, und die fortschreitende Aufteilung des Landbesitzes verringerte die Größe der Wirtschaftseinheiten weiter. Zwischen 1952 und 1957 wuchs die Zahl der Wirtschaften von 1 963 000 auf 2 332 000 an. Zum gegenwärtigen Zeitpunkt verteilen sich die 10 167 000 ha landwirtschaftlicher Nutzfläche zu 86 % auf 2 634 000 einzelbäuerliche Wirtschaften mit zumeist unter 5 ha Boden.
Während in der Industrie der sozialistische Sektor überwiegt, ist für die Landwirtschaft die kleine Warenproduktion charakteristisch. Obwohl die sozialistischen Landwirtschaftsbetriebe nur 14 % der gesamten Nutzfläche einnehmen, erbringen sie 60 % der Marktproduktion. Die bedeutendsten und ertragreichsten Landwirtschaftsbetriebe liegen in Nordostserbien (Woiwodina), wo vor allem Getreide angebaut wird. 1969 waren im Lande nur 43 506 Traktoren vorhanden, von denen sich 31 326 im Besitz sozialistischer Betriebe befanden, was von dem geringen Mechanisierungsgrad des überwiegenden Teils der landwirtschaftlichen Produktionseinheiten zeugt (Angaben nach RADO 1962; WALEW, AWDEJITSCHEW und BODRIN 1971; SEYDEWITZ und ZELLER 1972).

Bereits aus dem bisher Gesagten fällt der enge Zusammenhang zwischen der Ausbreitung des Weidensperlings in Südosteuropa und den zur gleichen Zeit erfolgten grundlegenden gesellschaftlichen und strukturellen Veränderungen in der Landwirtschaft auf. Eine direkte Bestätigung hierfür ist auch die Ansiedlung des Weidensperlings in Nordostjugoslawien, unterscheidet sich doch dieses Gebiet hinsichtlich des Entwicklungsstandes der landwirtschaftlichen Produktion in dem Grade von anderen Landesteilen, wie es Analogien zu den Verhältnissen in Bulgarien und Rumänien aufweist.
Andererseits verwundert es aus dieser Sicht nicht, daß in Spanien, dessen Landwirtschaft durch halbfeudale Besitzverhältnisse gekennzeichnet ist, keine Anzeichen für eine Ausbreitung des Weidensperlings erkennbar sind.

### 4.2.2. Infrastrukturänderungen im Gefolge der sozialistischen Umgestaltung der Landwirtschaft

Obwohl sich auf der Grundlage vorstehender Ausführungen eine Beziehung zwischen der Expansion des Weidensperlings und der Entwicklung landwirtschaftlicher Produktionsverhältnisse abzeichnet, ist für eine entsprechende Beweisführung die Betrachtung aller sich im Rahmen dieses Prozesses vollziehenden Veränderungen erforderlich, sofern sie die Existenzbedingungen von Haus-, Feld- und Weidensperling beeinflussen.
Wesentlichstes Moment dieser Umwandlung ist der Übergang zur kollektiven Bewirtschaftung in großen Betriebseinheiten. Damit ändert sich auch die Form des Feldbaues. An die Stelle kleiner zerstückelter Felder treten intensiv bewirtschaftete, mit Monokulturen bestellte, weiträumige Anbauflächen, zwischen denen sich kaum Ödflächen, Raine, Gebüschgruppen u. a. befinden. Auch die Erntetechnik wird verbessert und mechanisiert, was eine fast rückstandslose Einbringung der Ernte garantiert und Druschplätze oder andere veraltete Verarbeitungseinrichtungen nicht mehr erforderlich macht. Die Lagerung der Erntegüter erfolgt mit nur geringen Verlusten in modernen Silos, Speichern oder Lagerhallen.

Früher waren die Besitzer entfernter Felder bestrebt, möglichst in der Nähe derselben zu wohnen, was zur Ausbildung von Kleinstsiedlungen, Vorwerken u. ä. führte und eine gewisse Zersiedlung der Landschaft zur Folge hatte. Demgegenüber besteht nun der Trend zur Bildung geschlossener Großdörfer, deren Bewohner wirtschaftlich-versorgungsmäßige und kulturelle Vergünstigungen genießen. Damit besteht eine klare Abgrenzung zwischen den verballten Wohn- und Wirtschaftszentren sowie den dazwischenliegenden weiträumigen Anbauflächen, deren entfernteste Punkte jederzeit und mühelos mit den in großer Zahl vorhandenen Fahrzeugen auf dem neugeschaffenen Straßen- und Wegenetz erreichbar sind.
Die zunehmende Mechanisierung läßt das Pferd als Arbeitstier überflüssig werden, was Angaben über die Abnahme der Pferdebestände in Bulgarien eindrucksvoll belegen (Statistisches Jahrbuch der VR Bulgarien): 1939 — 614 406, 1948 — 557 947, 1950 — 497 982, 1960 — 333 813, 1970 — 181 555, 1971 — 169 499. Damit ist zwischen 1948 und 1971 ein Absinken des Pferde-Bestandes auf weniger als ein Drittel festzustellen.
In Rumänien vollzog sich dieser Prozeß im Gesamtlandesmaßstab weniger auffällig, und nach SEYDEWITZ und ZELLER (1972) ging die Zahl der Pferde von 1,6 Mill. im Jahre 1938 auf 1,0 Mill. im Jahre 1951 zurück. Dieser Bestand hielt sich noch 1961, um dann bis 1970 auf 0,7 Mill. abzusinken. Selbstverständlich wurden hiervon die Donauebene und die Dobrudscha stärker betroffen als andere Landesteile. Für Jugoslawien ist nach den gleichen Autoren nur ein geringes Absinken der Pferdebestände zu verzeichnen (1951 — 1,3 Mill., 1967 — 1,1 Mill.).
Mit steigendem Einkommen der Landbevölkerung wachsen auch die kulturellen Ansprüche, vor allem hinsichtlich der Wohnverhältnisse, was zu einer regen Bautätigkeit als Ausdruck zunehmenden Wohlstandes führt. An die Stelle defekter Altbauten treten moderne Festbauten. Die einstigen Bauern werden immer mehr zu Landarbeitern mit festen Arbeitszeit- und Urlaubsregelungen sowie Freizeitbedürfnissen. Damit schwindet der Unterschied zwischen Stadt und Land immer mehr.
Eine weitere Auswirkung dieses Wandels ist der Rückgang der individuellen Tierhaltung, die ja eine Beschränkung der Freizeit mit sich bringt. Besonders trifft dies für die private Hausgeflügelhaltung zu, die gegenüber den immer mehr in den Vordergrund rückenden Großanlagen wenig Gewinn abwirft. Da eine getrennte Erfassung der Tierzahlen beider Nutzungseinrichtungen zumeist nicht erfolgt, sind diese Veränderungen aus statistischen Unterlagen in der Regel nicht ersichtlich. Ein direktes Verbot zur privaten Haltung von landwirtschaftlichen Nutztieren kann dort ausgesprochen werden, wo eine seuchenhygienische Gefährdung für Kombinate industrieller Tierproduktion besteht.

### 4.3. Die Auswirkungen der Strukturveränderungen in der Landwirtschaft auf die Existenzbedingungen von Haus- und Weidensperling

Infolge der aufgezeigten Umstellungen unterliegt sowohl das Brutverhalten der Sperlinge als auch das ihnen zur Verfügung stehende Nahrungsangebot Veränderungen. Eine diesbezügliche Begünstigung des Weidensperlings ist wahrscheinlich und mit als Ursache seiner Ausbreitung anzusehen. Aus dieser Sicht interessiert daher besonders der Einfluß der veränderten Verhältnisse auf die Existenzbedingungen des Haussperlings.

#### 4.3.1. Der Bestand der Haussperlinge unter den Bedingungen der intensiven landwirtschaftlichen Produktion

Durch die veränderte Bauweise auf dem Lande, die Errichtung neuer massiver Gebäude und durch den Abriß baufälliger Häuser und Hütten schwinden für den Haussperling in zunehmendem Maße Brutgelegenheiten. Das Ansteigen der Zahl unter Großvogelhorsten brütender oder freibrütender Haussperlinge kann daher als Prozeß gewertet werden, durch den der potentielle Freibrüter Haussperling sich den neuen Gegebenheiten anpaßt. Auf diesem Wege werden die Veränderungen toleriert, und eine Bestandsbeeinflussung durch Limitierung der Brutgelegenheiten ist so auf längere Frist nicht zu verzeichnen. Die seit Ende der fünfziger, Anfang der sechziger Jahre festzustellende Bildung von winterlichen Schlafgesellschaften des Haussperlings in den Großstädten Bulgariens dürfte zum Teil auf den aus gleichen Gründen eintretenden Mangel an Schlafgelegenheiten während der kalten Jahreszeit zurückzuführen sein. Zu den Schlafplätzen im Inneren Sofias wurden noch aus Entfernungen von mehr als 15 km (Pantčarevo) anfliegende Haussperlinge beobachtet.

Wesentlich folgenschwerer wirken sich dagegen die neuen Verhältnisse in bezug auf die Kontinuität im Nahrungsangebot aus. Während der warmen Jahreszeit ist gegenüber früher kaum eine Veränderung festzustellen, und Schwärmen, die zum großen Teil aus Haussperlingen bestehen, kann man im Herbst noch überall auf den Feldfluren begegnen.

Völlig anders gestaltet sich dagegen die Lage im Winter. Wenn die weiträumigen Anbauflächen eingeschneit sind – und das ist in den besagten Ländern fast regelmäßig der Fall – bieten sich hier für die standortstreuen Haussperlinge keinerlei Nahrungsquellen. Sie sind in ländlichen Gegenden dann fast ausschließlich auf die Abfälle von Nahrungs- und Futtermitteln angewiesen. Die Einrichtung von Futterstellen bzw. der Unterhalt von Futterhäuschen für Vögel im Winter ist kaum üblich. Da die private Geflügelhaltung stark eingeschränkt wurde, bieten sich auf diesem nach KALMBACH (1940), CRAGGS (1967) und DECKERT (1969) für das Auskommen der Sperlinge so wichtigen Sektor gebietsweise keine oder nur geringe Existenzmöglichkeiten. Ähnlich ungünstig sind auch die Folgen, die sich aus der rückläufigen Entwicklung der Pferdebestände ergeben, mißt doch CREUTZ (1958) der Pferdehaltung für die Existenz des Haussperlings eine wesentliche Bedeutung zu. Für einen so ausgesprochenen Standvogel wie den Haussperling ist nun die Kontinuität im Nahrungsangebot von größter Wichtigkeit, wird sein Bestand doch von der im Jahreszyklus vorhandenen geringsten Nahrungsmenge limitiert. Hieraus folgt, daß nur so viele Sperlinge die kalte Jahreszeit überdauern, wie im Winter ausreichend Nahrung finden.

Mit Eintritt des Frühlings und Schwinden der Schneedecke bieten sich dann wieder auf den Feldfluren Ernährungsmöglichkeiten, die jedoch von der meist geringen Zahl von Haussperlingen, die den Winter überdauerten, gar nicht genutzt werden können. Erst nachdem erfolgreich gebrütet worden ist und die Bestände wieder angewachsen sind, erfolgt eine sich bis zum Herbst steigernde Bevölkerung der Feldfluren.

Im Gegensatz zu den ländlichen Gegenden ist in den Städten die jahreszeitlich abhängige Diskontinuität im Nahrungsangebot wenig ausgeprägt. Die wichtigste Nahrungsquelle stellen hier die Abfälle von menschlichen Nahrungsmitteln dar. Besonders günstig wirkt sich für die Haussperlinge in Bulgarien die Gewohnheit der Stadtbevölkerung aus, ihr Frühstück, das zumeist aus Milchgebäck besteht, außer Haus in Frühstückshäusern oder an Pavillons einzunehmen. Nicht verzehrte Reste werden weggeworfen und kommen den Sperlingen zugute. Interessanterweise werden in den Vorstädten auch noch in größerer Zahl Pferde für den Nahtransport gehalten. Hieraus folgt, daß in den Städten ganzjährig ein kontinuierliches Nahrungsangebot vorliegt.

Differenzierter gestalten sich die Verhältnisse in den Kurorten. Während in den nur saisonweise in den Sommermonaten bewirtschafteten Plätzen ähnliche Bedingungen vorliegen wie in ländlichen Gegenden, erinnert ein Großkurort wie der „Goldsand" bei Varna an eine Stadt. Hier ruht auch im Winter der Kurbetrieb nicht. Außerdem wird dann durch andere Veranstaltungen (Tagungen, Kongresse) eine weitgehende Auslastung der Kapazität erreicht, was dem Haussperling eine ständige Ernährungsgrundlage garantiert.

#### 4.3.2. Die Nutzung eines vom Haussperling nicht verwertbaren Nahrungsangebotes durch den Weidensperling als Ursache für dessen Ausbreitung

Aus den bisherigen Darlegungen geht hervor, daß in den von der Expansion des Weidensperlings betroffenen Ländern vom Frühjahr an bis in den Sommer hinein gebietsweise für Sperlinge Nahrungsquellen vorhanden sind, die der Haussperling infolge geringer Bestandsdichte nicht voll zu nutzen vermag. Auch der Feldsperling, dessen Bestand als Standvogel im Winter nach den Untersuchungen von SIMEONOV (1963) den gleichen Limitierungen unterliegt wie der des Haussperlings, kommt für die Verwertung dieses im Frühjahr erneut sich bietenden Überangebotes nicht in Betracht.

Hier offenbart sich nun, welche Bedeutung der Tatsache zukommt, daß der Weidensperling ein reiner Zugvogel ist. Indem er die kalte Jahreszeit in einem außereuropäischen Gebiet verbringt, hat er keine Einbußen durch den zu dieser Zeit herrschenden Nahrungsmangel in seinem Brutgebiet zu verzeichnen. Er trifft hier erst ein, wenn sich auf den Feldfluren wieder Nahrungsquellen bieten. Obwohl seine Ansprüche an den Brutbiotop von denen des Haussperlings nicht wesentlich verschieden sind, tritt solange keine Konkurrenz zwischen beiden Arten auf, solange der Bestand des Haussperlings nicht durch erfolgreiche Bruten wieder wesentlich angewachsen ist. Unter Zugrundelegung dieser Konzeption finden alle Besonderheiten der Expansion des Weidensperlings eine befriedigende Erklärung.

Die bevorzugte Besiedlung der fruchtbaren, landwirtschaftlich intensiv bewirtschafteten Niederungen läßt sich auf die hier besonders ausgeprägte Diskontinuität im Nahrungsangebot für Sperlinge zurückzuführen. Sowie mit ansteigender Höhenlage das Relief gebirgiger wird, ist eine so intensive Wirtschaftsführung meist nicht mehr möglich. Damit fehlen auch die Voraussetzungen für eine Ansiedlung des Weidensperlings. Gleiches trifft für die Städte und Großkurorte mit ihren verhältnismäßig konstanten Haussperlingspopulationen zu. Kleinere Kurorte bieten dem Weidensperling dagegen wieder günstigere Bedingungen, da in deren Umgebung die Bevölkerung z. T. die Tätigkeit in der Landwirtschaft aufgibt, was zur Intensivierung zwingt, und nur während der warmen Jahreszeit hier Gäste wohnen, wodurch für eine dauerhafte Ansiedlung des Haussperlings die Grundlage fehlt. Weiterhin wird so verständlich, warum Bulgarien, in dem diesbezüglich die tiefgreifendsten Veränderungen erfolgten, zum Zentrum der Ausbreitung des Weidensperlings geworden ist, in Rumänien dieser Prozeß gleichfalls sehr ausgeprägt ist und Jugoslawien im wesentlichen nur im Nordosten berührt wird, während in anderen Landesteilen sowie auf der Iberischen Halbinsel keine eindeutigen Anzeichen für eine Ausbreitung des Weidensperlings zu verzeichnen sind.

Rückt man den Prozeßcharakter dieser Ausbreitung in den Mittelpunkt der Betrachtung, so findet eine scheinbare Diskrepanz zwischen den Aussagen einiger Autoren ihre logische Erklärung. Während REISER (1894) von einem Meiden der Siedlungen durch den Weidensperling spricht, ein Tatbestand, den BERNIS (briefl.)

auch heute noch für Spanien bestätigt, stellt PEUS (1954) dies auf Grund seiner Beobachtungen in Griechenland in Frage und meint, daß dies nur für ein Nisten an Häusern Gültigkeit habe. Unter Bezugnahme auf die Situation in Bulgarien, wo ja das Brüten des Weidensperlings in Ortschaften auch keine Ausnahme mehr ist, bietet sich folgende Erklärung an.

Solange der Haussperling als dominierende Art unter den Bedingungen der extensiven Bewirtschaftung bei im Jahreszyklus annähernd ausgeglichenen, dem Nahrungsangebot angepaßten Beständen die in den großflächigen Siedlungen und ihrer Umgebung anfallende Nahrung nutzte, konnte der Weidensperling sich nur an wenigen Orten festsetzen, wo eine ganzjährige Ansiedlung der konkurrierenden Art nicht möglich war. Das Vorkommen in zumeist dünn besiedelten Sumpfgebieten legt ein beredtes Zeugnis hierfür ab. Die Bevölkerung dieser Gegenden nutzt meist andere Erwerbsquellen (z. B. Fischerei) an Stelle von Ackerbau und Haustierhaltung (Hühnerhaltung ist wegen Befalls durch den Luftröhrenwurm ohnehin eingeschränkt), was ein Wintervorkommen und damit eine dauerhafte Ansiedlung des Haussperlings in größerem Umfange in der Regel ausschließt. Mit zunehmender Verballung der Siedlungen und dem Rückgang der Landbevölkerung wurde der dem Weidensperling zur Verfügung stehende Raum immer weiter. Gegenwärtig sind die im Frühjahr verbleibenden Haussperlinge gebietsweise offenbar nicht mehr in der Lage, das sich auf den Feldfluren in unmittelbarer Siedlungsnähe bietende Nahrungsangebot zu nutzen. Damit fällt dieser Raum zur Brutzeit den Weidensperlingen zu, die dann allerdings die geschützteren Brutplätze im Siedlungsinneren bevorzugen. Ihre Nahrung suchen sie aber hier nicht, denn alles, was anfällt, wird vom Haussperling beansprucht.

Ob und in welcher Zahl sich Weidensperlinge in einem Gebiet ansiedeln können, wird vor allem dadurch bedingt, wie groß der vom Haussperling nicht genutzte Nahrungsüberschuß ist, was seinerseits wiederum davon abhängt, wie gut die Art den Winter übersteht. Dies könnte auch erklären, warum der Weidensperling oft nur sporadisch auftritt und zeit- oder gebietsweise ohne ersichtlichen Grund fehlt. Entgegen der Meinung der Autoren, die in milderen Wintern einen die Ausbreitung des Weidensperlings begünstigenden Faktor sehen, müßte es gerade nach strengen langandauernden Wintern zu einer verstärkten Ansiedlung des Weidensperlings kommen, da dann, und diese These bedarf noch der Überprüfung, die Verluste des Haussperlings naturgemäß am größten sind. Insgesamt ist es aus dieser Sicht allein auf Grund von Studien am Weidensperling nicht möglich, die seine Populationsdynamik beeinflussenden Faktoren zu erkennen.

Die Bestandsverhältnisse des Weidensperlings ändern sich im Jahreszyklus offenbar, sobald nach erfolgreichen Bruten die Zahl der Haussperlinge angewachsen ist. Daß der Weidensperling vielerorts nur einmal brütet, im Juni teilweise schon umherstreifende Schwärme zu beobachten sind und die Art an einigen Brutplätzen bereits im Juli nicht mehr festzustellen ist, kann als Verdrängung durch den Haussperling gewertet werden. So verwundert es auch nicht, daß bisher keine Überwinterungsversuche gemeldet worden sind, denn das winterliche Nahrungsangebot nutzt der Haussperling allein.

Da die nördliche Verbreitungsgrenze des Weidensperlings noch nicht genau ermittelt ist und ein weiteres Vordringen nicht ausgeschlossen werden kann, stellt sich die Frage nach den voraussichtlichen Grenzen. Die bisherigen Erfahrungen lassen geographische Barrieren in Form von Gebirgen als wenig wirksam erscheinen, da sie umgehbar sind. Im Norden schließen sich an das bisher besiedelte Areal Staaten mit ähnlicher Struktur in der Landwirtschaft an. Wie lange der Prozeß der Ausbreitung des Weidensperlings anhalten wird, ist daher noch nicht sicher einzuschätzen. Bei der Aufklärung dieser Fragestellung muß aber in jedem Falle die Aufnamefähigkeit des Überwinterungsgebietes mit berücksichtigt werden, und das läßt sich bisher nicht beurteilen. Auch vom Weidensperling können nur so viele Vögel im Frühjahr nach Europa kommen, wie im Überwinterungsgebiet ihren Unterhalt finden und den Zug überstehen. Die Erforschung der Überwinterungsgebiete des Weidensperlings und seiner dortigen Lebensgewohnheiten wäre daher von größtem Interesse.

## 5. Diskussion

Am Beispiel der Wechselbeziehung zwischen Haus- und Weidensperling wird offensichtlich, wie sich eine in der direkten Konfrontation unterlegene Art neben einer dominierenden Art behaupten kann, sofern sie in bezug auf ein Kriterium, im vorliegenden Falle im Zugverhalten, Unterschiede aufweist.

Die zur Erweiterung des Areals des Weidensperlings führenden Bedingungen stellen sich als Schema wie folgt dar, wobei es dabei im wesentlichen auf die Darstellung der Beziehung zwischen Nahrungsangebot und Bestandsverhältnissen des Haussperlings ankommt (Abb. 13).

Der Bestand des Haussperlings wird immer vom Nahrungsangebot limitiert, d. h. es kann nie mehr Sperlinge geben als Nahrung vorhanden ist. Wenn im Frühjahr nun kurzfristig das Angebot ansteigt, ist die Zahl der noch vorhandenen Haussperlinge zu gering, um es voll nutzen zu können. Erst im Mittsommer und Herbst erreicht die Art nach mehreren erfolgreichen Bruten die dem Nahrungsangebot angepaßte Bestandsdichte, die dann im Herbst parallel mit dem Nahrungsangebot absinkt.

Zur Nutzung des sich so bietenden Überangebotes an Nahrung bestanden zwei Möglichkeiten:

1. Ein Teil des Haussperlingsbestandes erwirbt das Zugverhalten.
2. Eine andere Art nutzt als Saisonvogel dieses Angebot.

Die zweite Variante hat sich wohl deshalb durchgesetzt, weil sie schneller realisier-

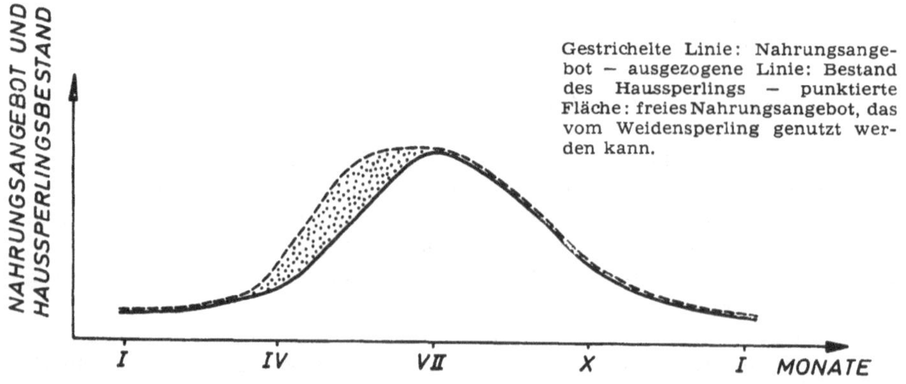


Abb. 13: Die Beziehung zwischen Nahrungsangebot und Bestand des Haussperlings in einem bestimmten Gebiet.

bar ist, denn grundsätzlich ist ja eine Umwandlung von Stand- in Zugvögel auf der Basis von Selektionsprozessen möglich (STEPHAN 1973).
Insgesamt ist damit aber nicht gesagt, ob der Weidensperling das neubesiedelte Gebiet dauerhaft innehaben wird. Im Verlaufe der weiteren Entwicklung kann es auch zu Wandlungen kommen, die dem Haussperling auf anderem Wege eine bessere winterliche Nahrungsversorgung garantieren, ebenso wie eine noch nicht vorauszusehende Anpassung dieser Art an die neuen Gegebenheiten bei einer gleichzeitig rückläufigen Tendenz für den Weidensperling immer in Erwägung gezogen werden muß. Hier wären Untersuchungen erwünscht, die klären, wie hoch die Differenz zwischen sommerlichem und winterlichem Nahrungsangebot sein muß, um die Existenz des Weidensperlings neben dem Haussperling zu gewährleisten.
Wichtigste Voraussetzung für eine Behauptung des Weidensperlings neben dem Haussperling ist die Erhaltung seines genetisch fixierten Zugverhaltens. Dieser Unterschied muß durch reproduktive Isolation (Gefiederfärbung und Stimme) gewahrt werden.
Die auffälligere Färbung der Männchen des Weidensperlings könnte darauf zurückzuführen sein, daß sie für die arteigenen Weibchen unverwechselbar sein müssen, denn nur so sind in der kurzen Zeit zwischen Eintreffen im Brutgebiet und Brutbeginn „Fehlverpaarungen“ zu vermeiden. Andere, standortstreue Sperlingsarten haben einen länger währenden Partnerkontakt, so daß eine Artverwechslung schon auf Grund von Verhaltensunterschieden weniger wahrscheinlich ist.
Von Interesse wären auch Analysen der Verhältnisse in anderen mediterranen Mischgebieten beider Arten. Obwohl wir glauben, annehmen zu können, daß auch hier der Haussperling als standortstreuer Vogel und der Weidensperling als Zugvogel auftritt, ist es uns nicht möglich, einzuschätzen, welche Faktoren hier eine Diskrepanz im Nahrungsangebot bedingen. Vor allem in den südlichen Teilen ihrer Verbreitungsgebiete dürfte der Winter als bestandsbeeinflussender Faktor nicht von entscheidender Bedeutung sein. Viel eher müßte hier an konstant eintretende Regen- oder Trockenperioden gedacht werden.
Diese Betrachtungen bieten gleichzeitig eine recht annehmbare Erklärung für die Frage nach der Stellung des Italiensperlings *(Passer italiae)*, einem Problem, das schon seit Jahrzehnten die Ornithologen beschäftigt. Die von MEISE (1936) vorgeschlagene Hypothese, den Italiensperling als rein züchtenden Bastard zwischen Haus- und Weidensperling zu betrachten, befriedigt allein aus genetischer Sicht nicht und ist daher kaum zu akzeptieren.
Geht man aber davon aus, daß der Weidensperling wenigstens auf dem Balkan neben dem Haussperling nur als Saisonvogel, nie aber als Standvogel existieren kann, stellt sich die Frage nach den Verhältnissen im Falle eines Fehlens des Haussperlings. Ihr soll an anderer Stelle nachgegangen werden (STEPHAN und BAUMGART, in Vorbereitung). Hierbei ergeben sich ausreichende Hinweise darauf, daß der Italiensperling als die standortstreue Form des Weiden- oder besser „Braunkopf“-sperlings zu betrachten sein wird, der sich dort erhalten hat, wo dem Vordringen des Haussperlings geographische Barrieren hinderlich waren.

## Zusammenfassung

Ausgehend von Vorkommen in Südbulgarien hat der Weidensperling in den letzten beiden Jahrzehnten sein Areal über das gesamte Territorium Bulgariens, den Süden Rumäniens (Dobrudscha, Donauebene) und den Nordosten Jugoslawiens erweitert.

Das neubesiedelte Gebiet weist zum überwiegenden Teil ein Kontinentalklima (kalte, schneereiche Winter und heiße, trockene Sommer) auf. Der Weidensperling bewohnt hier zumeist die offene bis parkartig durchbrochene Kulturlandschaft bis zu einer Höhe von etwa 1000 m, zeigt keine obligatorische Bindung an Gewässer und meidet die Umgebung des Menschen nicht. Hinsichtlich des bewohnten Lebensraumes, der Nahrungsansprüche und den wesentlichen Merkmalen des Fortpflanzungsverhaltens bestehen keine grundlegenden Unterschiede gegenüber dem Haussperling, und eine ökologische Trennung beider Arten ist nicht feststellbar. Während der Haussperling jedoch ein ausgeprägter Standvogel ist, handelt es sich beim Weidensperling innerhalb des neuen Areals um einen reinen Sommervogel (März/April bis Oktober). Bei zwischenartlichen Auseinandersetzungen scheint der Haussperling zu dominieren.

Trotz annähernd gleicher Umweltansprüche und naher Verwandtschaft kommt es nur in Ausnahmefällen zur Verbastardierung (bisher bekannt sind 6 Fälle). Als Isolationsmechanismen kommen dem unterschiedlichen Äußeren der Männchen (Kopfzeichnung!) und ihrer unterschiedlichen Stimme wohl die größte Bedeutung zu.

Es ist zweifelhaft, ob Klimaveränderungen (Erwärmung) mit als Ursache für die Ausbreitung des Weidensperlings eine Rolle spielen. Demgegenüber zeichnet sich eine enge Abhängigkeit zwischen der Herausbildung sozialistischer Produktionsverhältnisse auf dem Lande (Intensivierung der Produktion) und der Ausbreitung des Weidensperlings in den genannten Staaten ab. Im Gefolge der dabei auftretenden Infrastrukturänderungen verschlechtern sich in ländlichen Gegenden die Ernährungsverhältnisse für den standortstreuen Haussperling während der kalten Jahreszeit erheblich, wobei dem jeweils vorliegenden Nahrungsangebot eine bestandslimitierende Bedeutung zukommt. Die sich im Frühjahr kurzfristig erneut bietenden Nahrungsquellen können dann von dieser Art infolge zu geringer Bestandsstärke nicht genutzt werden.

Das relativ günstige Nahrungsangebot im Frühjahr und Frühsommer ermöglicht es dem Weidensperling, als Sommervogel in diesen Raum vorzustoßen und sein Areal zu erweitern. Grundvoraussetzungen für seine Existenz neben dem als Konkurrenten überlegenen Haussperling sind das Verhalten als Zugvogel und das Vorliegen einer ausgeprägten jahreszeitlichen Diskontinuität in bezug auf die Ernährung. Sobald sich die Haussperlingsbestände reproduziert haben, erfolgt eine Verdrängung des Weidensperlings.

In Städten mit relativ konstanten Haussperlingspopulationen (kontinuierliches Nahrungsangebot im Jahreszyklus) kann der Weidensperling nicht Fuß fassen, ebenso ist ihm auf Grund dieser Verhältnisse ein Überwintern unmöglich.

## Summary

THE EXPANSION OF THE SPANISH SPARROW (PASSER HISPANIOLENSIS) IN BALKAN PENINSULA AND THEIR REASONS

From a population in southern Bulgaria the Spanish Sparrow *(Passer hispaniolensis)* expands in the last two decads his areal over the whole territory of Bulgaria, the southern part of Rouminia (Dobrudsha, Delta of Danube) and the northeastern part of Jugoslavia. The new settled area has in the greater part a continental climate (cold, snow-rich winters, hot and arid summers). The Spanish Sparrow lives here mostly in the opening and park-like cultivated landscape up to an altitude of 1000 m. Here are no obligations to waters and they do not avoid the surroundings of men.

In relation to the habitats, the pretensions of food and the fundamental breeding behaviour there are no fundamental differences to the House Sparrow. An ecological separation is not be established. But the House Sparrow is a declared resident bird, whereas the Spanish Sparrow is in the new settled area a summer-bird (march/april to october). In comparison to the two species the House Sparrow dominates.
In spite of the nearly similar pretensions to the environment and the near relationship hybrids between the two species are exceptions (6 cases are known). As isolation mechanisms the most significant characteristics are the different appearance (marking of the head) and their different voices.
It is doubtful, if the change of the climate (warming up) is the reason for the expansion of the Spanish Sparrow. Against this is seen a near dependence between the formation of socialist conditions of production in the country (increase of intensity of the production) and the expansion of the Spanish Sparrow in the concerned states. In the following of the change of the infrastructure the food situation considerable deteriorates in the country regions for the resident House Sparrow during the cold time in the year, where the food situation limits the population. In spring the food can not be full used by the little population of the House Sparrow.
The food situation in spring and summer enables the Spanish Sparrow to push forward into this territory and to expansing the own areal. Base for his coexistence with his superior competitor, the House Sparrow, is his migration behaviour and the existence of the clear periodical discontinous offer of food. As soon as the population of House Sparrow is reproduced, the Spanish Sparrow is pushed away.
In the cities with their relatively constant populations of House Sparrows (continous food all over the year) the Spanish Sparrow can not settled.

**Резюме**

РАСШИРЕНИЕ АРЕАЛА ЧЕРНОГРУДОГО ВОРОБЬЯ *(Passer hispaniolensis)* В БАЛКАНСКЕМ ПОЛУОСТРОВЕ И ЕГО ПРИЧИНЫ

Исходя из популяции в южной Болгарии, черногрудый воробей *(Passer hispaniolensis)* расширил свой ареал в последние два десятилетия на всю территорию Болгарии, юг Румынии (Добруджа, низменость р. Дуная) и северосток Югославии.
Новозаселенная область имеет главным образом континентальный климат (холодная, богатая снегом зима, жаркое, сухое лето). Черногрудый воробей населяет здесь главным образом от откытых до паркоподобных ландшафтов до высоты 1.000 метров, и он не избегает близости человека. Место обитания не обязательно связано с водоёмами. Биотоп, питание и основные признаки поведения при размножении не имеют принципияльных отличий от таковых у домового воробья, и экологически оба вида не отличаются. Но домовый воробей является исключительно оседлой птицой, в то время как черногрудный воробей в новых областях своего ареала является перелетной птицой (март-апрел до октября). При межвидовых спорах доминирует очевидно домовый воробей.
Несмотря на одинаковые потребности в среде обитания и близкое родство, скрещивания бывают только в качестве исключения (6 случаев). Как изолирующие механизмы прежде всего действуют различие во внежности самцов (окраска головы) и различия в пении.
Точно не установлено, сыграл ли определенную роль изменение климата (потепление) при экспансии черногрудного воробья. Но зато очевидно существование четкой связи между возникновением социалистических производственных отношений в сельским хозяйстве (интензификация) и расширением ареала черногрудого воробья в соответствующих государ-

ствах. В след за возникшими изменениями во внутренней структуре сельского хозяйства ухудшились возможности для добивания пищи в сельских местностях для оседлого домового воробья, при этом количество присутствующего корма является ограничивающим фактором. Большое количество корма, которое внезапно бывает весной, не может быть использован сравнительно малой популяцией домового воробья. Этот сравнительно хорошое предложение корма весной и ранным летом даёт возможность черногрудому воробью, как летний и перелетный вид внедреть в этот район и расширить свой ареал. Главной предпосылкой его существования рядом с более сильним конкурентом домовым ворбьём являются его перелетный образ жизни и существование четкого различия в присутствии корма в отдельные периоды года. Как только популяция домового воробья репродуцировалась, происходит вытеснение черногрудого воробья.

В городах со сравнительно постоянными популяциями домового воробья (одинаковое предложение корма через весь год) черногрудый воробей не может селиться и по той же причине не может зимовать здесь.

## Literatur

BALAT, F., 1962: Contribution to the knowledge of the avifauna of Bulgaria. — Prace Brnénske Zakladny Ceskoslovenske Akademie Vet, **10**, 34, 445—492.

BAUMGART, W., 1967: Der Weidensperling in der Volksrepublik Bulgarien. — Falke, **14**, 400—407.

BERCK, K.-H., 1961: Beiträge zur Ethologie des Feldsperlings *(Passer montanus)* und dessen Beziehung zum Haussperling *(Passer domesticus)*. — Vogelwelt, **82**, 129—173 und **83**, 8—26.

BERG, A. S., 1947: Die kürzliche Wärmeveränderung des Klimas (Russ.). Klima und Leben, Moskau, 31—45.

BOEV, N., Z. GEORGIEV und S. DONČEV, 1964: Die Vögel in Thrakien (Bulg.), I. — Mitt. Zool. Inst. Mus. Sofia, **16**, 55—105.

BUSSE, H., 1964: Der Haussperling *(Passer domesticus* L.) als Freibrüter im Tierpark. — Milu, **1**, 310—317.

CATUNEANU, I. I., M. TALPEANU und F. THEIS, 1966: Observations ornithologique dans la Dobroudja (Rum.). — Trav. Mus. Hist. Nat. „Grigore Antipa", Bukarest, **6**, 319—327.

CATUNEANU, I. I., A. JOHNSON und M. TALPEANU, 1967: Recherches ornithologiques dans la Dobroudja (1965 et 1966) (Rum.). — Trav. Mus. Hist. Nat. „Grigore Antipa", Bukarest, **7**, 419—435.

CHRANOV, S. P., 1956: Klimaschwankungen und die gegenwärtige Erwärmung (Russ.). — Natur, **1**, 7—28.

CIOCHIA, V., 1969a: Einige Daten über die Vogelarten, welche an der Schwarzmeerküste beringt worden sind (Agigea 1968). — Lucr. Stat. Cerc. Mar. „Prof. I. Borcea" Agigea, **3**, 323—335.

CIOCHIA, V., 1969b: Rezervatia naturala „Lacul Agigea". — Ocrot. Nat., **13**, 183—189.

CRAGGS, J. D., 1967: Population studies of an isolated colony of House Sparrows *(Passer domesticus)*. — Bird Study, **14**, 53—60.

CREUTZ, G., 1958: Wo fehlt der Haussperling als Brutvogel. — Falke, **5**, 98—101, 116—119.

DECKERT, G., 1969: Zur Ethologie und Ökologie des Haussperlings *(Passer d. domesticus* L.). — Beitr. Vogelkde., **15**, 1—84.

DENISSOW, A. J., D. J. IGNATJEW und N. G. PALGUNOW: Länder der Erde. Berlin.

DIMOVSKI, A., 1972: Changements dans la composition de l'Ornithofaune de la Plaine de Skopje. — Acta Musei Macedonici Sci. Nat. Scopje, **13**, 41—64.

DOMBROVSKI, R., 1946: Pasarile Romaniei, Vol. 1, 137—138.

DONČEV, S., 1964: Über die Verbreitung einiger neuer und seltener Vögel in Bulgarien (Bulg.). — Mitt. Zool. Inst. Mus. Sofia, **16**, 23—28.

DONTSCHEV, S., 1966: Zur Arealausweitung einiger bulgarischer Vögel. — Zool. Abhandl. Mus. Tierkunde Dresden, **28**, 235—238.

DORNBUSCH, M. und G. GREMPE, 1965: Ornithologische Beobachtungen im Küstengebiet der Dobrudscha (Rumänien). – Beitr. Vogelkde., **11**, 132–151.
DORNBUSCH, M., 1969: Weidensperling schon 1957 bei Sofia. – Falke, **16**, 210.
FERIANZ, O., S. DONČEV und I. GANZAK, 1965: Svedenija o pticach iz okresnostej sela Iskra (severo-vostočnye rodopy) i Burgasa. – Mitt. Zool. Inst. Mus. Sofia, **19**, 5–25.
GENGLER, J., 1920: Balkanvögel. Altenburg und Leipzig.
GEROUDET, P., 1967: Progression de *Passer hispaniolensis* et *d'Emberiza melanocephala* en Roumanie. – Alauda, **35**, 234.
GRÖSSLER, K., 1967: Faunistische Notizen von der Schwarzmeerküste Bulgariens. – Larus, **19**, 212–235.
HAENSEL, J., 1966: Vergleichende Betrachtungen zum Freibrüten der Haussperlinge (*Passer domesticus* L.) in Rumänien und der DDR. – Trav. Mus. Hist. Nat. „Grigore Antipa", Bukarest, **6**, 339–344.
HAM, J., 1971: Erster Brutnachweis des Weidensperlings, *Passer hispaniolensis*, in Serbien. – Larus, **23**, 201–206.
HAMMER, M., 1948: Investigations on the feeding-habits of the House Sparrow (*Passer domesticus*) and the Tree-Sparrow (*P. montanus*). – Dan. Rev. Game Biol. Copenhagen, 1–59.
HARRISON, J. M., 1933: A contribution to the ornithology of Bulgaria. – Ibis, **(13)** 3, 494–521; 589–611.
HOBBS, J. N., 1955: House Sparrow breeding away from man. – Emu, **55**, 302.
IGALFFY, K., 1962: Dosadasnji resultati istrazivanja faune ptica i sisavaca otoka Paga uz kratki osvrt istrazivanja otoka Suska i Srakana. – VI. Plenum Prirodoslovne sekcije saveca muzejskih drustava Jugoslavije, Zagreb 1962.
JORDANS, A. v., 1940: Ein Beitrag zur Kenntnis der Vogelwelt Bulgariens. – Mitt. Königl. Naturwiss. Inst. Sofia, **13**, 49–152.
KALMBACH, E. R., 1940: Economic status of the English sparrow in the United States. – U.S. Dept. Agric. Bull., 711.
KATTINGER, E., 1960: Beiträge zur Vogelkunde von Albanien (Shaipnia) und einiger jugoslavischer Nachbarländer. – Larus, **12–13**, 123–216.
LIEDEL, K. und D. LUTHER, 1969: Beitrag zur Avifauna Bulgariens. – Beitr. Vogelkde., **14**, 406–435.
MACKE, T., 1965: Gelungene Kreuzung von *Passer domesticus* und *hispaniolensis*. – J. Orn., **106**, 461–462.
MAKATSCH, W., 1950: Die Vogelwelt Macedoniens. Leipzig.
MAKATSCH. W., 1952/55: Beitrag zur Biologie des Weidensperlings. – Aquila, **59–62**, 347–350.
MAKATSCH, W., 1966: Wir bestimmen die Vögel Europas. Radebeul.
MANOLACHE, L., 1967: Vrabia spaniola in Muntenia. – Vin. Resc. Sport., **19**, 26.
MAUERSBERGER, G., 1960: Faunistische Notizen aus Nordost-Bulgarien (19. Mai bis 2. Juni 1959). – J. Orn., **101**, 113–125.
MAUERSBERGER, G., 1969: Urania Tierreich – Vögel. Leipzig/Jena/Berlin.
MEISE, W., 1936: Zur Systematik und Verbreitungsgeschichte der Haus- und Weidensperlinge, *Passer domesticus* (L.) und *hispaniolensis* (T.). – J. Orn., **84**, 631 bis 672.
MEYERS Neues Lexikon (1972), 2. Aufl., Bd. 2, 636. Leipzig.
MOUNTFORT, G. und I. J. FERGUSON-LEES, 1961: Observations on the Birds of Bulgaria. – Ibis, **103a**, 443–471.
NIETHAMMER, G., 1937: Handbuch der deutschen Vogelkunde, Bd. 1, Leipzig.
OGRISSEK, R., 1969: Geographie für jedermann. Gotha/Leipzig.
OUNDJIAN, E., 1968: Über den Weidensperling, *Passer h. hispaniolensis* (Temminck, 1820) in Nordost-Bulgarien (Bulg.). – Mitt. Volksmus. Russe, **3**, 245–259.
PAPADOPOL, A., 1965: Le moineau espagnol (*Passer hispaniolensis* Temm.) en Roumanie. – Trav. Mus. Hist. Nat. „Grigore Antipa", Bukarest, **5**, 509–512.
PAPADOPOL, A., 1966: Date ecologice noi asupra speciei *Passer hispaniolensis* Temm. in R. S. Romania si asupra unui caz de hibridaru cu *Passer domesticus* L. – An. Univ. Bucuresti, **15**, 137–146.
PAPADOPOL, A., 1970a: Date noi cu privire la fauna de pasari din Dobrogea si Delta Dunarii. – Com. Zool., 219–230.

PAPADOPOL, A., 1970b: Contributii la cunoasterea avifaunei din sudul Dobrogii. – Ocrot. Nat., **14**, 49–60.

PASPALEVA, M. und M. TALPEANU, 1967: Observations ornithologiques dans les canyons de la Dobroudja (en Bulgarie et Roumanie). – Trav. Mus. Hist. Nat. „Grigore Antipa", Bukarest, **7**, 409–418.

PATEV, P., 1950: The Birds of Bulgaria (Bulg.). Sofia.

PETROV, B. M. und S. I. ZLATANOV, 1955: Materiali po faunata na ptizite v Dobrudsha. – Journ. Scient. Res. Inst. Min. Agric., **1**, 93–113.

PEUS, F., 1954: Zur Kenntnis der Brutvögel Griechenlands. – Bonn. Zool. Beitr., Sonderbd., I. Teil, 1–50.

PROSTOV, A., 1955: Neue Angaben über die Ornithofauna der bulgarischen Schwarzmeerküste (Bulg.). – Mitt. Zool. Inst. Sofia, **4–5**, 451–460.

PROSTOV, A., 1963: Beitrag zur Erforschung der Ornithofauna im Gebiet von Petrič (Bulg.). – Bull. Zool. Inst. Mus. Sofia, **13**, 33–77.

PROSTOV, A., 1964: Untersuchung der Ornithofauna im Gebiet von Burgas (Bulg.). – Bull. Zool. Inst. Mus. Sofia, **15**, 5–68.

RADO, S., 1962: Welthandbuch. Budapest.

RADU, D., 1966: Observatii ornitologice. – Vin. Pesc. Sport., **18**, 18.

RADU, D., 1971: Vrabia spaniola se apropie de Bucuresti. – Vin. Pesc. Sport., **23**, 20.

RADU, D. und M. TALPEANU, 1972: *Passer hispaniolensis* isi extude arealu in Romania. – Revista Muzeelor, **9**, 144–148.

REISER, O., 1894: Materialien zu einer Ornis Balcanica. 2. Bulgarien. Wien.

RUČNER, R., 1965: Die Beziehung zwischen der mediterranen Vegetation und den mediterranen Elementen der Ornithofauna der Balkanhalbinsel (Serbokroat.). – Larus, **16–18**, 79–105.

SCHALOW, H., 1919: Beiträge zur Vogelfauna der Mark Brandenburg. Berlin, 347 bis 348.

SEYDEWITZ, H. und F. ZELLER, 1972: Länder der Erde. Berlin.

SIMEONOV, S. D. und W. BAUMGART, 1962: Razprostranenie na ispanskoto vrabče – *Passer hispaniolensis* (Temminck) v Bulgarija. – Priroda, Sofia, **11**, 5, 94.

SIMEONOV, S. D., 1963: Untersuchung der Nahrungszusammenstellung des Feldsperlings (*Passer montanus* L.) im Sofioter Bezirk. – Bull. Inst. Zool. Mus. Sofia, **14**, 93–109.

SIMEONOV, S. D., 1970: Über die Verbreitung mediterraner Vogelarten in Bulgarien. – Vogelwelt, **91**, 59–67.

SPITZENBERGER, F., 1966: Ornithologische Beobachtungen an der Donau zwischen Vidin (Bulgarien) und Sulina (Rumänien). – Egretta, **9**, 12–36.

Statistisches Jahrbuch der VR Bulgarien, 1950/1960/1970/1971, Sofia.

STEPHAN, B., 1970: Die Erweiterung der Areale bei Vögeln durch aktive Ausbreitung. – Mitt. Zool. Mus. Berlin, **46**, 121–133.

STEPHAN, B., 1973: Populationsdynamik und Vogelzug. – Mitt. Zool. Mus. Berlin, **49**, 175–183.

TALPEANU, M., 1967: Expansion einiger Vogelarten in Rumänien. – Beitr. Vogelkde., **12**, 345–353.

TUCHSCHERER, K. und D. FÖRSTER, 1965: Ornithologische Beobachtungen in der Umgebung von Konstanza. – Falke, **12**, 236–241.

VASIČ, V. F., 1967: Erster Fund eines Weidensperlings, *Passer hispaniolensis* (Temm.), in Beograd. – Larus, **19**, 236–237.

VASIČ, V. F., 1970: Die Vögel von Beograd. Ein faunistisches Verzeichnis. – Larus (1965), **19**, 236–237.

VIELLARD, J., 1967: Brefs commentaires sur l'àvifaune de Romaine. – Alauda, **35**, 62.

WALEW, E. B., A. A. AWDEJITSCHEW und W. W. BODRIN, 1971: In MAJERGOIS, I. M., Ökonomische Geografie der sozialistischen Länder (außer UdSSR) Europas. Moskau.

Anschriften der Autoren:

Dr. Wolfgang Baumgart, DDR – 110 Berlin, Stiftsweg 27;

Dr. sc. Burkhard Stephan, Museum für Naturkunde an der Humboldt-Universität Berlin, DDR – 104 Berlin, Invalidenstraße 43.

D 2/2/74

# ZOOLOGISCHE ABHANDLUNGEN

STAATLICHES MUSEUM FÜR TIERKUNDE IN DRESDEN

Band 33 | Ausgegeben: 17. Februar 1975 | Nr. 9

## Bibliographie zur Avifauna Bulgariens (1950–1973)

**(Aves)**

DETLEF ROBEL und DIETMAR KÖNIGSTEDT

Cottbus Greifswald

Das 1950 erschienene Werk von P. PATEFF „Pticite v Blgarija" (Die Vögel Bulgariens) ist die einzige ausführliche Zusammenfassung über die Avifauna des Landes. Darin wird die Literatur bis zum Stand des Erscheinungsjahres nahezu vollständig angeführt und kritisch gesichtet.

Seit dieser Zeit stieg die Anzahl der Arbeiten mit avifaunistischem Inhalt, bedingt durch die intensivere Beobachtertätigkeit von seiten der bulgarischen Ornithologen und besonders der ausländischen Touristen, die das Land meist während der Sommermonate bereisten und wertvolles Material zusammentrugen, ständig an.

In der vorliegenden Übersicht wollen wir deshalb den Versuch wagen, diese meist weit in der internationalen Literatur und in einer Vielzahl von Zeitschriften (z. T. auch mit vorwiegend nicht-ornithologischem Inhalt) verstreuten Arbeiten zusammenzufassen. Wir hoffen, damit besonders denjenigen Ornithologen eine Hilfe zu geben, die Bulgarien nur kurzfristig bereisen und die ihre Beobachtungen in irgendeiner Form auswerten wollen, ohne übermäßig viel Zeit für die mühsame Literatursuche aufwenden zu wollen.

Für den Zeitraum von 1950–1973 haben wir Vollständigkeit angestrebt und alle uns zugänglichen Titel zu erfassen versucht. Zweifellos dürfte uns dennoch manche Arbeit entgangen sein. Wir wären deshalb für diesbezügliche Ergänzungen sehr dankbar. Systematische Werke, Hand- und Bestimmungsbücher von vorwiegend überregionaler Bedeutung sowie Veröffentlichungen in Jagdzeitschriften werden nicht erwähnt. Dagegen halten wir es für notwendig, einige Arbeiten zu zitieren, die sich zwar nicht ausschließlich auf bulgarische Verhältnisse beziehen, denen aber manche Angabe zu entnehmen ist. Gemeint sind besonders Avifaunen der Nachbarländer (z. B. BAUER et al.), in denen beispielsweise die Randgebiete berücksichtigt werden. In einigen weiteren Fällen erscheinen Arbeiten aus dem nicht-ornithologischen Schrifttum (z. B. EICHLER 1971) und solche, bei denen aus dem Titel nicht hervorgeht, daß sie avifaunistische Angaben aus Bulgarien enthalten. Um mögliche Mißverständnisse zu vermeiden, geben wir im Anschluß an die bibliographischen Daten in Stichworten die uns interessierenden Fakten an. Da das eingangs erwähnte Werk von PATEFF nur schwer zugänglich ist, haben wir außerdem vor 1950 veröffentlichte, besonders wichtige und umfangreiche Arbeiten (z. B. JORDANS 1940, REISER 1894, SCHARNKE und WOLF 1938) mit angeführt; das gleiche gilt für die von ihm nicht gründlich ausgewerteten (z. B. BOETTICHER 1927) und anscheinend übersehenen Arbeiten (z. B. MÜLLER 1927).

Den nachfolgend genannten Damen und Herren möchten wir für ihre Unterstützung bei der Literaturbeschaffung, für Sonderdrucksendungen und für verschiedene Hinweise recht herzlich danken:

W. BAUER (Frankfurt/M.), Dr. W. BAUMGART (Berlin), Doz. Dr. S. DONČEV (Sofia), Dr. D. FLÖSSNER (Jena), K. GRÖSSLER (Leipzig), R. GYLLIN (Uppsala), Dr. A. KEVE (Budapest), Dr. habil. H. KREISEL (Greifswald), Dr. K. LIEDEL (Halle), RNDr. B. MATOUŠEK (Bratislava), Dr. G. MAUERSBERGER (Berlin), H. MAUTSCH (Dresden), Dr. D. NANKINOV (Sofia), Dr. M. PASPALEVA (Bukarest), P. PETROV (Sofia), Dr. W. PRZYGODDA (Essen), K. SCHAACK (Offenbach), Dr. S. SIMEONOV (Sofia), Dr. F. SPITZENBERGER (Wien), Dr. sc. B. STEPHAN (Berlin), Dr. J. STÜBS (Greifswald), M. TALPEANU (Bukarest) und W. THÖNEN (Sempach).

ALLÉON, A., 1886: Mémoire sur les oiseaux dans la Dobrudja et la Bulgarie. – Ornis, **2**, 397–428. Wien.

ARABADZIEV, J., 1962: Raubvögel in Bulgarien. Sofia. (Bulg.)

BALÁT, F., 1962: Contribution to the knowledge of the Avifauna of Bulgaria. – Acta Acad. Sci. Cech. Basis Brun., **34**, 445–492.

BAUER, W., HELVERSEN, O. v., HODGE, M. und J. MARTENS, 1969: Catalogus Faunae Graeciae. Pars II, Aves. Thessaloniki.

BAUER, W. und M. HODGE, 1970: 1. Nachtrag zum „Catalogus Faunae Graeciae, Pars Aves". – Vogelwelt, **91**, 96–106.

BAUER, W., BÖHR, H. J., MATTERN, U. und G. MÜLLER, 1973: 2. Nachtrag zum „Catalogus Faunae Graeciae, Pars Aves". – Ibid., **94**, 1–21.

BAUMGART, W., 1966: Der Würgfalke als Brutvogel in der VR Bulgarien. – Falke, **13**, 256–260.

—, 1967: Der Weidensperling in der VR Bulgarien. – Ibid., **14**, 400–407.

—, 1967: Alpendohlenkolonien in Felsschächten des Westbalkan. – J. Orn., **108**, 341–345.

—, 1970: Über die Vögel im Küstengebiet der südlichen Dobrudscha (Silberküste). – Falke, **17**, 220–231.

—, 1970: Schreckreaktion zweier Mauerläufer. – Ibid., **17**, 382–384.
(Neben einigen Angaben zum Vorkommen von *Tichodroma* in Bulgarien Beobachtungen im Iskar-Durchbruch)

—, 1971: Tod von Junguhus infolge Nahrungsmangels? – Ibid., **18**, 220–224.
(In den Kreidefelsen nördl. des „Goldenen Strandes" wurden Junguhus verendet gefunden)

—, 1971: Würgfalkenpaar zieht jungen Steinadler auf. – Ibid., **18**, 414–417.
(Im Provadija-Tal westl. von Varna)

—, 1971: Beitrag zur Kenntnis der Greifvögel Bulgariens. – Beitr. Vogelkde., **17**, 33–70.

—, 1971: Zum Vorkommen von Mittel- und Nonnensteinschmätzern in der VR Bulgarien. – Ibid., **17**, 449–456.

—, 1973: Verheilter Oberarmbruch bei freilebendem Uhu. – Falke, **20**, 15–17.
(Im Provadija-Tal westl. von Varna)

BAUMGART, W. und B. STEPHAN, 1972: Eine Zwergtrappe, *Otis tetrax*, als Uhu-Beute in Bulgarien. – Beitr. Vogelkde., **18**, 357–363.

BAUMGART, W., S. D. SIMEONOV, M. ZIMMERMANN, H. BÜNSCHE, P. BAUMGART und G. KÜHNAST, 1973: An Horsten des Uhus (*Bubo bubo*) in Bulgarien. I. Der Uhu im Iskerdurchbruch (Westbalkan). – Zool. Abh. Mus. Tierk. Dresden, **32**, Nr. 14, 203–247.

BOETTICHER, H. v., 1919: Ornithologische Beobachtungen in der Mus-Alla-Gruppe (Rila-Gebirge) 1916–1919. – J. Orn., **67**, 233–257; korr. p. 491.

—, 1927: Kurzer Überblick über die Wasser- und Sumpfvögel Bulgariens. – Verh. Orn. Ges. Bayern, **17**, 180–198.

—, 1927: Kurze Übersicht über die Raubvögel und Eulen Bulgariens. – Ibid., **17**, 535–549.

—, 1930: Die Hühnervögel und Tauben Bulgariens. – Kocsag, **3**, 16–27.

—, 1949: „Dichromatismus", Doppelfarbigkeit beim Seidenreiher, *Egretta g. garzetta* (L.). – Vogelwelt, **70**, 168–169.

—, 1952: Ergänzung zum Bericht über „Dichromatismus" beim Seidenreiher. – Ibid., **73**, 139. (Dunkles Ex. aus Bulgarien)

BOEV, N., 1951: Eine neue Vogelart für unsere Fauna – die Krähenscharbe, *Phalacrocorax aristotelis desmaresti* PAYR. – Bull. Inst. Zool. Acad. Sci. Bulg., **1**, 329–334.

—, 1957: Ergänzung zur Artenliste der Vögel Bulgariens. – Ibid., **6**, 589–597. (Beide Arbeiten bulg. mit deut. Zus.)

—, 1962: Données sur l'etendue de l'aire d'habitat estivale de certaines espéces d'oiseaux en Bulgarie. – Ibid., **11**, 31–46.

—, 1963: Matériaux sur l'etendue de l'habitat et la Biologie de la „Tourterelle Turque" (*Streptopelia decaocto* Frivaldsky) en Bulgarie. – Ibid.,**13**, 5–31. (Beide Arbeiten bulg. mit franz. Zus.)

—, 1964: Wildfowl and Wildfowling in Bulgaria. – Wildfowl Trust Ann. Rep., **16**, 58–63.

—, 1967: The Birds of Bulgaria. – Avicult. magaz., **73**, 83–86.

BOEV, N. und M. PASPALEVA-ANTONOVA, 1964: Beitrag zur Untersuchung des Schwarzen Storches (*Ciconia nigra* L.) in Bulgarien. – Bull. Inst. Zool. Acad. Sci. Bulg., **16**, 5–16.

BOEV, N., GEORGIEV, J. und S. DONČEV, 1964: Die Vögel in Thrakien. Teil I. – Ibid., **16**, 56–105. (Beide Arbeiten bulg. mit deut. Zus.)

BOEV, N. und S. SIMEONOV, 1967: Über die Verbreitung einiger Eulenarten in Südost-Europa. – Acta Mus. Maced. Sci. Natur., **11**, 1–16.

BURESCH, I. und W. ARNDT, 1926: Die Glazialrelikte darstellenden Tierarten Bulgariens und Mazedoniens. – Z. Morph. Ökol. Tiere, **5**, 381–405.

CATUNEANU, I., 1965: Die Raubvögel der Dobrudscha und ihr gegenwärtiger Stand. – Res. deuxiéme conf. prot. nat., Constanta, **9**, 17–21.

CATUNEANU, I., PASCOVSCHI, S., PAPADOPOL, A. und M. TALPEANU, 1962: L'expansion de *Motacilla flava feldegg* Mich. dans le sud-est de l'Europe. – Trav. Mus. Hist. Nat. „Gr. Antipa", **3**, 317–340.

DIMOVSKI, A., 1960: Verbreitung der *Phylloscopus bonelli orientalis* (Brehm) auf der Balkanhalbinsel. – Fragmenta Balcanica, **3**, 31–35. (Serbokroat. mit deut. Zus.)

DOICHEV, R., 1973: A Study on the migration of the Starling (*Sturnus vulgaris* L.) in Bulgaria. – Ann. de l'Univ. de Sofia, **65**, 11–21. (Bulg. mit engl. Zus.)

DONČEV, S., 1956: Materialien über die Systematik, Ökologie und Biologie der Rabenvögel (*Corvidae*) in Bulgarien. – Bull. Inst. Zool. Acad. Sci. Bulg., **7**, 269–313.

—, 1959: Beitrag zur Erforschung des Zuges und Überwinterung mancher Vögel in Bulgarien. – Ibid., **8**, 31–40.

—, 1961: Die Vögel im Witoscha-Gebirge. – Ibid., **10**, 59–137.

—, 1963: Über die Brutbiologie des Säbelschnäblers (*Recurvirostra avosetta* L.) in Bulgarien. – Fragmenta Balcanica, **4**, 177–184.

—, 1963: Neue Angaben über Zug, Überwinterung und Verbreitung einiger Vogelarten in Bulgarien. – Bull. Inst. Zool. Acad. Sci. Bulg., **14**, 111–125.

—, 1963: Über die Vermehrung der Heidelerche (*Lullula arborea* L.) in Bulgarien. – Ibid., **14**, 255–257.

—, 1964: Über die Verbreitung einiger neuer und seltener Vögel in Bulgarien. – Ibid., **16**, 23–28.

—, 1965: Neue Funde von *Sylvia melanocephala*, *S. cantillans* und *S. hortensis* in Bulgarien. – Ibid., **18**, 58–63. (Alle Arbeiten bulg. mit deut. Zus.)

—, 1966: Zur Arealausweitung einiger bulgarischer Vögel. – Zool. Abh. Mus. Tierk. Dresden, **28**, 235–238.

—, 1966: Wasserschwimmvögel (*Tubinares*, *Steganopodes*, *Pygopodes* und *Lari*) in Bulgarien. – Proc. Intern. Conf. Wildf. Res. Cons., Brno, 31–40.

—, 1967: Beitrag zur Erforschung der Schwimmvögel in Bulgarien. – Bull. Inst. Zool. Acad. Sci. Bulg., **23**, 79–94.

—, 1967: Das Thorshühnchen – *Phalaropus fulicarius* L. – eine neue Art für die Ornithofauna Bulgariens. – Ibid., **23**, 243–246. (Beide Arbeiten bulg. mit deut. Zus.)

—, 1967: Zustand, Verbreitung und Ausnützung der Jagdvögel in Bulgarien. – VII. Congr. des Biol. du Gibier., Beograd, 585–588. (Serbokroat.)

—, 1970: Die Vögel im westlichen Balkangebirge. – Bull. Inst. Zool. Acad. Sci. Bulg., **31**, 45–92.

—, 1970: Der Feldrohrsänger – *Acrocephalus agricola* (Jerdon, 1845) – eine neue Art für die bulgarische Vogelfauna. – Ibid., **32**, 181–183. (Beide Arbeiten bulg. mit deut. Zus.)

—, 1970: Verbreitung für die Mittelmeerfauna charakteristischer Vögel in Bulgarien. – Beitr. Vogelkunde, **15**, 391–394.

—, 1971: Status of the Waterfowl and their Habitat in Bulgaria. – Proc. Intern. Conf. on Conserv. Wetl. a. Waterfowl, 189–191.

—, 1973: Zur Avifauna Bulgariens. – Bonner Zool. Beitr., **24**, 323–324.

DONČEV, S. und E. UNDZIAN, 1961: Der Flußrohrsänger, *Locustella fluviatilis* (Wolf), eine neue Art in der bulgarischen Ornithofauna. – Bull. Inst. Zool. Acad. Sci. Bulg., **10**, 387–388.

DONČEV, S., PROSTOV, A. und Z. GEORGIEV, 1961: Die Raubseeschwalbe, *Hydroprogne tschegrava* (Lepechin), eine neue Art in der bulgarischen Ornithofauna. – Ibid., **10**, 389–390. (Beide Arbeiten bulg. mit deut. Zus.)

DONČEV, S. und A. DARAKČIEV, 1971: Ergänzungen zur Vogelwelt Thrakiens. – Beitr. Vogelkunde, **17**, 244–250.

DORNBUSCH, M., 1969: Weidensperling schon 1957 bei Sofia. – Falke, **16**, 210.

DYRCZ, A., 1963: Bulgarian observations, autumn 1962. – Ibis, **105**, 269–270.

EICHLER, W., 1971: Vogelbälge-Abklopfen als Mallophagen-Sammelmethode. – Angew. Parasitologie, **12**, 38–52.
(Mit Angaben zur Häufigkeit von *Coracias garrulus* in Bulgarien)

ENDES, M., 1972–73: Beiträge zur Kenntnis der Verbreitung und Ökologie der Kurzzehenlerche [*Calandrella brachydactyla* (Leisl.)]. – Acta Biol. Debrecina, **10–11**, 143–149. (Ung. mit deut. Zus.)
(Unter anderem Beobachtungen aus Südbulgarien)

FARMAN, C., 1868: On some of the Birds of Prey of Central Bulgaria. – Ibis, **2**/4, 406–414

—, 1869: (Fortsetzung). – Ibid., **2**/5, 199–204.

FERIANC, C., DONČEV, S. und J. HANZAK, 1965: Angaben über die Vogelwelt aus der Umgebung von Iskra (Nordostrhodopen) und Burgas. – Bull. Inst. Zool. Acad. Sci. Bulg., **19**, 5–25. (Bulg. mit deut. Zus.)

FERIANCOVÁ-MASÁROVÁ, Z. und S. DONČEV, 1969: Gegenüberstellung der Ornithofauna der Westkarpaten (Slowakei) und der westlichen Stara Planina (Bulgarien). Teil I. – Biologia (Bratislava), **24**, 356–374.

—, 1970: Id., Teil II. – Ibid., **25**, 85–100.

FINSCH, O., 1859: Beiträge zur ornithologischen Fauna von Bulgarien, mit besonderer Berücksichtigung des Balkan. – J. Orn., **7**, 378–387.

FLÖSSNER, D., 1972: Ornithologische Notizen aus dem Rila- und Pirin-Gebirge. – Falke, **19**, 402–407.

GABRASCHANSKI, P. und S. DONČEV, 1967: Der Auerhahn in Bulgarien. – Finn. Game Res., **30**, 152–155. (Russ. mit deut. Zus.)

GABRIEL, K., K. KLOSS und H. KREISEL, 1961: Avifaunistische Beobachtungen in Bulgarien. – Beitr. Vogelkunde, **7**, 277–280.

GEISSLER, K., 1962: Ornithologische Beobachtungen im Naturschutzgebiet von Srebarna (Bulgarien). – Falke, **9**, 327–331.

GENGLER, J., 1919: Balkanvögel. Ein ornithologisches Tagebuch. Altenburg.

GEORGIEV, Z., 1955: Untersuchungen über die Ernährung des Rebhuhnes (*Perdix perdix* L.) in Bulgarien. – Bull. Inst. Zool. Acad. Sci. Bulg., **4**.

—, 1958: Materialien über die Vermehrung des Feldhuhns (*Perdix p. perdix* L.) in der Umgebung der Stadt Harmanli. – Ibid., **7**, 385–392.

—, 1958: Die Vermehrung des Thrakischen Steinhuhns (*Alectoris graeca cypriotes* Hartert) im Kreis Harmanli. – Ibid., **8**, 368–384.

—, 1960: Zur Frage der Unterartenzugehörigkeit des bulgarischen Rebhuhns (*Perdix perdix* L.). – Ibid., **9**, 439–443.

—, 1961: Die Ernährung des Thrakischen Steinhuhns (*Alectoris graeca cypriotes* Hart.). – Ibid., **10**, 289–292.

—, 1963: Die Ernährung der Kücken und Junghühner des Thrakischen Steinhuhns (*Alectoris graeca cypriotes* Hart.). – Ibid., **14**, 141–152.

—, 1964: Einige zusätzliche Angaben über die Fortpflanzung des Thrakischen Steinhuhns (*Alectoris graeca cypriotes* Hart.). – Ibid., **16**, 17–22. (Alle Arbeiten bulg. mit deut. Zus.)

—, 1965: Angaben über Gewicht und Größe der jungen und ausgewachsenen Thrakischen Steinhühner, *Alectoris graeca cypriotes* Hart. – Bull. Inst. Zool. Acad. Sci. Bulg., **19**, 39–43. (Bulg. mit deut. Zus.)

GEROUDET, P., 1973: Notes sur le Pouillot de Bonelli Oriental, sa distribution et sa voix. – L'Oiseau et R. F. O., **43**, 75–96.
(Beobachtungen von der bulg. Schwarzmeerküste)

GRÖSSLER, K., 1965: Ornithologische Beobachtungen in den Rhodopen (Süd-Bulgarien). – Zool. Abh. Mus. Tierk. Dresden, **18**, 103–112.

—, 1965 (erschienen 1969): Faunistic notes from the shores of the Black sea in Bulgaria. – Larus, **19**, 185–207. (Nachdruck der folgenden Arbeit)

—, 1967: Faunistische Notizen von der Schwarzmeerküste Bulgariens. – Larus, **19**, 212 –235.

—, 1970: Kleiner Beitrag zur Kenntnis der Vogelwelt des Rila-Gebirges (Westbulgarien). – Beitr. Vogelkunde, **16**, 145–162.

GROTE, H., 1934: Über Rephuhn-Wanderzüge in Osteuropa. – Orn. Monatsberichte, **42**, 37–40.

GÜTHERT, L., 1964: Das Reservat Srebarna (= Silbersee). In: WIRTH, H., Geschützte Wildnis, Wittenberg.

GYLLIN, R., 1970: Talgoxe *Parus major* dödad av artfrände. – Vår Fågelvärld, **29**, 232. (Beobachtung in Sofia)

—, 1971: Notes on the spring migration and Raptors in Bulgaria. – Vogelwarte, **26**, 182–185.

HANZAK, J., 1962: Der Spornkiebitz (*Hoplopterus spinosus* L.) erstmalig in Bulgarien. – J. Orn., **103**, 490–491.

HARRISON, J. M. und P. PATEFF, 1937: An ornithological survey of Thrace the Islands of Samothraki, Tasos and Tasopulo in the North Aegean, and observations in the Struma Valley and the Rhodope Mountains Bulgaria. – Ibis, **14**, 582–625.

JOHNSON, A. und H. HAFNER, 1970: Winter Wildfowl counts in South-East Europe and Western Turkey. – Wildfowl, **21**, 22–36.

JORDANS, A. v., 1940: Ein Beitrag zur Kenntnis der Vogelwelt Bulgariens. – Mitt. Kgl. Naturwiss. Inst. Sofia, **13**, 49–152.

KALTSCHEV, B., 1964: Zur Kenntnis der Vogelfauna der Umgebung von Plovdiv. – Zool. Abh. Mus. Tierk. Dresden, **16**, 293–297.

—, 1965: Materialien zum Studium der Ornithofauna aus dem Bezirk Plovdiv. – Jahrb. Mus. Plovdiv, **4**, 259–264. (Bulg.)

KEVE, A., 1968: Über die Arealveränderungen des Sichlers, *Plegadis falcinellus* (L.). – Zool. Abh. Mus. Tierk. Dresden, **29**, 159–175.
(Mit Bemerkungen über das Vorkommen in Bulgarien)

KEVE, A. und S. DONČEV, 1967: Taxonomische Studien über den Eichelhäher der Balkanhalbinsel. – Zool. Abh. Mus. Tierk. Dresden, **29**, 1–16.

KEVE, A., KOHL, S., MATOUŠEK, F., MOCSANSKÝ, A. und R. RUCNER-KRONEISL, 1962: Über die taxonomische Stellung der südosteuropäischen Steinkäuze, *Athene noctua* (Scop.). – Larus, **14**, 26–74.

KÖNIGSTEDT, D. und D. ROBEL, 1973: Die Stummellerche, *Calandrella rufescens* (Vieill.), in Rumänien und Bulgarien. – Larus, **25**, 121–122.

KUMERLOEVE, H., 1956: Der Schwarze Milan als Wintergast in Bulgarien. – Vogelwelt, **77**, 59.

—, 1956: *Phalaropus lobatus* (L.) als Durchzügler in Bulgarien. – Ibid., **77**, 89–90.

—, 1957: Ornithologische Beobachtungen im „Zubringerraum" (Bulgarisch-Rumänische Schwarzmeerküste) des Bosporus-Zuges. – Bonn. Zool. Beitr., **8**, 248–274.

—, 1962: Isabell-Steinschmätzer, *Oenanthe isabellina*, in Südost-Bulgarien. – J. Orn., **103**, 108–109.

LAMBERT, A., 1961: Spring migration of Raptors in Bulgaria. – Ibis, **103**a, 130–131.

LANKES, K., 1932: Ornithologisches aus Bulgarien. – Anz. Orn. Ges. Bayern, **2**, 151–152.

LEPSI, J., 1927: Einiges über den Gänsegeier (*Gyps fulvus* Gmel.) und Uhu (*Bubo bubo* Lin.). – Verh. Mitt. Siebenbürg. Ver. Naturw. Hermannst., **77**, 1–6.
(Beobachtungen in der Umgebung von Kavarna)

LIEDEL, K. und D. LUTHER, 1969: Beitrag zur Avifauna Bulgariens. – Beitr. Vogelkunde, **14**, 406–435.

MAKATSCH, W., 1950: Die Vogelwelt Macedoniens. – Leipzig.

MÄRZ, R. und W. BAUMGART, 1967: Alpensegler, *Apus melba*, als Uhubeute. – Beitr. Vogelkde., **12**, 387–390.
(Am Iskarpaß in Westbulgarien)

MATOUŠEK, B., 1965: Herbstzug der Bienenfresser (*Merops apiaster*) längs der Meeresküste bei Nesebar in Bulgarien. – Larus, **16–18**, 284.

MAUERSBERGER, G., 1960: Vogelkundliche Streifzüge durch das nordöstliche Bulgarien. – Falke, **7**, 115–121.

—, 1960: Faunistische Notizen aus Nordost-Bulgarien (19. 5.–2. 6. 1959). – J. Orn., **101**, 113–125.

—, 1963: Eine mittelalterliche Nachricht über den Würgfalken in Bulgarien. – Beitr. Vogelkde., **8**, 366–367.

—, 1970: Verhalten und taxonomische Stellung der Schwarzkopfmöwe (*Larus melanocephalus* Temminck). – Ibid., **15**, 209–319.
(Mit Bemerkungen über das Vorkommen in Bulgarien)

MAUERSBERGER, G. und J. STÜBS, 1963: Drei für Bulgarien neue Vogelarten. – J. Orn., **104**, 3–4.

MAUTSCH, H. und H. RANK, 1973: Rosenstare in der Süddobrudscha. – Falke, **20**, 268–272.

MIČEV, T., 1962: Zwei neue Fundorte der Raubseeschwalbe (*Hydroprogne tschegrava* [Lepechin]) in Bulgarien. – Bull. Inst. Zool. Acad. Sci. Bulg., **12**, 239–240.

—, 1966: Über die Biologie des Eisvogels (*Alcedo atthis atthis* L.) im Naturschutzgebiet „Srebarna" im Bezirk Silistra. – Ibid., **20**, 175–182.

—, 1968: Neue Angaben über die Ernährung der Ornithofauna des Naturschutzgebietes Srebarna in der Süddobrudscha. – Ibid., **27**, 5–21.

—, 1968: Über die Verbreitung und Nestbiologie des Ägyptischen Schmutzgeiers. – Ibid., **17**, 65–79. (Alle Arbeiten bulg. mit deut. Zus.)

MOUNTFORT, G. und I. J. FERGUSON-LEES, 1961: Observations on the Birds of Bulgaria. – Ibis., **103**a, 443–471.

MÜLLER, A., 1927: Bericht über eine Sammelreise in die Dobrudscha und auf die Schlangeninsel. – Verh. Mitt. Siebenbürg. Ver. Naturw. Hermannstadt, **77**, 11–40.

MÜLLER, H. G. und H. MÜLLER, 1965: Ornithologische Beobachtungen aus dem Rila-Gebirge. – Beitr. Vogelkunde, **10**, 287–292.

NANKINOV, D., 1973: Dispersionsperioden im jährlichen Lebenszyklus der jungen Stare. – Bull. Inst. Zool. Mus. Sci. Bulg., **37**, 215–222. (Bulg. mit deut. Zus.)
(Unter anderem Beobachtungen von 4 *Turdus*-Arten in Südbulgarien)

NIETHAMMER, G., 1944: *Haematopus ostralegus longipes* Buturlin auf dem Zug in Südosteuropa. – Orn. Monatsber., **52**, 161–164.
(Unter anderem Material aus dem Museum Sofia)

—, 1950: Zur Vogelwelt Bulgariens, insbesondere seiner nordwestlichen Landesteile. – Syllegomena biologica, 267–286. Leipzig–Wittenberg.

NISBET, I. C. T. und T. C. SMOUT, 1957: Field notes on some birds of South-East Europe. – Brit. Birds, **50**, 201–204.

PASPALEVA-ANTONOVA, M., 1961: Bird ringing in Bulgaria. – The Ring, **29**, 59–60.

—, 1961: Beitrag zur Ornithofauna des Reservates „Srebarna" im Bezirk Silistra. – Bull. Inst. Zool. Acad. Sci. Bulg., **10**, 139–163. (Bulg. mit deut. Zus.)

PASPALEVA, M., 1961: Im Ausland beringte und in Bulgarien gefundene Vögel. (Beitrag zur Untersuchung der Vogelzüge in Bulgarien.) – Ibid., **10**, 329–344.

—, 1962: Mitteilungen der Bulgarischen Ornithologischen Zentrale. – Ibid., **12,** 215–224. (Beide Arbeiten bulg. mit deut. Zus.)

—, 1962: Beringungsergebnisse an Weißen Störchen (*Ciconia ciconia* L.) in Bulgarien. – Fragmenta Balcanica, **4,** 107–113.

—, 1963: Herkunft und lokale Verteilung der in Bulgarien überwinternden Zugvögel von der Ordnung *Anseriformes*. – Bull. Inst. Zool. Acad. Sci. Bulg., **14,** 127–138. (Bulg. mit deut. Zus.)

PASPALEVA-ANTONOVA, M., 1964: Ein Beitrag zur Ornithofauna des Ljulingebirges. – Ibid., **16,** 35–59.

—, 1965: Im Ausland beringte und in Bulgarien ermittelte Möwen (Unterordnung *Lari*). – Ibid., **18,** 31–40.

—, 1965: Die Eiderente – *Somateria mollissima* (L.) – eine neue Art für die bulgarische Ornithofauna. – Ibid., **18,** 65–66.

—, 1965: Angaben über neue und seltene bulgarische Vogelarten. – Ibid., **19,** 33–37. (Alle Arbeiten bulg. mit deut. Zus.)

—, 1966: Die Wasservögel in Bulgarien, ihre Vorkommen und ihre Standorte. – Proc. Intern. Conf. Wildf. Res. Cons., Brno, 17–30.

PASPALEVA, M. und M. TALPEANU, 1967: Observations ornithologiques dans les canyons de la Dobrudja (en Bulgarie et Roumanie). – Trav. Mus. Hist. Nat. „Gr. Antipa", **7,** 409–418.

PASPALEVA, M. und T. MIČEV, 1968: Ornithologische Untersuchungen am bulgarischen Donauufer. – Limn. Ber. X. Jubiläumstag. Donauforsch., 445–454.

—/—, 1971: Anzahl und Saison-Dynamik einiger Schwimm- und Teichvögel im Reservat „Srebarna"-Süddobrudscha im Jahre 1966–67. –Bull. Inst. Zool. Acad. Sci. Bulg., **33,** 13–22. (Bulg. mit deut. Zus.)

PATEFF, P., 1950: Die Vögel Bulgariens. Sofia. (Bulg.)

PESHEV, I., 1965: Sur l'appartenance de la griva ágorge noire (*Turdus ruficollis atrogularis* Jar.) á la fauna ornithologique Bulgare. – Bull. Inst. Zool. Acad. Sci. Bulg., **18,** 67–69.

—, 1967: Contribution a l'etude de l'ornithofauna de long des cotes de la Mer-noire-Rayon de Varna. – Bull. du Musée National a Varna, 188–212. (Beide Arbeiten bulg. mit franz. Zus.)

PESHEV, C. und N. BOEV, 1962: Fauna Bulgariens: Wirbeltiere. Sofia. (Bulg.)

PETROV, A., 1950: Unsere jagdbaren Vögel. Sofia. (Bulg.)

PETROV, B. und S. I. SLATANOV, 1955: Data on Bird Fauna in the Dobrudja. – J. Scient. Res. Inst. Min. Agric. Sofia, **1,** 93–113. (Bulg. mit engl. Zus.)

PETROV, P., 1964: Wachstum und Entwicklung der Elster während der Nestperiode. – Bull. Inst. Zool. Acad. Sci. Bulg., **15,** 69–75. (Bulg. mit deut. Zus.)

—, 1966: Das Problem des Wasserwildes in Bulgarien. – Proc. Intern. Conf. Wildf. Res. Conserv., Brno, 279–293.

—, 1966: Die Dynamik der Rebhuhn-Ketten im Zusammenhang mit Koeffizientenfeststellung des Nachwuchses. – Beitr. Jagd- u. Wildforschung, **90,** 99–108. (Untersuchungsmaterial aus Bulgarien)

—, 1972: Über die Verbreitung und Bestandszahl des Auerwildes in Bulgarien. – Z. Jagdwiss., **18,** 66–76.

—, ohne Datum: La situation et la protection des zones humides an Bulgarie classes dans la liste mar.

PETROV, P. und S. DONČEV, 1969: Untersuchungen über die Wachtel, *Coturnix coturnix* (L.), in Bulgarien. – Bull. Inst. Zool. Acad. Sci. Bulg., **30**, 37–58. (Bulg. mit deut. Zus.)

PETROV, P., DRAGOEV, P. und Z. GEORGIEV, 1969: On the Subspecies appartenance of the Rock Partridge in the Eastern Rhodope. – Gorskost. Nauka, **5**, 81–106.

—/—/—, 1972: Investigations on the feeding of Rock Partridge (*Alectoris graeca* Meisner). – Bull. Inst. Zool. Acad. Sci. Bulg., **36**, 183–191. (Beide Arbeiten bulg. mit engl. Zus.)

PORTENKO, L. und S. DONČEV, 1973: Unterarten der in bulgarischen Territorien vorkommenden Rohrammer, *Emberiza schoeniclus* (L.). – Bull. Inst. Zool. Acad. Sci. Bulg., **38**, 265–269. (Bulg. mit deut. Zus.)

PROSTOV, A., 1955: Neue Angaben über die Ornithofauna der bulgarischen Schwarzmeerküste. – Ibid., **4/5**, 451–460.

—, 1957: Zum Brüten der Lachseeschwalbe, *Gelochelidon nilotica* (Gm.), in Bulgarien. – Ibid., **6**, 603–606.

—, 1960: Untersuchungen über die Systematik, Biologie und wirtschaftliche Bedeutung der Meisen in Bulgarien. – Ibid., **9**, 179–254.

—, 1963: Beitrag zur Erforschung der Ornithofauna im Gebiet von Petric. – Ibid., **13**. 33–77.

—, 1964: Untersuchungen der Ornithofauna im Gebiet von Burgas. – Ibid., **15**, 5–68. (Alle Arbeiten bulg. mit deut. Zus.)

PRZYGODDA, W., 1969: Zur systematischen Stellung der Tannenhäher (*Nucifraga caryocatactes*) des Balkans und der sowjetischen Karpaten. – Bonn. Zool. Beitr., **20**, 69–74.

REISER, O., 1894: Materialien zu einer Ornis Balcanica. II, Bulgarien. Wien.

—, 1910: Über die schwarz-weißen Steinschmätzer der Balkanhalbinsel. – Verh. V. Intern. Ornith. Kongr. Berlin, 546–548.

—, 1933: Mitteilung über Balkanvögel. – J. Orn., **81**, 366–370.

—, 1939: Materialien zu einer Ornis Balcanica. Bosnien und Herzegowina. Wien.

RENSCH, B., 1934: Beitrag zur Kenntnis der Vogelwelt der bulgarischen Gebirge. – Orn. Monatsber., **42**, 1–9.

ROBEL, D., 1972: Zum Vorkommen von Nonnen- und Isabellsteinschmätzer in Bulgarien (*Oenanthe leucomela* und *isabellina*). – J. Orn., **113**, 445–447.

—, 1973: Zum Nahrungserwerb des Nachtsturmtauchers (*Puffinus puffinus* [Brünn.]). – Beitr. Vogelkunde, **19**, 221–222.
(Beobachtungen von der bulgarischen Küste)

—, 1973: Ornithologische Beobachtungen in Bulgarien im Juli 1971. Larus, **25**, 103–108.

ROBEL, D., KÖNIGSTEDT, D. und H. MÜLLER, 1972: Hinweise für ornithologische Beobachtungen in Bulgarien. – Falke, **19**, 157–165.

ROCHÉ, J.-C., 1966: Südeuropa. Band II des Vogelstimmen-Führers der Ornis Europas. Verlag Institut ECHO, Collobrières (Var, France).
(Aufnahme eines Olivenspötters bei Balčik)

RUČNER, R., 1965: Die Beziehungen zwischen der mediterranen Vegetation und den mediterranen Elementen der Ornithofauna der Balkanhalbinsel. – Larus, **16–18**, 79–105.

SCHARNKE, H. und A. WOLF, 1938: Beiträge zur Kenntnis der Vogelwelt Bulgarisch-Mazedoniens. – J. Orn., **86**, 309–327.

SCHUMANN, A., 1933: Der Rosenstar (*Pastor roseus* L.). – Mitt. Kgl. Naturwiss. Inst. Sofia, **6**, 116–124.
(Über das Auftreten in Bulgarien)

SCHWARZE, E., 1969: Erstbeobachtung des Gelbschnabelsturmtauchers (*Calonectris diomedea*) an der bulgarischen Küste. – J. Orn., **110**, 110.

SIMEONOV, S., 1963: Nahrungsuntersuchungen des Waldkauzes (*Strix aluco* L.) im Losengebirge. – Acta Mus. Maced. Sci. Natur. Skopje, **9**, 35–50.

—, 1963: Untersuchung über die Nahrungszusammensetzung des Feldsperlings (*Passer montanus* [L.]) im Sofioter Bezirk. – Bull. Inst. Zool. Acad. Sci. Bulg., **14**, 93–109.

—, 1964: Über die Nahrung des Haussperlings in der Umgebung von Sofia. – Ann. de l'Univer. de Sofia, **56**, 239–275. (Beide Arbeiten bulg. mit deut. Zus.)

—, 1965: Über die Verbreitung der Rötelschwalbe, *Hirundo daurica rufula* (Temminck) in Bulgarien. – Fragmenta Balcanica, **5**, 115–120.

—, 1966: Forschungen über die Winternahrung der Waldohreule (*Asio otus* L.) in Nord-Bulgarien. – Ibid., **5**, 169–175.

—, 1967: Die Vögel im Iskar-Durchbruch. – Bull. Inst. Zool. Acad. Sci. Bulg., **23**, 183–212. (Bulg. mit deut. Zus.)

—, 1968: Trophic relationships between the Birds of some swamps in the plain of Sofia and other organisms of the swamp biocenosis. – Larus, **21–22**, 166–180.

—, 1968: Systematik und Biologie der Amsel (*Turdus merula* L.) in Bulgarien. – Ann. de l'Univ. de Sofia, **60**, 55–84. (Bulg. mit deut. Zus.)

—, 1968: Über die Nistweise der Rötelschwalbe, *Hirundo daurica rufula* (Temminck), in Bulgarien. – J. Orn., **109**, 57–61.

—, 1968: Materialien über die Nahrung des Steinkauzes (*Athene noctua* Scopoli) in Bulgarien. – Fragmenta Balcanica, **6**, 157–165.

—, 1969: Zur Brutbiologie der Rötelschwalbe, *Hirundo daurica rufula*, in Bulgarien. – J. Orn., **110**, 499–500.

—, 1970: Untersuchungen über die Nist-Ornithofauna in den „Pseudomacchien" des Piringebirges. – Ann. de l'Univ. de Sofia, **63**, 15–26. (Bulg. mit deut. Zus.)

—, 1970: Über die Verbreitung mediterraner Vogelarten in Bulgarien. – Vogelwelt, **91**, 59–67.

—, 1973: Der Berghänfling – *Carduelis flavirostris* (L.) – eine neue Art für die bulgarische Ornithofauna. – Ann. de l'Univ. de Sofia, **65**, 101–102. (Bulg. mit deut. Zus.)

SIMEONOV, S. und W. BAUMGART, 1962: Verbreitung des Weidensperlings, *Passer hispaniolensis*, in Bulgarien. – Priroda, **5**, 94–95. (Bulg.)

SIMEONOV, S. und S. BOGDANOV, 1967: Die Vögel im Losengebirge. – Ann. de l'Univ. de Sofia, **59**, 43–67. (Bulg. mit deut. Zus.)

SIMEONOV, S. und R. DOICHEV, 1973: Studies in the taxonomy of Yellowhammer (*Emberiza citrinella* L.) in Bulgaria. – Ibid., **65**, 163–171. (Bulg. mit engl. Zus.)

SIMEONOV, S. und B. IVANOV, 1971: Über Verbreitung und Nistbiologie der Beutelmeise in Bulgarien. – Falke, **18**, 184–189.

SIMEONOV, S. und W. PENKOV, 1969: Ornithozönologische Untersuchungen einer künstlichen Anpflanzung vom „Insel"-Typus. – Ann. de l'Univ. de Sofia, **62**, 13–22. (Untersuchungen in der Umgebung von Botevgrad bei Sofia)

SIMEONOV, S. und J. SOFRONIEV, 1968: Ornithozönologische Untersuchungen an einigen Sümpfen der Sofioter Ebene. – Ibid., **61**, 1–26. (Beide Arbeiten bulg. mit deut. Zus.)

SPITZENBERGER, F., 1966: Ornithologische Beobachtungen an der Donau zwischen Vidin (Bulgarien) und Sulina (Rumänien). – Egretta, **9**, 12–36.

STEIN, H., 1972: Zum Vorkommen von Rebhuhn (*Perdix perdix*) und Weidensperling (*Passer hispaniolensis*) in Bulgarien. – Beitr. Vogelkde., **18**, 447.

STERBETZ, I. und J. SZIJJ, 1968: Das Zugverhalten der Rothalsgans (*Branta ruficollis*) in Europa. – Vogelwarte, **24**, 266–277.

STRESEMANN, E., 1920: Avifauna Macedonica. München.

TALPEANU, M., 1966: Excursie ornitologica in nord-estul Bulgarirei. – Vinátorul si Pescar. Sportiv, **18**, 27–28.

—, 1968: Aspecte din Sud-Vestul Bulgariei. – Ibid., **20**, 21.

TERRASSE, J. F. und M. und M. BROSSELIN, 1969: Avifauna d'un lac des Balkans: Mikra Prespa (Gréce). – L'Oiseau et R. F. O., **39**, 185–201. (Mit Bemerkungen über das Vorkommen der *Pelecanus*-Arten in Bulgarien)

THIEDE, W., 1965: Die Verbreitung des Rotschenkels *Tringa totanus* (L.). 15. Mitteilung: Zug- und Winterquartiere ungarischer Rotschenkel; Zug und Überwinterung von Rotschenkeln auf dem Balkan und in Kleinasien. – Zool. Anz., **174**, 242–259.

THIOLLAY, J. M., 1968: Remarques sur la migration des rapaces diurnes dans le Sud de l'Espagne et en Bulgarie. – Nos Oiseaux, 317–318, 214–221.

THÖNEN, W., 1968: Ornithologische Beobachtungen in bulgarischen und rumänischen Gebirgen. – Orn. Beob., **68**, 11–17.

UNDZIAN, E., 1968: Über den Weidensperling, *Passer h. hispaniolensis* (Temminck, 1820) in Nordost-Bulgarien. – Mitt. Volksmus. Russe, **3**, 245–259. (Bulg.)

UNDZIAN, E. und J. IVANOV, ohne Datum: Dreizehenmöwe, *Rissa tridactyla* L., bei Russe. Maschinenmanuskript.

VIELLARD, J., 1970: La distribution du Casarca roux *Tadorna ferruginea* (Pallas). – Alauda, **38**, 87–125.

WARNCKE, K., 1971: Der Isabellsteinschmätzer (*Oenanthe isabellina*) in Bulgarien. – Vogelwelt, **92**, 22–23.

ZWETKOV, W. und G. und I. W. ARABADZIEV, 1962: Die wilden Vögel. Sofia. (Bulg.)

## Summary

BIBLIOGRAPHY ON BULGARIA'S BIRD FAUNA (1950–1973)

The present bibliography on Bulgaria's bird fauna contains 212 references. It has been tried to consider all publications on this subject during the period between 1950 and 1973, partially even in the non-ornithological literature. As far as the time before 1950 is concerned, only very comprehensive and important publications and those which had not been mentioned by PATEFF in „The Birds of Bulgaria" (1950) are contained.

Anschriften der Autoren:
Dipl.-Biol. Detlef Robel, DDR – 75 Cottbus, Thälmannstraße 23;
Dipl.-Biol. Dietmar Königstedt, DDR – 22 Greifswald, Uhlenhuthstraße 8.

ZOOLOGISCHE ABHANDLUNGEN
STAATLICHES MUSEUM FÜR TIERKUNDE IN DRESDEN

Band 33 Ausgegeben: 17. Februar 1975 Nr. 10

# Der Raubwürger in Ungarn
## (Aves, Laniidae)

PETER BERETZK † und ANDRAS KEVE
Szeged Budapest

Mit der Taxonomie ungarischer Raubwürger (*Lanius excubitor* L., 1758) haben sich schon mehrere Autoren beschäftigt, so CSATÓ (1884, 1891), CABANIS (1885), CHERNEL (1899), MADARÁSZ (1900) und andere. Doch früher waren die Auffassungen über die Taxa und der Verlauf der ungarischen Landesgrenzen anders als heute. MADARÁSZ (1900) äußerte sich nicht über „Arten" oder „Unterarten", sondern sprach vorsichtig nur von „Typen", belegte diese aber mit den üblichen Unterartnamen. CHERNEL (1918) betonte schließlich, daß die in Ungarn vorkommenden Raubwürger einer taxonomischen Revision bedürfen.

Die älteren Zugdaten bleiben hier unberücksichtigt, da Verwechslungen mit dem Schwarzstirnwürger (*L. minor*) nicht ausgeschlossen sind. Wir stützen uns nur auf eigene Beobachtungen.

| | Ost-Ungarn<br>Szeged-Fehértó<br>46° 20′ N, 20° 5′ O<br>BERETZK | West-Ungarn<br>südliche Balaton-Gegend<br><br>KEVE |
|---|---|---|
| 1937/38 | 11. XI.–20. II. | ? |
| 1938/39 | 14. I. | ? |
| 1939/40 | 8. II. | ? |
| 1940/41 | 29. XII. | ? |
| 1941/42 | 5. XII.–1. II. | ? –21. II. |
| 1945/46 | 16. XII.–3. II. | ? |
| 1946/47 | 26. XII. | ? |
| 1947/48 | 31. VIII.–8. XII. | ? |
| 1948/49 | 16. I. | 29. IX.–26. III. |
| 1949/50 | ? | 18. X.–20. III. |
| 1950/51 | ? | 13. X.–4. IV. |
| 1951/52 | 25. XI.–10. II. | 25. IX.–18. III. |
| 1952/53 | 26. X.–25. I. | 13. X.–13. III. |
| 1953/54 | ? | 28. IX.–23. I. |
| 1954/55 | 26. XII.–9. I. | 19. X.–12. III. |
| 1955/56 | 7. XI.–26. II. | 30. IX.–13. III. |
| 1956/57 | ? | ? –3. II. |
| 1958/59 | 18. I.–22. II. | 27. X. |

| | Ost-Ungarn<br>Szeged-Fehértó<br>46° 20′ N, 20° 5′ O<br>BERETZK | West-Ungarn<br>südliche Balaton-Gegend<br><br>KEVE |
|---|---|---|
| 1959/60 | 22. XI. | 17. X.–13. III. |
| 1960/61 | 21. VIII.–13. III. | 14. X.– ? |
| 1961/62 | 19. XI.–11. III. | 15. XI.–25. III. |
| 1962/63 | 28. X. | 10. X.– ? |
| 1964/65 | 28. II. | 14. X.– ? |
| 1965/66 | 7. XI. | ? |
| 1966/67 | 4. XII. | 10. X.– ? |
| 1967/68 | 31. XII.–22. III. | 14. X.–14. III. |
| 1968/69 | 16. XII.–16. II. | 13. X.– ? |
| 1969/70 | 18. I.–26. II. | 13. X.– ? |
| 1970/71 | 15. XI.–21. I. | 20. XI.–14. III. |
| 1971/72 | 10. X.–16. XI. | 6. X. |

Aus dieser Tabelle ist ersichtlich, daß der Raubwürger nur selten vor Oktober in Ungarn eintrifft und dieses spätestens Ende März wieder verläßt. Brutverdacht besteht nur in einem einzigen Fall, als im Mai 1956 zwei Paare bei Gadna in Nordungarn beobachtet wurden (SÁMUEL 1959). Im allgemeinen ist der Raubwürger für Ungarn nur ein Wintergast. Seine Beutetiere sind nach bromatologischen Analysen von CSIKI (1904) sowie PÁTKAI, RÉKÁSI, SCHMIDT und STERBETZ (mdl. Mitt.) Grillen (*Gryllus campestris*), Feld- und Hausmäuse (*Microtus arvalis* und *Mus musculus*), Bluthänflinge (*Carduelis cannabina*), Berghänflinge (*Carduelis flavirostris*) und Grünlinge (*Carduelis chloris*), so daß auch im strengsten Winter an Nahrung kein Mangel ist. Wichtiger ist, daß der Raubwürger im offenen Gelände eine geeignete Warte (hoher Baum usw.) findet. Ist dies in einem nahrungsreichen Gebiet der Fall, so hält er länger an einer Stelle aus.

Die ungarischen Wintergäste kommen aus dem Norden oder Nordosten. Mit Ringwiederfunden in Ungarn sind Brutvögel aus Lettland (GRESCHIK 1944) und Westpolen (2 Exemplare aus Slask nach SCHÜZ 1957) belegt. Die deutsche Population zieht auch nach Südwesten, denn die meisten Vögel wurden in Südfrankreich wiedergefunden (ZINK 1969). Die Kenntnis der Herkunftsgebiete der in Ungarn auftretenden Raubwürger-Populationen führt zur Frage nach deren heutiger taxonomischer Bewertung. HARTERT und STEINBACHER (1934), DEMENTIEV (1935), PORTENKO (1954), VAURIE (1959), PORTENKO (1960) und RAND (1960) erkennen nur die beiden Unterarten *excubitor* und *homeyeri* an. Der nördliche *L. e. melanopterus* BREHM, 1860 wird von OLIVIER (1944) und RUSTAMOV (1954), *L. e. galliae* wird nur von OLIVIER (l. c.) als valid erachtet. CSATÓ (1884, 1891) meinte, daß *L. e. homeyeri* CABANIS, 1873 in Siebenbürgen vorkomme, ja sogar brüte, und diese Angabe übernahmen spätere Autoren kritiklos. Sie wurde von SCHENK (1938) gestrichen, welcher seinerseits aber auch keine Revision vorlegte. OLIVIER (l. c.), der die Nominatform sehr variabel fand, äußerte folgende originelle Auffassung: „. . . applicable non pas à une sous-espèce geographique définissable, mais plutôt à une variation morphologique . . .". Wie mag dies mit den Regeln der Nomenklatur in Einklang zu bringen sein?

Der Raubwürger brütet von Skandinavien bis zur Mündung des Ob in der Tundra und Taiga (*L. e. excubitor* L., 1758, d. h. nach einigen Autoren *L. e. melanopterus* BREHM, 1860), und in den russischen Steppen (*L. e. homeyeri* CABANIS, 1873). Unklar ist, wie sich sein Areal in den dazwischen liegenden Gebieten gestaltet. Für Skandinavien legte SALOMONSEN (1949) das Brutgebiet fest, für die übrigen Teile Europas ist dies auf Grund der sporadischen Vorkommen schwierig. Die Ungarn zunächst gelegenen Brutgebiete sind die Slowakei (FERIANC, 1965) und Siebenbürgen. Seit den Feststellungen CSATÓs (1891) ergaben sich weitere Brutnachweise durch SALMEN (1935), MATIES-BICHICEANU (1964), MATIES (1964), CATUNEANU (1965), MUNTEANU (1966), MATIES (1968), VASILIU (1968), BÉLDI (1969), KOVÁTS (1970). Letzterer nimmt sogar an, daß der Raubwürger in Ausbreitung begriffen sei.

Der Raubwürger brütet sporadisch in Österreich (BAUER und ROKITANSKY, 1951; WETTSTEIN, 1963; ROKITANSKY, 1964), in der Schweiz (TROLLER, 1937; CHESSEX, 1964) und in Nord-Frankreich (OLIVIER, 1944). In der Literatur finden sich gelegentlich Hinweise, wonach *L. excubitor* auch auf dem Balkan brüte. Dies ließ sich aber weder für Griechenland (BAUER, HELVERSON, HODGE und MARTENS, 1969), noch für Mazedonien (MAKATSCH, 1950), Jugoslawien (MATVEJEV und VASIĆ, 1973), Bulgarien (PATEFF, 1950; DONČEV, briefl. Mitt.) oder Rumänien südlich der Karpaten (VASILIU, 1968) bestätigen.

Mit diesen Resultaten wird die Annahme hinfällig, daß sich die Unterarten *homeyeri* und „*galliae*" treffen könnten. Auch HARTERT und STEINBACHER (1934) sowie DEMENTIEV und STEGMANN (1935) meinten, daß *L. e. homeyeri* westlich der Ukraine nicht mehr brütet, während es östlich des Urals gemischte Populationen mit mittelasiatischen Unterarten gibt. MATIES (1968) untersuchte 138 Exemplare aus Siebenbürgen/Rumänien (62 stammten aus der Brutzeit, 76 aus dem Winter). Diese erwiesen sich mit einer Ausnahme (ein Vogel vom November aus der Dobrudscha, der zu *homeyeri* zählte) als zur ssp. *excubitor* gehörig. Nach BAUER et al. (1969) gehören die griechischen Wintergäste zu *homeyeri*. Sie sind keineswegs häufig festzustellen. Die Angaben in der Literatur über das Auftreten der Unterarten *excubitor* und *meridionalis* daselbst müssen gestrichen werden. Nach HUÉ und ETCHECOPAR (1970) soll von Kleinasien bis zum Kaukasus nur *excubitor* zu finden sein und *homeyeri* in den Ebenen um das Kaspische Meer überwintern.

Es ist nicht das Ziel unserer Untersuchung, die angeführten Feststellungen zu überprüfen. Vielmehr gilt es, den Nachweis anzutreten, ob *L. e. homeyeri* endgültig in die Liste der Vögel Ungarns aufgenommen werden kann oder nicht bzw. wie groß die Variation der ungarischen Wintergäste überhaupt ist.

Wir konnten 59 ungarische Exemplare untersuchen und diese mit 86 aus anderen Ländern vergleichen: Schweden (1), Finnland und nördliche Teile der Sowjetunion (9), zentrale Sowjetunion (8), südliche Sowjetunion (9), Polen (11), DDR und BRD (7), Slowakei (1), Siebenbürgen (31), Liechtenstein (1), Frankreich (2), Spanien (4), Tunis (1) sowie ein Exemplar von *L. excubitorius* aus Äthiopien. Das ungarische Material verteilt sich auf folgende Monate: ohne Angaben (3), Oktober (5), November (9), Dezember (10), Januar (14), Februar (7), März (11).

Die Variationsstudien konzentrierten sich auf folgende Merkmale: a) Nuancen der Färbung, b) Flügellänge, c) die weißen Flecken an den Spitzen der Armschwingen bzw. ob ein einfacher oder ein doppelter Flügelspiegel vorhanden ist, d) die Ausdehnung der schwarzen Basalzone der äußersten Schwanzfedern, e) die mehr oder weniger starke Ausprägung des Hakens an der Schnabelspitze.

Uns lag nur ein einziger Jungvogel vor: Reghin, 21. 5. 1960, leg. KOHL. Die Schwingen waren mit 88 mm noch nicht ausgewachsen, desgleichen die Schwanzfedern noch kurz. Die cremefarbene Tönung des Gefieders entsteht durch die bräunliche Färbung des Spitzenteils des noch lockeren Kleingefieders, ist aber am besten an den oberen Flügeldeckfedern und inneren Schwingen zu sehen. Die welligen Querstreifen auf der Brust gehen in dem lockeren Gefieder förmlich unter und sind lediglich am unteren Hals besser zu sehen. Sie sind charakteristisch für Jungvögel. Die äußersten Schwanzfedern sind völlig weiß.

Die Unterseite der Jungvögel ist bei jeder Unterart das erste Lebensjahr über gewölkt und gleichzeitig ist der Rücken dunkler grau als bei den Altvögeln. Im Jugendkleid kommt neben einer lichten viel häufiger eine dunkle Phase vor. VAURIE (1959) schreibt über *L. e. sibiricus*: „... being vermiculated below in the adult plumage." Ein Exemplar aus Archangelsk (ohne nähere Daten), das uns vorlag, sei hier besonders erwähnt: Flügel 115 mm, unterseits stark quergestreift; das Gefieder insgesamt bräunlich, namentlich der Rücken erinnert an einen jungen Neuntöter. Die Schwingen, insbesondere die Armschwingen, haben einen breiten weißlichen, bräunlich überhauchten Spitzenrand. Der Spiegel ermangelt dem Stück fast völlig. Die Innenfahnen der äußeren Schwanzfedern sind fast bis zur Hälfte bräunlichschwarz. – Dieser Vogel wurde ursprünglich für „*Lanius mollis* EVERSMANN" gehalten, mit dem HARTERT *sibiricus* BOGD. synonymisierte. Es könnte folglich ein aus Sibirien verstrichenes Exemplar sein, doch tritt diese Färbung auch bei jungen lappländischen Raubwürgern auf, wie ein Vergleich mit Farbtafel III bei OLIVIER (1944) ergibt. Noch interessanter ist ein Exemplar aus Moskau: ♂, okr. Psoneka, 16. 6. 1922, Reg.Nr. R. 30942. Die Querstreifung der Brust ist blaß und fein. Das Gefieder ist insgesamt bräunlich, allerdings nicht so intensiv wie bei dem Stück aus Archangelsk. Kopfplatte und Rücken sind grau, doch sind die zerschlissenen Spitzen bräunlich und werden auf dem Bürzel zimtfarben. Gegenüber dem anderen Vogel hat dieser auf den Ohrdecken einen stark bräunlichschwarzen Fleck. Von ebensolcher Färbung mit heller Querstreifung sind die obersten kleinen Flügeldeckfedern. Deutlich hebt sich ein gelblich-zimtfarbener Fleck auf den großen Flügeldeckfedern ab. Die Spitzen der Armschwingen sind weißlich, der Spiegel ist gut entwickelt. Die Basis der Schwanzfedern ist weiß, doch die Verteilung auf beiden Schwanzhälften nicht symmetrisch. So sind die äußersten Federn fast weiß, aber die rechte Feder hat in der Mitte der Innenfahne einen großen schwarzen Fleck. Beide besprochenen Exemplare haben einen hornfarbenen Schnabel.

In unserem ungarischen Material waren eine helle und eine dunkle Phase zu unterscheiden. Die Stücke der hellen Phase verglichen wir mit Bälgen aus Nord-Europa (9), der RSFSR (8), Polen (11), Siebenbürgen (31) und der Slowakei (1). Es handelte sich um 23 ungarische Bälge. Unter den Vergleichsstücken bildeten nur je ein Exemplar aus Siebenbürgen und Archangelsk (♂, 27. 4. 1947) eine Ausnahme. Letzteres war so hell („*melanopterus*"), daß es von Stücken aus dem südlichen europäischen Teil der Sowjetunion kaum zu unterscheiden war.

Die übrigen 36 ungarischen Raubwürger verglichen wir mit schwedischen, deutschen, französischen und aus Liechtenstein stammenden Bälgen. Sie gehörten sämtlich zur dunklen Phase, glichen also einander durchaus. Jahreszeitliche Unterschiede dürften hier nicht mitspielen, denn die untersuchten Stücke stammten aus den Monaten November, Dezember und März. Die Jungvögel (mit quergewellter Brust) variieren weniger und sind etwas dunkler als die Altvögel. Die Variation der Färbung vermochten wir mit der Variation anderer Merkmale nicht in Einklang zu bringen.

Des weiteren stellten wir die 59 ungarischen Raubwürger 9 aus dem südlichen Teil der Sowjetunion gegenüber. Wir gelangten zu dem gleichen Resultat wie MATIES (1968) in Siebenbürgen, daß nämlich die Annahme, *L. e. homeyeri* käme im Karpatenbecken vor, daher rührt, daß man die ganze Breite der Variation nicht gebührend beachtete.

Die Variation der Flügellänge des ungarischen Materials:

| mm | 108 | 109 | 110 | 111 | 112 | 113 | 114 | 115 | 116 | 117 |
|---|---|---|---|---|---|---|---|---|---|---|
| ♂♂ | — | — | 3 | 3 | 1 | 5 | 3 | 4 | 1 | 2 |
| ♀♀ | 1 | — | 6 | 1 | 3 | 3 | 1 | — | — | — |

Die uns vorgelegene kleinere Serie aus Siebenbürgen (n = 31) ergab eine breitere Variation: ♂♂ 109–119 mm, ♀♀ 110–115 mm; nach MATIES (1968): ♂♂ (n = 63) 107–118 mm, ♀♀ (n = 32) 106–120 mm.

Das übrige Material anderer Provenienz ist zahlenmäßig zu gering, als daß es lohnen würde, die jeweilige Flügellängenvariation hier anzuführen. MATIES und KOHL (1968) stellten fest, daß mittels biometrischer Methoden kein signifikanter Geschlechtsunterschied nachweisbar ist. Wir gehen daher auf diese Frage nicht weiter ein.

Abgesehen von den Unterarten *L. e. meridionalis* und *L. e. homeyeri* findet sich in Europa nur die Nominatform *L. e. excubitor*, während sich hinter den Namen *melanopterus* und *galliae* nur Phasen, die helle und die dunkle, verbergen.

Wie bereits erwähnt, variieren die anderen untersuchten Merkmale unabhängig von der Gesamtfärbung, wodurch zusätzliche Variationsmöglichkeiten gegeben sind. Dies gilt namentlich für den Spiegel bzw. die Ausdehnung des weißen Flügelflecks:

| | Großer weißer Fleck | Mittlerer weißer Fleck | Kleiner weißer Fleck |
|---|---|---|---|
| Dunkle Phase | | | |
| ♂♂ ad. | 1 | 2 | 3 |
| ♀♀ ad. | — | — | 1 |
| sex. ? ad. | 1 | 2 | 2 |
| ♂♂ juv. | 1 | 2 | 5 |
| ♀♀ juv. | — | 4 | 7 |
| sex. ? juv. | — | 1 | 3 |
| Helle Phase | | | |
| ♂♂ ad. | 2 | 2 | 4 |
| ♀♀ ad. | 1 | 1 | 1 |
| sex. ? ad. | 2 | 2 | 2 |
| ♂♂ juv. | — | — | 1 |
| ♀♀ juv. | 1 | 1 | — |
| sex. ? juv. | 1 | 1 | 1 |

Zu dieser Tabelle ist hervorzuheben, daß ein ♀ juv. der dunklen Phase, das dunkelste Stück im ungarischen Material (gesammelt bei Budapest-Rákpspalota am 19. 3. 1961) den kleinsten Flügelspiegel hatte.

Der Tabelle ist zu entnehmen, daß die Exemplare der hellen Phase meist einen größeren Flügelspiegel und die Jungvögel in der Mehrzahl einen kleinen Flügelspiegel haben. Trotzdem es sich in ersterem Falle um individuelle Variation handelt, könnte dies die früheren Autoren zu der Vermutung geführt haben, es handle sich um verschiedene Unterarten oder, wie man damals dachte, um verschiedene Arten.

Bei der Untersuchung der Schwanzfedern wurden wir auf ein bemerkenswertes Variieren der äußersten Federn aufmerksam. Wir unterschieden vier Gruppen: A) die Feder ist rein weiß; B) die Basis der Innenfahne ist zu einem Drittel bis zur Hälfte schwarz; C) das Schwarz verläuft längs des Federkieles bis in den distalen Federteil; D) die Innenfahne ist zur Hälfte schwarz; ?) die äußerste Feder ging beim Präparieren verloren.

| | A | B | C | D | ? |
|---|---|---|---|---|---|
| Dunkle Phase | | | | | |
| ♂♂ ad. | 2 | 2 | 1 | 1 | — |
| ♀♀ ad. | — | — | 1 | — | — |
| sex. ? ad. | 2 | 2 | 1 | — | — |
| ♂♂ juv. | 1 | 4 | — | 1 | 2 |
| ♀♀ juv. | 1 | 2 | 5 | 3 | — |
| sex. ? juv. | 1 | 1 | 1 | — | — |
| Helle Phase | | | | | |
| ♂♂ ad. | 5 | 1 | 1 | 1 | — |
| ♀♀ ad. | 1 | 1 | — | — | 1 |
| sex. ? ad. | 1 | 1 | 3 | 1 | — |
| ♂♂ juv. | — | — | 1 | — | — |
| ♀♀ juv. | 1 | — | — | 1 | — |
| sex. ? juv. | 2 | 1 | — | — | — |

Hierbei ist ein adultes Exemplar der hellen Phase (Geschlecht fraglich), gesammelt bei Tahi an der Donau (nördlich von Budapest) am 27. 10. 1957, erwähnenswert. Es hat gänzlich weiße Fahnen, zu denen der ausgedehnt schwarze Kiel in lebhaftem Kontrast steht.

Das Resultat spricht dafür, daß die adulten Männchen der hellen Phase meist weiße Schwanzfedern haben und bei den Jungvögeln der dunklen Phase das Schwarz an den Schwanzfedern dominiert. Leider geht es nicht an, in Anbetracht des knappen Materials weitere Folgerungen zu ziehen. Es sind eben doch zu wenige Exemplare pro Gruppe.

Unter den untersuchten 59 Exemplaren befinden sich einige mit auffallend starkem „Zahn" an der Schnabelspitze. Drei von diesen gehören der dunklen, drei der hellen Phase an.

Ein ♂ ad. der hellen Phase verdient besondere Beachtung. Es wurde am Szeged-Fehértó (= Weißer See nördlich von Szeged) am 27. 11. 1971 gesammelt. Der Vogel ist einer der hellsten, hat einen großen Flügelspiegel und weiße äußere Steuerfedern. Zudem ist das Flügellängenmaß mit 117 mm sehr hoch. Aber weder dieser noch der hellste von uns gesehene, leider datenlose Vogel aus Ungarn können der Unterart *L. e. homeyeri* zugerechnet werden.

## Diskussion

Das Ziel dieser Studie war die taxonomische Klärung der in Ungarn vorkommenden Raubwürger. Dabei zeigten sich nebenher einige Probleme, die wert erscheinen, hier erörtert zu werden, ohne daß sich damit der Anspruch auf ihre Lösung verbindet.

Bereits das Areal des Raubwürgers ist sonderbar, wenn wir die Verhältnisse bei dem morphologisch ziemlich ähnlichen Schwarzstirnwürger (*Lanius minor* GMELIN, 1788), der auch in Ungarn brütet, zum Vergleich heranziehen. *L. minor* unterteilt sich nicht in Unterarten, auch ist sein Areal vergleichsweise klein. Er ist ein typischer Zugvogel, der über Südosteuropa bis nach Südafrika zieht und in Ungarn auf dem Heimzug erst spät eintrifft.

Der Raubwürger ist dagegen nicht nur boreal verbreitet, sondern kommt sporadisch in vielen Gebirgstälern Europas als Brutvogel vor, desgleichen in Mittelasien. Die Populationen dieser mehr nördlichen Gruppe zeigen die Tendenz, von Osten nach Westen und von Süden nach Norden heller zu werden.

Eine andere Gruppe lebt in den Steppen von der Ukraine bis Turkestan und findet sich erst am Ussuri wieder: *homeyeri – przewalskii – bianchii.*

Zwischen die hellen eurasiatischen und afrikanischen Unterarten schiebt sich eine sehr dunkle Form der Iberischen Halbinsel und Südfrankreichs, *L. e. meridionalis.* Sie weist auf der Brust eine rosa Färbung auf, welche der des Schwarzstirnwürgers sehr ähnlich ist. Ferner ist der Raubwürger von den Kanarischen Inseln und Marokko bis zur Insel Suqutra (Socotra) in 8 Unterarten verbreitet, denen sich in Südwestasien und Indien noch 3 weitere anschließen. – Zwei Unterarten erreichten sogar Nordamerika.

Die ungewöhnliche Verbreitung des Raubwürgers erfährt eine weitere Komplizierung durch den Umstand, daß es in Afrika, Ostasien und Nordamerika weitere Arten gibt, die zu *L. excubitor* ein enges verwandtschaftliches Verhältnis haben. So findet sich südlich des Areals von *L. excubitor* in Afrika *L. excubitorius* mit 3 Unterarten, im östlichsten Mittelasien bis Ostasien *L. sphenocercus* mit 2 Unterarten und in Nordamerika *L. ludovicianus* mit 11 Unterarten. Ferner treten in Afrika mehrere vorwiegend schwarz gefärbte Würger auf, die teils *L. excubitor*, teils *L. minor* hinsichtlich ihrer Färbung nahestehen.

Die Verwandtschaftsbeziehungen zwischen allen diesen Formen prüfte OLIVIER (1944). Er wies nach, daß sämtliche Arten ein mehr oder weniger bräunliches Jugendgefieder haben, wobei die nordost- und mittelasiatischen Formen die meisten primitiven Eigenschaften bewahrt haben.

Zum Verständnis der Ausbreitungsgeschichte des Raubwürgers ist dessen Vorkommen in Nordamerika, das MILLER (1931) eingehend untersuchte, zu berücksichtigen. Es zeigt allerlei Ähnlichkeit mit dem der Elster, das zudem mit Fossilien belegt ist und bereits vielfach erörtert wurde. Es ist anzunehmen, daß *Lanius ludovicianus* und *Pica nuttallii* mit einer ersten Einwanderungswelle den amerikanischen Kontinent erreichten. Ihr heutiges Areal konzentriert sich auf Kalifornien, wenngleich der Würger eine weitere Verbreitung hat als die Elster. Mit einer zweiten Welle gelangten sodann *L. excubitor* und *Pica pica* nach Nordamerika.

SALOMONSEN (1949) vermutet, daß der Raubwürger Eurasien am Ende des Tertiärs oder in einem der Interglaziale von Afrika her besiedelte. Jedenfalls läßt die weite Verbreitung in Afrika wie in Nordamerika auf ein hohes Alter der Art schließen. Tatsächlich lebte nach LAMBRECHT (1964) bereits im Oligozän in Frankreich ein dem Raubwürger sehr ähnlicher Würger, *Lanius miocaenus* MILNE-EDWARDS, 1871. Nach BERLIOZ und BOUCHARD (1958) wurde der Raubwürger in den untersten Schichten des Würm-Riss-Interglazials gefunden (JÁNOSSY mdl.). Nach LAMBRECHT (l. c.) gibt es ferner Funde aus Österreich und der Schweiz, die aber wahrscheinlich nur postglazialen Alters sind.

Wir sind mit SALOMONSEN der gleichen Ansicht, daß die Raubwürger sehr alt und von tropischer Herkunft sind. Dabei ist zu beachten, daß auch in Europa während des Tertiärs tropisches Klima herrschte und die hier ansässigen Würger-Populationen während der Glazialzeiten nach Süden auswichen. Auf diese Weise bewahrten die afrikanischen und südasiatischen Unterarten altertümliche Züge und vermochten sich zudem den Bedingungen der Halbwüsten anzupassen. Einige Populationen hielten jedoch dem kühlen Klima der Glazialzeiten stand und blieben ihrer neugewonnenen Brutheimat treu, wenngleich diese von Zeit zu Zeit noch gewisse Verschiebungen erfuhr. Durch diese Umstände erlosch der Zugtrieb. Diese Deutung hat einiges für sich, wenn wir die heute auf die Gebirgstäler beschränkten Populationen betrachten, wobei noch das Territorium des einzelnen Raubwürger-Paares verhältnismäßig groß ist, was wiederum eine größere Populationsdichte verhindert.

Zur Zeit der maximalen Vereisung Europas war Ostsibirien eisfrei und somit als Wohngebiet für den Raubwürger geeignet. Hier konnte sich der Bestand gut entwickeln, und so hatte der Rückgang des Eises in Europa sowie die Eröffnung der Behring-Straße zur Folge, daß die Raubwürger so gut nach Westen wie auch nach Osten vordringen konnten. Jedenfalls zeigt die ostsibirische Unterart noch heute die primitivsten Eigenschaften: quergewellte Brust, bräunlicher Gefiederfarbton usw. Während der Glazialzeiten waren die ostsibirischen Raubwürger von den übrigen getrennt, doch hatte die Isolierung nicht das Erlöschen der sexuellen Affinität bewirkt. Man geht wohl in der Annahme nicht fehl, daß die in Europa isolierten Populationen durch die östlichen Zuwanderer eine spürbare Auffrischung erfuhren, ohne daß dadurch die mitteleuropäischen Populationen den Charakter von Mischpopulationen erhalten hätten, entstanden aus Tundren- und Steppenformen.

Vermutlich erhielten sich die Steppen-Populationen auch zur Zeit der Vereisung sehr stabil; ihre Variabilität ist geringer. Inwiefern die allgemeine Vereisung auf sie einen Einfluß ausübte, läßt sich nicht nachweisen. Diesbezüglich macht *L. e. meridionalis* noch genauere Untersuchungen erforderlich, wobei die palaeobotanischen Umstände der Iberischen Halbinsel möglicherweise eine Rolle spielten. Es ist von Interesse, daß diese längere Zeit von den anderen Raubwürgern isolierte Unterart in mancher Beziehung dem Schwarzstirnwürger ähnlich geworden ist.

Die Entwicklung der Unterarten des Raubwürgers nahm eine lange Zeit in Anspruch und gestaltete sich durch vielerlei Umstände sehr kompliziert. Dies mag zu der großen Variabilität der heute in Europa lebenden Population geführt haben.

**Danksagung**

Wir sind folgenden Sammlungen sowie deren Leitern sehr zu Dank verpflichtet, daß sie uns bei unseren Studien mit Vergleichsmaterial unterstützten:

Naturhistorisches Museum, Budapest: 30 Bälge (Dr. L. HORVÁTH).
Liceul Nr. 2, Reghin: 20 Bälge (I. KOHL).
Museum Franz Móra, Szeged: 18 Bälge (Dr. M. MARIÁN).
Zoologisches Forschungsinstitut und Museum Alexander Koenig, Bonn: 18 Bälge (Dr. H. E. WOLTERS).
Ungarisches Ornithologisches Institut, Budapest: 16 Bälge (Dr. I. PÁTKAI).
Zoologičeskij Musej, Moskva: 13 Bälge (A. M. SUDILOVSKAJA).
Instytut Zoologiczne PAN, Warszawa: 11 Bälge (Dr. B. JABLONSKI).
Staatliches Museum für Tierkunde, Dresden: 7 Bälge (S. ECK).
Zoologisch-Systematisches Institut der Universität in Budapest: 4 Bälge (Dr. I. ANDRÁSSY und Dr. A. BERCZIK).
Forschungsheim, Wittenberg Lutherstadt: 3 Bälge (H. KLEINSCHMIDT).
Zoologisches Institut der Universität in Debrecen: 2 Bälge (Prof. Dr. KRETZOI).
Forstschutz-Institut der Forstlichen Universität in Sopron: 2 Bälge (Dr. Z. IGMÁNDY).
Dr. J. RÉKÁSI (Bácsalmás): —.

Für briefliche Hinweise sind wir sehr verbunden den Herren Doz. Dr. ST. DONČEV (Sofia), Dr. D. JÁNOSSY (Budapest), I. KOHL (Reghin), Dr. J. RÉKÁSI (Bácsalmás) und Dr. I. STERBETZ (Budapest).

## Zusammenfassung

Es war das Ziel dieser Studie, die Unterart-Zugehörigkeit der in Ungarn überwinternden Raubwürger (*Lanius excubitor*) zu klären. Der Raubwürger brütet in Ungarn nicht, wenngleich er sich hier zeitweise zur Brutzeit einstellt, wie die Beobachtungen in Gadna zeigen. Die ökologischen Verhältnisse in Nordungarn sind denen der Nordkarpaten durchaus vergleichbar.

Wir untersuchten 59 ungarische Bälge und verglichen diese mit 86 Bälgen aus anderen Ländern. Dabei stellte sich heraus, daß die in Ungarn vorkommenden Raubwürger in einer dunklen und einer hellen Phase auftreten im Verhältnis von 36:23. Dieses Verhältnis verschiebt sich nach Osten (Siebenbürgen) und Nordosten zu Gunsten der hellen Phase. Diese helle Phase wird leicht, richtet man sich nach einem Bestimmungsschlüssel, mit *L. e. homeyeri* verwechselt, doch ist sie weder mit dieser Unterart noch mit dem nördlichen *„melanopterus"* identisch. Wir stimmen mit VÖNÖCZKY-SCHENK (1939) darin überein, daß in Ungarn ausschließlich *L. e. excubitor* LINNÉ, 1758 vorkommt, obgleich er *L. e. homeyeri* CABANIS, 1873 aus der Liste der Vögel Ungarn strich, ohne Bälge untersucht zu haben. Natürlich ist nicht ausgeschlossen, daß sich früher oder später doch einmal ein *L. e. homeyeri* nach Ungarn verirren kann.

## Summary

THE GREAT GREY SHRIKE IN HUNGARY

This investigation is intended to clear the problem to which subspecies the Great Grey Shrike (*Lanius excubitor*) wintering in Hungary is belonging. The Great Grey Shrike does not breed in Hungary. Sometimes, however, we can find this bird, as proved by observations in Gadna, in Hungary also during the period of breeding. Ecological conditions in Northern Hungary are similar to those in the Northern Carpathian Mountains.

We investigated 59 Hungarian skins and compared them to 86 skins from other countries. It could be found that Great Grey Shrikes in Hungary appear in a dark phase and in a bright one, the ratio between them being 36:23. This ratio shifts toward East (Transsylvania) and North-East in a way that the bright phase is more frequent. This bright phase is easily mistaken for *L. e. homeyeri* if usual identification criteria are applied but it is identical neither with this subspecies nor with the northern *„melanopterus"*. We agree with VÖNÖCZKY-SCHENK (1939) who stated that only *L. e. excubitor* LINNÉ, 1758 appears in Hungary though he eliminated *L. e. homeyeri* CABANIS, 1873 from the list of birds in Hungary without having investigated skins. However, it is quite obvious that, sooner or later, a *L. e. homeyeri* could incidentally appear in Hungary.

## Literatur

BAUER, W., O. v. HELVERSEN, M. HODGE und J. MARTENS, 1969: *Aves*. In: A. KANELLIS, Catalogus Faunae Graeciae, II (p. 203), Thessaloniki.

BÉLDI, M., 1969: Great Grey Shrike nesting near Kolozsvár. – Aquila, 75. 1968 (p. 302).

BERLIOZ, J. und J. BOUCHARD, 1958: Les Oiseaux. In: VALLOIS, ARAMBOURG & SCHRENDER, La Grotte de Fontechevad, Paris (pp. 250–259).

BERNIS, F., 1971: Aves Migradoras Ibericas, Fasc. 7–8, *Lanius excubitor* (pp. 454–558). Madrid.
CABANIS, J., 1885: Bemerkung über v. CSATÓ's *Lanius Homeyeri*. – J. Orn., **33**: 97–98.
CATUNEANU, I. I., 1965: Primele pont dovedind cuibaritul sfrancioculei mare-estic (*Lanius excubitor homeyeri* Cab.) in Moldava. – Nat. S. Biol., 2, XVII: 82–86.
CHERNEL, I., 1899: Magyarország madarai .... Budapest (p. 830).
—, 1918: Nomenclator Avium Regni Hungariae. Budapest (p. 76).
CHESSEX, CH., 1964: *Lanius excubitor*. In: GLUTZ v. BLOTZHEIM, Die Brutvögel der Schweiz, Aarau (pp. 407–409).
CSATÓ, J., 1884: Über *Lanius Homeyeri* Cabanis. – Z. f. d. Gesamte Orn., **1**: 229–234.
—, 1891: Über *Lanius Homeyeri* Cab. und sein Nest. – Orn. Jb., **1**: 163–167.
DEMENTIEV, G., 1935: *Laniidae*, In: BUTURLIN & DEMENTIEV, Systema Avium Rossicarum, Paris (pp. 190–195).
ETCHECOPAR, R. D. und F. HÜË, 1964: Les Oiseaux du Nord de l'Afrique. Paris (p. 606).
FERIANC, O., 1965: Vtáky II. In: Starovce Slovenska, III, Bratislava (p. 417).
GRESCHIK, J., 1944: Beringter Raubwürger. – Kócsag, **12–16** (1939–43): 91.
HARTERT, E., 1907: Die Vögel der paläarktischen Fauna, I. Berlin (pp. 418–433).
HARTERT, E. und F. STEINBACHER, 1934: Die Vögel der paläarktischen Fauna, Ergänzungsband. Berlin (p. 602).
HÜË, F. und R. D. ETCHECOPAR, 1970: Les Oiseaux du Proche et du Moyen Orient. Paris (p. 951).
KOVÁTS, L., 1970: Contributions concerning to the knowledge of the Great Grey Shrike's spreading (*Lanius excubitor* L.) in Transsilvania. – Cariet de Com. Muz. Tarii Crisurilor, Stient. Nat., **8**: 113–124.
LAMBRECHT, K., 1964: Handbuch der Palaeornithologie. Amsterdam (p. 1024).
MADARÁSZ, J., 1903: Die Vögel Ungarns. Budapest (p. 666).
MAKATSCH, W., 1950: Die Vogelwelt Mazedoniens. Leipzig (p. 452).
MATIES, M., 1964: Sfranciocul mare (*Lanius excubitor homeyeri* Cab.) o pasare rare in R. P. R. – Ocrot. Nat., **8**: 266–270.
—, 1968: Recherches biometriques et systématiques concernant la population de *Lanius excubitor* L. de Roumanie. – Stud. Com. Ist. Stiint. Nat. Muz. Pitesti, **1**: 213–226.
MATIES, M. und M. BICHICEANU, 1964: Sfranciocul mare cuibaresti la noi. – Vin. Pesc. Sport., **17**, Nr. 6: 17.
MATVEJEV, S. D. und V. F. VASIC, 1973: Catalogus Faunae Jugoslaviae. Ljubljana (p. 118).
MILLER, A. H., 1931: Systematic Revision and Natural History of the American Shrikes (*Lanius*). – Univ. Calif. Publ. Zool., **38**, Nr. 2: 11–242.
MUNTEANU, D., 1966: Date suplimentare asupra raspindirii sfrincio cului mare (*Lanius excubitor* L.) in Moldava. – Natura, **18**: 84–85.
NIETHAMMER, G., 1937: Handbuch der deutschen Vogelkunde, Bd. 1. Leipzig (p. 474).
OLIVIER, G., 1944: Monographie des Pies-Grièches du genre *Lanius*. Rouen (p. 326).
PATEV, P., 1950: Pticite v Blgarija. Sofia (p. 364).
PORTENKO, L. A., 1960: Pticy SSSR, 4. Leningrad (p. 415).
RAND, A. L., 1960: *Laniidae*. In: MAYR & GREENWAY, Check-List of Birds of the World, 9, Cambridge/Mass. (p. 506).
ROKITANSKY, G., 1964: *Aves*. In: Catalogus Faunae Austriae. Wien (p. 62).
RUSTAMOV, A. K., 1954: *Laniidae*. In: DEMENTIEV & GLADKOV, die Vögel der Sowjetunion, 6 (Russ.), Moskva (pp. 5–61).
SALMEN, H., 1935: Nisten des *Lanius excubitor* L. im Komitat Háromszék. – Aquila, **38–39** (1931–34): 418.
SALOMONSEN, F., 1949: The European Hybridpopulation of the Great Grey Shrike (*Lanius excubitor* L.). – Vidensk. Medd. Dansk Nath. For., **111**: 149–161.
SÁMUEL, N., 1959: Great Grey Shrike and Woodchat in Gadna (Northern Hungary). – Aquila, **65** (1958): 354–355.
SCHENK (VÖNÖCZKY), J., 1917: *Aves*. In: Fauna Regni Hungariae, Budapest (p. 114).
—, 1939: Namenverzeichnis der Vögel des historischen Ungarns. – Aquila, **42–45** (1935–38): 9–79.
SCHÜZ, E., 1957: Vom Zug des Raubwürgers (*Lanius excubitor*) in Europa nach Ringfunden. – Beitr. Vogelkd., **5**: 201–206.
TROLLER, J., 1937: Der Raubwürger, *Lanius excubitor excubitor* L. – Orn. Beob., **34**: 105–148.
VASILIU, G. D., 1968: Systema Avium Romaniae. Paris (p. 120).

VAURIE, C., 1955: Systematic Notes on Palearctic Birds. Nr. 17, *Laniidae*. – Amer. Mus. Nov., Nr. 1752: 19.
—, 1959: The Birds of the Palearctic Fauna, *Passeriformes*. London (p. 762).
WETTSTEIN v. WESTERSHEIMB, O., 1963: Die Wirbeltiere der Ostalpen. Wien (p. 116).
ZINK, G., 1969: Ringfunde der Vogelwarte Radolfzell 1947–68. – Auspicium, **3**: 195–291.

Anschrift des letzteren Autors:

Dr. A. Keve, Zoologische Abteilung des Ungarischen Naturwissenschaftlichen Museums
1088 Budapest VIII., Baross utca 13, VR Ungarn.

ZOOLOGISCHE ABHANDLUNGEN

STAATLICHES MUSEUM FÜR TIERKUNDE IN DRESDEN

Band 33 Ausgegeben: 17. Februar 1975 Nr. 11

# Die Brutvögel Dresdens

**(Liste)**

Mit 2 Karten und 2 Abbildungen

SIEGFRIED ECK[1])

Dresden

Die Avifauna einer Großstadt zu bearbeiten ist unter verschiedenen, in der Literatur bereits ausgiebig diskutierten Aspekten eine lohnende Aufgabe. In den letzten Jahren unterzogen sich zahlreiche Ornithologen dieser Arbeit, wobei zwar unterschiedliche Methoden zur Anwendung kamen, aber stets darauf abgezielt wurde, die Besonderheiten der Großstadtverhältnisse in ihrer Auswirkung auf die Vogelwelt herauszustellen. Die Großstadt Dresden, 1945 fast total zerstört, wäre insofern ein aufschlußreiches Untersuchungsgebiet gewesen, als sich mit dem Wiederaufbau natürlich nicht nur das Stadtbild, sondern auch die Zusammensetzung der Vogelwelt änderte, die sich in den ersten Nachkriegsjahren eingestellt hatte. Obgleich zahlreiche Beobachter tätig waren, kam es doch zu keiner kontinuierlichen, abgestimmten Erfassung wenigstens der im Gebiet brütenden Arten als dem wesentlichsten Element der Avifauna. Auch lokalfaunistische Veröffentlichungen sind verschwindend wenige zu verzeichnen. Nach Lage der Verhältnisse schien es daher geboten, durch die Bildung eines „Arbeitskreises Brutvogelfauna Dresdens" (1970) am Staatlichen Museum für Tierkunde in Dresden in Zusammenarbeit mit der örtlichen Kulturbund-Fachgruppe für Ornithologie und Vogelschutz, deren Leiter W. GLEINICH das Vorhaben sehr befürwortete, die zielgerichtete Erfassung der hier vorkommenden Vogelarten zu aktivieren. Nicht populationsökologische oder populationsdynamische Untersuchungen, für die eine gleichmäßige und langzeitliche Bearbeitung des gesamten Raumes unabdingbar gewesen wäre, und auch nicht spezielle Fragen der Urbanisierung standen im Vordergrund. Es ging zunächst allein um die Ermittlung der Vogelarten, die im Stadtgebiet Dresden, das für unsere Beobachtungen einige Ausweitungen erfuhr (Kreischaer Becken, Birkwitzer Graben, Borsberggebiet), als Brutvögel zu gelten haben. Der vorliegende Beitrag, eine Gemeinschaftsarbeit, muß demzufolge als eine erste bescheidene Stufe zu einer Darstellung der Avifauna Dresdens angesehen werden. Er stützt sich auf Feststellungen seit 1970, auf zufällige, doch verbürgte Angaben älterer Beobachter sowie auf historische Vermerke in der Literatur. Besonders umfangreiche Mitteilungen sind zu verdanken den Herren Dr. CREUTZ, Dr. HEYDER, HÖHNE, Dr. HUMMITZSCH, JOKIEL und LANGE, JOKISCH †, SCHRACK sowie SCHUBERT. Im übrigen stützt sich die Zusammenstellung auf die Tätigkeit von etwa 10 Beobachtern, deren vornehmliche Beobachtungsgebiete, gebunden an die Wohn- und Arbeitsstätten, im Süd- und Ostteil der Stadt liegen.

[1]) Im Namen der Mitarbeiter Herrn Dr. RICHARD HEYDER zur Vollendung seines 90. Lebensjahres am 17. Dezember 1974 gewidmet.

Abb. 1. Die geographische Lage Dresdens am Südrand des Tieflandstreifens Mitteleuropas. Orig. E. MEISSNER

Das riesige Gebiet der Dresdener Heide im Norden der Stadt ist aus neuerer Zeit lediglich zu einem kleinen Teil durch die Initiative der Weixdorfer Beobachtergruppe in seiner Ornis bekannt. Das Große Gehege oder Ostragehege an der Elbe im Westteil wurde in früheren Jahrzehnten durch die Mitarbeiter des Tierkunde-Museums kontrolliert. Momentane Schwerpunkte für die Ermittlungen sind im Ostteil das mit Pillnitz, dem Borsberg und dem Birkwitzer Graben abgesteckte Gebiet und im Nordteil der Heidefriedhof (alles ostelbisch), die Malte, der Gebergrund, die Quohrener Kipse und der Große Garten (alles westelbisch) sowie kleinere Bezirke im und um das Stadtzentrum. Zur Aufklärung spezieller Vorkommen wurden immer wieder zielgerichtete Exkursionen unternommen.

Der Stadtkern Dresdens ist relativ klein und hat keine nennenswerte Vegetationszone, vom ausgedehnten Park „Großer Garten" abgesehen, der in Villenviertel überleitet, die ihrerseits an der Peripherie von einer Zone durchaus ländlichen Charakters ersetzt werden. Mehr und mehr werden in diesen Randgebieten Neubau-Wohnviertel angelegt, die das Bild stark verändern. Ausgesprochene Industriegebiete finden sich nur in Teilen des Nordens und Westens. Der landschaftliche Charakter verhindert eine allzu starke Ausdehnung der Stadt, die allenfalls längs des Stromes durch Verschmelzen mit Nachbar-Kreisen denkbar wäre. Dresden nimmt eine Fläche von 226 $km^2$ ein mit einer 1972 ermittelten Bevölkerungsstärke von 505 385 Einwohnern, deren 2236 auf den $km^2$ kommen (Statist. Jahrbuch der DDR, 1973).

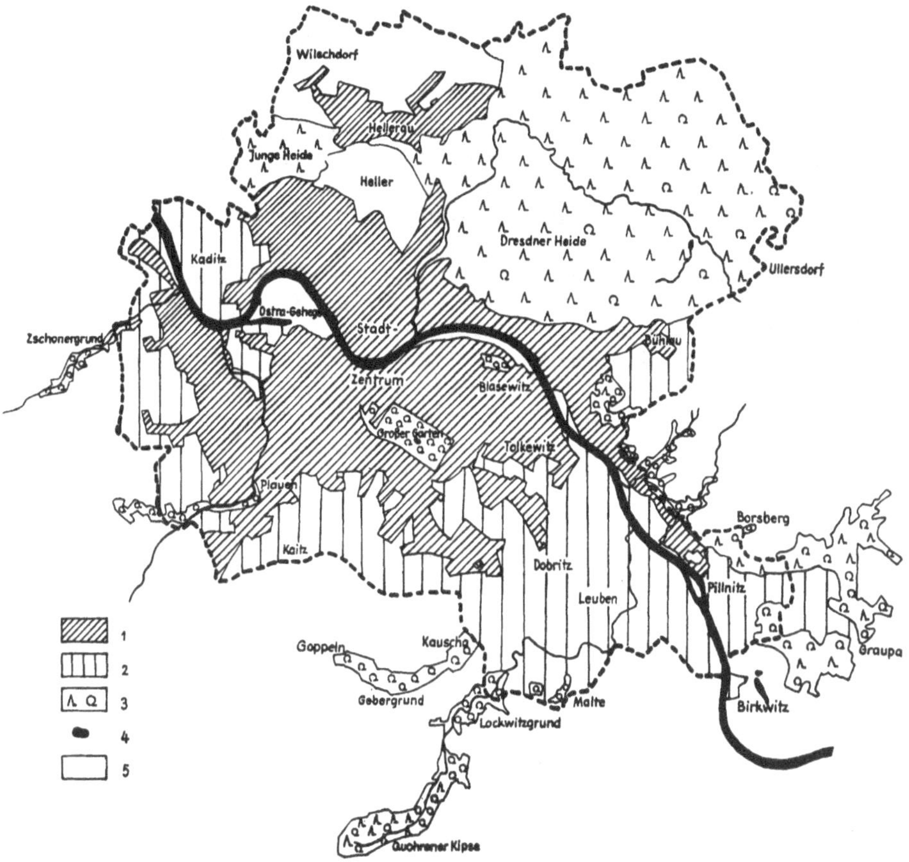


Abb. 2. Das Bearbeitungsgebiet Dresdens.
1: geschlossenes bebautes Gebiet (eigentliche Großstadt) – 2: locker bebautes Gebiet (Vororte mit Stadtrand) – 3: zusammenhängender Baumbestand – 4: Gewässer – 5: Ödland.
Entwurf W. GLEINICH, Ausführung E. MEISSNER

Dresden liegt in einer Elbtalweitung, die längs des Flusses durch die Städte Pirna und Meißen begrenzt wird. In das Stadtgebiet eingeschlossen ist ostelbisch die durch pleistozäne Anschwemmungen von Norden her entstandene Heidesandterrasse, die im Heller ihre größte Ausdehnung hat. Dieser während der Saaleeiszeit durch Schmelzwässer angeschwemmte Sand findet sich streckenweise auch in der Dresdener Heide, die geografisch bereits zur Lausitzer Platte gehört, genauso wie der aus dem Bearbeitungsgebiet ausgeschlossene Moritzburger Friedewald. In unser Untersuchungsgebiet einbezogen ist das außerhalb der Stadtgrenzen, aber noch innerhalb der naturräumlichen Grenzen liegende Kreischaer Becken, das in der Quohrener Kipse (von uns berücksichtigt) und dem Wilisch (von uns unberücksichtigt) als „Wendischcarsdorfer Verwerfung" seine äußere Begrenzung hat. Desgleichen wurde der Birkwitzer Graben hinzugenommen, weil er auf Grund seiner Reliktnatur besonderes Interesse beansprucht.

Großräumlich betrachtet liegt Dresden in der von der Elbe durchschnittenen Sächsischen Gefildezone, einem Zwischengebiet zwischen dem Tieflandstreifen Mitteleuropas und den Mittelgebirgen, nahe dem am Erzgebirge und den Sudeten angelagerten Elbsandsteingebirge.

NEEF (1960), dessen Darstellung diese Angaben entnommen wurden, charakterisiert das Klima Dresdens wie folgt: „Was die Dresdner Elbtalweitung von der Gefilderegion hauptsächlich unterscheidet, ist ihr lokales Klima. Die mittlere Jahrestemperatur von reichlich 9° bringt das nur ungenügend zum Ausdruck, denn die besondere Gunst zeigt sich an den nach Süden exponierten Talhängen, die den Weinbau gestatten, der freilich nach der Reblauskatastrophe um 1890 vielfach durch anspruchsvolle Obstkulturen (Pfirsich, Aprikose, Erdbeere) ersetzt worden ist. Die Terrassierung der ehemaligen Weinberge ist ein charakteristisches Element der rechtselbischen Hänge. Begünstigend wirkt auch eine gelegentlich auftretende leichte Föhnwirkung vom Osterzgebirge her. Häufig kann man beobachten, wie gerade über dem Dresdner Gebiet eine sonst geschlossene Wolkendecke aufgebrochen ist. Die Benachteiligung des Beckens durch Kaltluft tritt weniger stark in Erscheinung, am deutlichsten im Spätwinter und Vorfrühling, wenn sich Kaltluft im Becken ansammelt. Die über der Elbtalwanne häufige Dunsthaube mindert jedoch die Ausstrahlung und bewirkt, daß zwar die Sommermaxima sehr hoch liegen können (absolutes Maximum 37,9°), extreme Minimaltemperaturen jedoch kaum zu verzeichnen sind. Die Niederschläge betragen reichlich 600 mm, doch zeigen sie innerhalb der Elbtalweitung im Sommer große örtliche Unterschiede."

Es ist nicht die Aufgabe dieser Liste, über die sogenannten „Biotop"-Strukturen des Stadtgebietes Aufschluß zu geben. In manchen modernen Bearbeitungen wird den „Zonierungen" ein breiter Raum gewährt, obgleich diese mehr dem menschlichen Einteilungsbedürfnis Rechnung tragen, als daß sie die ökologischen Ansprüche der Vögel widerspiegelten, die vielmehr quer durch diese „Biotope" hindurchgehen. Es ist nicht zu leugnen, daß wir über die ökologische Potenz (PEUS 1954) der einzelnen Vogelarten noch viel zu mangelhaft unterrichtet sind, um ein verläßliches Bild von der ökologischen Umwelt einer bestimmten Art zeichnen zu können. Das gelegentliche begriffliche Ausweichen auf das neutrale „Habitat" (MAUERSBERGER 1970) kennzeichnet die Situation deutlich genug. Man wird schließlich an der Einsicht nicht vorbei können, daß das ökologische Verhalten eines Tieres in der Großstadt (und anderswo) nicht von den „Biotopen" her erschlossen werden kann (PEUS l. c., KAESTNER 1972).

Die folgende Artenliste umfaßt ausschließlich die gegenwärtig und in historischer Zeit sowie die mit hoher Wahrscheinlichkeit als brütend geltenden Arten, während die aufgetretenen Gastarten nur anhangsweise in einer Liste zusammengestellt und nicht weiter kommentiert werden. Ihre eingehendere Behandlung bleibt der späteren Abfassung der Avifauna Dresdens vorbehalten. In der Aufzählung der Arten wird der Liste von STEPHAN und STÜBS (1971) gefolgt.

## 1. **Die Brutvögel**

Der Fasan und die verwilderte Haustaube werden am Schluß genannt.

*Tachybaptus ruficollis* – Zwergtaucher
Auf dem Birkwitzer Graben brüten alljährlich bis zu 3 Paare (HÖHNE). Als Brutvogel außerdem in der Prohliser Kiesgrube angetroffen (JOKISCH). Nach GLEINICH eventuell Brutvogel in der Kiesgrube Dobritz (2 Ex. am 11. 9. 73). Winterbeobachtungen: Auf der

Elbe bei Blasewitz am 16. 1. 1966 1 Ex. unter Stockenten, am 14. 1. 1968 3 Ex. (SCHUBERT). Ferner 1 Ex. am 4. 12. 1972 an der Pillnitzer Insel, am 23. 12. 1972 2 Ex. weiter stromabwärts.

*Ixobrychus minutus* – Zwergdommel
Soll 1950–52 in der Dobritzer Kiesgrube gebrütet haben (FRIEDLAND).

*Ciconia ciconia* – Weißstorch
Hat 1972 auf dem Gasthof Totenmühle bei Ullersdorf am Rand der Dresdener Heide erfolgreich gebrütet.

*Anas platyrhynchos* – Stockente
Verbreiteter Brutvogel, vorzugsweise an fließenden Gewässern; vielfach vermischt mit Hausenten oder, früher vom Gelände des Zoologischen Gartens ausgehend, mit Fleckschnabelenten, *A. poecilorhyncha* (ECK, Falke 17, 1970: 204–206). Mischlinge letzterer Kombination sind inzwischen spärlich geworden. Im Winter durch Zusammenziehungen des Bestandes und Zuwanderungen (GENSCH, Falke 12, 1965: 176, erwähnt ein am 7. 2. 1963 gefundenes ♂, das am 14. 6. 1962 am Rigaer Meerbusen beringt wurde) in riesigen Ansammlungen auf der Elbe usw.

*Anas querquedula* – Knäkente
Ein Brutpaar 1968 auf dem Birkwitzer Graben (HÖHNE).

*Buteo buteo* – Mäusebussard
In allen nicht zu kleinen Forstbeständen regelmäßig brütend (aus dem Westteil keine Nachweise), so bei Graupa, auf dem Borsberg, der Pillnitzer Insel (1973), in der Malte und im Gebergrund (GLEINICH). Herbst- und Frühjahrszug berühren unser Gebiet regelmäßig. Unter 23 Dresdner Wintervögeln des Museums für Tierkunde Dresden befindet sich kein Falkenbussard!

*Accipiter nisus* – Sperber
Brutplätze ungenügend bekannt. Sicherer Brutvogel in der Dresdener Heide, auch in der Jungen Heide wenigstens bis 1967 (Dr. HUMMITZSCH), auf dem Borsberg und angrenzenden Gebieten (Meixgrund, Graupaer Tännicht – Dr. CREUTZ). Im Winter relativ häufig zu beobachten, oft weitab von Wäldern.

*Accipiter gentilis* – Habicht
Ungenügend bekannt. Für die Dresdener Heide nennt Dr. CREUTZ ein Brutvorkommen bei Ullersdorf, Brutvogel ebenfalls im Graupaer Tännicht (LANGE, JOKIEL, KAULFUSS, GLEINICH) und auf dem Borsberg (FREIGANG).

*Pernis apivorus* – Wespenbussard
Außer vom Borsberggebiet (LANGE, JOKIEL) zur Zeit nur noch aus anderen Randgebieten bekannt, vom Wilisch bei Kreischa und vom Windberg bei Freital.

*Falco subbuteo* – Baumfalke
Brutvogel in der Dresdener Heide, namentlich um Weixdorf (SCHRACK), bis 1967 auch aus der Jungen Heide bekannt (Dr. HUMMITZSCH). JOKIEL sah am 9. 9. 1972 2 Ex. bei Graupa.

Abb. 3. Das Große Gehege oder Ostra-Gehege um 1832. Gemälde CASPAR DAVID FRIEDRICHs. Original in den Staatl. Kunstsammlungen Dresden, Galerie Neue Meister (Albertinum). Aufn. Staatl. Kunstsammlungen Dresden, Photographische Abteilung

*Falco tinnunculus* – Turmfalke
Häufigster Greifvogel, der die Randgebiete (Dr. CREUTZ nennt das Graupaer Tännicht und die Pillnitzer Insel) ebenso bewohnt wie den Stadtkern, wo er eine regelmäßige Erscheinung ist. Er brütet u. a. auf der Ruine der Frauenkirche, der Schloßruine und im Gebäude des Museums für Tierkunde Dresden, bisweilen in nächster Nachbarschaft mit Dohlen.

*Tetrao tetrix* – Birkhuhn
Brütete in der Dresdener Heide. Der letzte Vogel wurde 1937 im Ullersdorfer Revier erlegt (A. FEILER, Beitr. Vogelkd. 13, 1967: 101).

*Tetrao urogallus* – Auerhuhn
Dieses Rauhfußhuhn starb zu Anfang des vorigen Jahrhunderts durch verstärkten Abschuß in der Dresdener Heide aus (A. FEILER, Beitr. Vogelkd. 14, 1969: 296). Im Staatlichen Museum für Tierkunde Dresden befindet sich eine Rackelhenne, die im Dezember 1883 bei Radeberg im Röhrsdorfer Revier erlegt wurde (A. B. MEYER, 1887, Unser Auer-, Rackel- und Birkwild ..., p. 61). Dieser Vogel ist aber kein Beweis für das Fortbestehen des Auerwildbestandes bis zu dieser Zeit.

Abb. 4. Das Ostra-Gehege 1974 von etwa demselben Standort aus wie Abb. 3.
Aufn. G. HOFFMANN

*Perdix perdix* – Rebhuhn
Häufiger Brutvogel. Es ist ungewiß, ob fremde Rebhühner im Gebiet ausgesetzt wurden. Ein Rückgang des Bestandes zeichnet sich ab.

*Coturnix coturnix* – Wachtel
Als Brutvogel von Weixdorf (SCHRACK), Pillnitz und Schönfeld (Dr. CREUTZ) nachgewiesen, doch auch für andere Gebiete wahrscheinlich: Niedersedlitz, wo zuletzt am 1. 6. 1973 spät abends Rufe vernommen wurden (ECK), Kauscha, Leubnitz (SCHUBERT hörte am 21. 6. 1972 einen Vogel in einem Getreidefeld rufen).

*Rallus aquaticus* – Wasserralle
Nach HÖHNEs Mitteilungen brüten auf dem Birkwitzer Graben jährlich 2 Paare. 1966/67 wurde dort ein Überwinterungsversuch festgestellt. Auf dem Zug verunglückte Vögel dieser Art wurden wiederholt in den Zoologischen Garten eingeliefert.

*Crex crex* – Wachtelkönig
Bei Weixdorf (SCHRACK), am Hosterwitzer Wasserwerk (Dr. CREUTZ) wie zwischen Graupa und Birkwitz (Dr. CREUTZ, KAULFUSS, GLEINICH) als Brutvogel festgestellt. Bei Leubnitz sowie auf den Altstädter Elbwiesen nahe der Stadt vermutlich ebenfalls Brutvogel (ECK).

*Gallinula chloropus* – Teichhuhn
Als Brutvogel nachgewiesen: bei Graupa (LANGE), Birkwitz (HÖHNE), Prohlis (JOKISCH), im Großen Garten (KANDLER) sowie bei Weixdorf (SCHRACK).

*Fulica atra* – Bleßhuhn
Obwohl im Winterhalbjahr namentlich auf der Elbe eine gewöhnliche Erscheinung (z. B. zählte RÖSSLER am 23. 12. 1972 31 Ex., am 26. 12. etwa 60 Ex.), liegen Brutnachweise nur spärlich vor. Ein Nisten im Gebiet des Stadt-Zentrums ist nicht zu bezweifeln. Im übrigen meldeten das Bleßhuhn nur SCHRACK aus Weixdorf und HÖHNE vom Birkwitzer Graben als Brutvogel.

*Vanellus vanellus* – Kiebitz
Brutvogel bei Weixdorf (SCHRACK). Zur Zugzeit eine gewöhnliche Erscheinung. Leider sind SCHUBERTs Zugdaten die einzigen vorliegenden:
1971 von Mitte März bis Mitte Mai Zug in Richtung Osten, am 20. 11. Zug in westliche Richtung.
1972 am 12. 3. 3 Schwärme mit bis 200 Ex. flogen in östliche und südliche Richtung, 50 rastende Vögel. Am 13. 8. sah SCHUBERT 10 rastende Ex. auf einem Acker.

*Charadrius dubius* – Flußregenpfeifer
GEISSLER nennt ihn als Brutvogel für Kaitz, KAULFUSS für die Hochmuth-Grube bis 1960 und etwas darüber hinaus. Als weitere Brutorte müssen gelten: Gittersee (Dr. HUMMITZSCH; GEISSLER fand am 11. 5. 1969 ein 4er-Gelege), der Heller und die Pillnitzer Insel (Dr. CREUTZ), unterhalb derer RÖSSLER am 19. 7. 1970 2 Ex. antraf.
Ältere Nachweise: In Sandgruben bei Leuben (JOKISCH, vgl. HEYDER 1952), in einer Lehmgrube bei Dresden-Plauen (G. NEUMANN 1931, vgl. HEYDER l. c.), in den Trümmern Dresdens (CREUTZ 1956, Heimatkdl. Bl. 12/13).

*Sterna hirundo* – Flußseeschwalbe
Seit 80 Jahren brütet diese Art nicht mehr an der sächsischen Elbe. Im Museum für Tierkunde befindet sich ein Balg (10938) mit der Angabe „Dresden" ohne Jahreszahl. Im übrigen sei auf die ausführliche Darstellung HEYDERs (Vögel des Landes Sachsen, p. 389) verwiesen.

*Sterna albifrons* – Zwergseeschwalbe
Auch bezüglich dieser Art, die längst nicht mehr zu unseren Brutvögeln zählt, sei auf HEYDER (l. c., p. 390) verwiesen. In der Hauptsache wurden das linke Elbufer unterhalb Blasewitz und die Pillnitzer Insel als Brutplätze genannt.

*Columba oenas* – Hohltaube
Brutvogel in der Umgebung von Prohlis (JOKISCH), im Großen Garten, im Borsberggebiet (GLEINICH, JOKIEL, LANGE) und in Pillnitz (Park, Insel – Dr. CREUTZ). Ein sicherlich weiter verbreiteter, doch oft übersehener Brutvogel. – Fernfunde am Borsberg beringter nestjunger Hohltauben:
1. O 1. 9. 1969 – + Ger, Basses Pyrenees/Frankreich, 20. 10. 1969; 2. O 26. 6. 1970 – + Gurs, Frankreich, 17. 10. 1970.

*Columba palumbus* – Ringeltaube
Überall, auch im inneren Stadtgebiet gemeiner Brutvogel.

*Streptopelia turtur* – Turteltaube
Vermuteter Brutvogel, der zur Brutzeit auf der Quohrener Kipse (ECK) bzw. in der Malte zwischen Ende Mai und Mitte Oktober 1971/72 von SCHUBERT festgestellt wurde. Dieser hat am 10. 10. 1971 30 Ex. nach Südwesten ziehend gesehen.

*Streptopelia decaocto* – Türkentaube
Sehr häufiger Brutvogel, der u. a. sogar in Futterhäuschen am Fenster von Neubauwohnungen zur Brut schreitet; seit 1951 in Dresden.

*Cuculus canorus* – Kuckuck
Häufig, schmarotzt beim Gartenrotschwanz (Graupa – LANGE und JOKIEL), bei Bach- und Gebirgsstelze (Pillnitz – Dr. CREUTZ), beim Neuntöter (SCHUBERT).

*Tyto alba* – Schleiereule
In Kautzsch, dem Borsberggebiet (LANGE, JOKIEL), in Dresden-Nord (Dr. CREUTZ) bzw. Weixdorf als Brutvogel bekannt. Sichtnachweise liegen aus Niedersedlitz (FRITSCHE) und Nickern (NADLER) vor.

*Athene noctua* – Steinkauz
Ein seltener Brutvogel in den Randgebieten: Leuben (KAULFUSS), Lockwitz (ECK), an der Bergstraße in Richtung auf Südvorstadt (GEISSLER), Südhöhe (Dr. CREUTZ).

*Strix aluco* – Waldkauz
Mit Abstand die häufigste Eule, mit der als Brutvogel in allen größeren Parks und Forsten zu rechnen ist; im Großen Garten auffallend häufig. Jungvögel im Mesoptilkleid gelangen häufig in den Zoologischen Garten. In der Überzahl befinden sich braune bis gelbbraune Individuen, seltener rötliche oder ausgesprochen graue.

*Asio otus* – Waldohreule
1973 als Brutvogel bei Graupa bekannt geworden.

*Caprimulgus europaeus* – Ziegenmelker
JOKISCH, der sich eingehend mit diesem Vogel befaßte, kannte ihn als Brutvogel nur aus der Dresdener Heide.

*Apus apus* – Mauersegler
Brutvogel im gesamten Gebiet, doch am zahlreichsten im Stadtinnern. Im Durchschnitt trifft er bei uns zwischen dem 1. und 3. 5. ein, doch liegen auch aus der letzten Aprilwoche (1964, 1966, 1969) Meldungen vor (SCHUBERT). September-Beobachtungen beziehen sich mit Sicherheit auf Durchzügler aus dem Norden.

*Alcedo atthis* – Eisvogel
War Brutvogel am Lockwitzbach in Kleinzschachwitz (KAULFUSS) und im „Naturpark Prohlis", an letzterem Ort nach JOKISCH bis 1962. Zur Zeit wird der Eisvogel noch ganzjährig an der Prießnitz, nahe der Ullersdorfer Totenmühle beobachtet (Brutnachweis fehlt von dort), im Winter wiederholt an der Elbe (so auch 1973).

*Upupa epops* – Wiedehopf
Der Wiedehopf muß früher häufig gewesen sein. Brütete 1948 noch in Pillnitz (HEYDER, p. 247), durch Dr. CREUTZ auch aus Graupa bekannt.

*Picus viridis* – Grünspecht
Verbreiteter Brutvogel.

*Picus canus* – Grauspecht
Brutvogel im Großen Garten (GEIDEL), Beutlerpark (GLEINICH), zweifellos auch ander-

wärts, z. B. in Prohlis, zwischen Borsberg und Friedrichsgrund regelmäßig zwischen 1956 und 1958 (ECK). Seltener als der Grünspecht.

*Dryocopus martius* – Schwarzspecht
Brutvogel in der Jungen Heide, gewiß auch in der Dresdener Heide, auf dem Borsberg und im Graupaer Tännicht (1973 durch JOKIEL und GLEINICH nachgewiesen).

*Dendrocopos major* – Buntspecht
Im ganzen Gebiet häufigster Specht. Ein am 31. 5. 1969 am Borsberg nestjung beringter Vogel wurde am 5. 2. 1970 in Birkwitz (4 km entfernt) tot gefunden.

*Dendrocopos medius* – Mittelspecht
Daß der Mittelspecht zu unseren Brutvögeln zählt, ist nach wie vor nur eine Vermutung, die sich auf die beiden Mitteilungen von BURKHARDT für den Zschonergrund und CREUTZ für Pillnitz stützt. Erstere Beobachtung gelang am 2. 7. 1952, letztere am 15. 10. 1952 (Beitr. Vogelkd. 3: 194–195).

*Dendrocopos minor* – Kleinspecht
Obwohl im Winter öfters Beobachtungen gelingen, sind Brutnachweise spärlich: Zschonergrund (NEUMANN), Pillnitz (Dr. CREUTZ), Loschwitz (RÖSSLER), Prohlis (JOKISCH). Zur Brutzeit wurde er auch in Dresden-Plauen gesehen sowie im Großen Garten, wo u. a. Dr. HEYDER einen am 28. 5. 1969 rufen hörte.

*Jynx torquilla* – Wendehals
Brutvogel in der Heide, dem Heidefriedhof (jährlich 2 Pärchen), dem Großen Garten (GEIDEL), in Hosterwitz und auf den Pillnitzer Hängen (Dr. CREUTZ) sowie im Graupaer Tännicht (KAULFUSS, JOKIEL). Ein am 7. 6. 1969 in Graupa beringter Altvogel wurde auf einem Nachgelege am 2. 7. 1969 wieder gefangen.

*Lullula arborea* – Heidelerche
Die Heidelerche nistet noch regelmäßig im nördlichen Stadtkreis auf dem gesamten Hellergelände. 1927 registrierte DITTMANN dort 2 Brutpaare. PÄTZOLD konnte in den Jahren 1965 bis 1969 6 Paare feststellen. In der angrenzenden Dresdener Heide brütet die Heidelerche nur vereinzelt und nicht regelmäßig auf manchen Kahlschlägen. Auf den Hügeln der rechten Elbseite zwischen Dresden und Meißen verhörte PÄTZOLD 1967 zur Brutzeit noch 5 singende ♂. Im Graupaer Gebiet, woher sie schon Dr. CREUTZ kennt, wurde u. a. zuletzt am 22. 6. 1973 ein Vogel verhört (Fachgruppe). Im Dezember 1962 beobachtete Dr. MEYER „kleine Flüge von 8–25 Stück" bei Loschwitz (Falke 13, 1966: 175).

*Galerida cristata* – Haubenlerche
In den Ruderalgebieten der Stadt ein gewöhnlicher Brutvogel, doch mit abnehmender Tendenz. In den Jahren 1945–1955 erreichte sie infolge der entstandenen Öd- und Trümmerflächen ihr optimales Vorkommen (PÄTZOLD). Es ist bemerkenswert, daß die Haubenlerche auf der Prager Straße nahe dem Hauptbahnhof noch heute vorkommt, obgleich auf den ehemaligen Trümmerflächen moderne Bauten und plattenbelegte Wege entstanden.

*Alauda arvensis* – Feldlerche
Das Brutgebiet dieser häufigen Art erstreckt sich auf die landwirtschaftlichen Nutzflächen in den Randgebieten. Auf dem Heller leben die 3 Lerchenarten nebeneinander (PÄTZOLD).

*Riparia riparia* – Uferschwalbe
Früher bestanden Kolonien zwischen Hosterwitz und Pirna (HEYDER, p. 235).

*Hirundo rustica* – Rauchschwalbe
Häufiger Brutvogel.

*Delichon urbica* – Mehlschwalbe
In den Stadtrandgebieten häufig, findet sie sich jedoch auch im Innern der Stadt als Brutvogel. An der Kathedrale nahe der Elbe (aber nicht an einer Elbbrücke wie in Pirna) befindet sich seit einigen Jahren eine Kolonie. RÖSSLER zählte im Juli 1972 die Nester im Gelände der Medizinischen Akademie (Johannstadt) und umliegender Straßen. Ergebnis: 51 Nester, ein weiteres war vom Haussperling belegt.

*Motacilla flava* – Schafstelze
Nach einer Umfrage im Süden und Südosten am häufigsten, was sich aus der Landschaftsgliederung leicht erklärt; brütete 1958 im Stadtzentrum am Postplatz (Dr. MIERDEL).

*Motacilla cinerea* – Gebirgsstelze
Brutvogel an zahlreichen Bächen beiderseits der Elbe, namentlich in den östlichen Teilen.

*Motacilla alba* – Bachstelze
Häufigste Stelzenart, auch inmitten der Stadt Brutvogel. WEISSBACH (Falke 15, 1968: 102) fand am 27. 6. 1966 in Blasewitz einen verletzten Vogel, der am 3. 7. 1962 in Norwegen beringt worden war!

*Anthus campestris* – Brachpieper
Außerhalb unseres Gebietes bei Radeburg und Freital brütend, früher auch auf dem Heller Brutvogel (1927 von DITTMANN festgestellt), außerdem bis 1955 auf den Ruinenfeldern im Stadtkern sowie bei Oberpoyritz (Dr. CREUTZ).

*Anthus trivialis* – Baumpieper
In Feldgehölzen und am Rande von Waldungen in den Außenbezirken mäßig häufiger, doch regelmäßiger Brutvogel. – Der Wiesenpieper hat sich nicht angesiedelt, brütet aber in nächster Nachbarschaft bei Radeberg (HOFFMANN) und in der Nassau bei Meißen (Dr. HUMMITZSCH).

*Lanius cristatus* – Neuntöter
In den Randgebieten von schwankender, meist aber auffallender Häufigkeit, doch nirgends in größeren geschlossenen Waldungen.
Über einen Bastard zwischen *L. minor* und *L. cr. collurio*, den JÄGER am 30. 6. 1969 zwischen Birkwitz und Graupa erlangte, vgl. man ECK, Zool. Abh. Mus. Tierk. Dresden 32, Nr. 1.

*Lanius senator* – Rotkopfwürger
Ein Brutnachweis gelang LEHMANN (Beitr. Vogelkd. 8, 1963: 322) 1960 an der Quohrener Kipse. Aus der Umgebung Dresdens machte DIETRICH (Mitt. Ver. sächs. Orn. 3, 1931: 176) einen Brutplatz bei Hühndorf/Wilsdruff bekannt. Im September durchziehend bei Boxdorf beobachtet (GEIDEL, ECK).

*Lanius excubitor* – Raubwürger
Hat nach STELZER (HEYDER, p. 45 des Nachtrags, 1962) 1952/53 bei Pillnitz gebrütet. Weitere Brutplätze aus Graupa und vom Heller nennt Dr. CREUTZ.

*Cinclus cinclus* – Wasseramsel
Brutvorkommen z. Z. offensichtlich völlig erloschen. Brütete ehemals in Lockwitz am Lockwitzbach (HOFFMANN, ECK) und in der Heide an der Prießnitz. Dr. HEYDER verdanken wir einen Auszug aus HELMs Tagebuch von 1891, wonach WIGLESWORTH am 6. 5. 1891 im Prießnitzgrund ein Nest mit 5 stark bebrüteten Eiern fand.

*Troglodytes troglodytes* – Zaunkönig
In zusagendem Gelände, also überwiegend in Wassernähe, als Brutvogel stets anzutreffen. Im Winter oft weit vom Wasser entfernt und nahe bei menschlichen Behausungen.

*Prunella modularis* – Heckenbraunelle
Die Heckenbraunelle ist in allen Teilen des Gebietes anzutreffen, von der Quohrener Kipse und dem Borsberg bis zu den Elbniederungen und in der Heide, wenngleich festgestellte Brutplätze nur in mäßiger Zahl bekannt sind. Erwartungsgemäß überwintern Heckenbraunellen im Elbtal, doch in so geringer Zahl, daß es sich nicht um einen Sammelplatz handeln kann. Ende März pflegen sich die Vögel aus den Winterquartieren des Südens wieder einzustellen.

*Locustella fluviatilis* – Schlagschwirl
Mit gelegentlicher Brut ist zu rechnen, wie z. B. 1972 im Gebergrund (ECK, Falke 20, 1973: 98–99). Möglicherweise handelte es sich 1972 nur um eine stärkere Ausbreitungswelle, wie sie an Arealgrenzen nicht ungewöhnlich ist, da die Art gleichfalls erstmalig bei Jena auftauchte (Dr. v. KNORRE, briefl. Mitt.).

*Locustella naevia* – Feldschwirl
Nach SCHRACK soll der Feldschwirl 1965 und wahrscheinlich 1966 bei Weixdorf gebrütet haben. Verhört wurde er schon allenthalben, doch von Anfang bis Mitte Mai singende Vögel lassen einen Brutverdacht nicht zu, auch nicht das von SCHWARZE am 4. 10. 1891 im Ostra-Gehege erbeutete ♂, das sich nicht mehr in der Museumssammlung befindet (HEYDER, J. Orn. 64, 1916, p. 475). NIEBES fand inmitten der Stadt am 4. 9. 1972 einen toten Feldschwirl (Durchzügler), der in der Museumssammlung aufbewahrt wird.

*Acrocephalus schoenobaenus* – Schilfrohrsänger
Als Brutvogel nur für den Birkwitzer Graben vermerkt (LANGE).

*Acrocephalus palustris* – Sumpfrohrsänger
Auf Ödlandflächen, in Getreide- und Rapsfeldern (zumindest im Ostteil), auch in Brennnesseln am Elbufer (Kemnitz) Brutvogel. Er ist ausgesprochen häufig.

*Acrocephalus scirpaceus* – Teichrohrsänger
HÖHNE bezeichnet den Teichrohrsänger als häufigen Brutvogel des Birkwitzer Grabens, JOKISCH kannte ihn aus der Umgebung von Prohlis.

*Acrocephalus arundinaceus* – Drosselrohrsänger
Am Birkwitzer Graben jährlich etwa 2 Brutpaare (HÖHNE, LANGE); auch bei Prohlis (JOKISCH)?

*Hippolais icterina* – Gelbspötter
Häufiger Brutvogel im ganzen Gebiet einschließlich Weixdorf (SCHRACK).

*Sylvia borin* – Gartengrasmücke
Die Brutplatzangaben Heidefriedhof, Zschonergrund, Großer Garten, Quohrener Kipse sind nichtssagend in bezug auf die tatsächliche Häufigkeit und weite Verbreitung im Untersuchungsgebiet.

*Sylvia atricapilla* – Mönchsgrasmücke
Für diesen in größeren Laubwaldungen stets anzutreffenden Vogel gilt im Prinzip das gleiche wie für die Gartengrasmücke.

*Sylvia curruca* – Klappergrasmücke
In den Gartenanlagen der Wohngebiete erwartungsgemäß die häufigste Grasmücke.

*Sylvia communis* – Dorngrasmücke
Die Dorngrasmücke bewohnt offeneres (und wie es hier scheint, auch trockeneres) Gelände als die Klappergrasmücke, ist vielleicht auch nicht so häufig wie diese (was natürlich an den geringeren Beobachtungsmöglichkeiten liegen kann), jedoch gleichmäßig über das gesamte Gebiet verteilt.

*Sylvia nisoria* – Sperbergrasmücke
Die Sperbergrasmücke, die PÄTZOLD 1940 in Stetzsch als Brutvogel feststellte, ist ein sehr seltener Vogel bei uns, wenigstens in neuerer Zeit. An der Quohrener Kipse wurde sie von ECK beobachtet, und JOKIEL beringte am 20. 9. 1972 einen Jungvogel in einer Graupaer Schutthalde. Ältere Angaben verdanken wir BERNHARDT (Mitt. Ver. sächs. Orn. 3, 1932: 269) sowie MARQUART (briefl. mitgeteilt von Dr. HEYDER): 20. 6. 1934 Pärchen am Nest mit 2 Jungen zwischen Gasthof Mockritz und Bad; 20. 6. 1934 desgl., Nest mit 5 Jungen zwischen Leubnitz und Goppeln sowie ein Paar bei Leubnitz-Neuostra; am selben Tag einen fütternden Altvogel bei Gostritz-Nöthnitz und einen anderen oberhalb von Lockwitz gesehen.
Aus Dresdens Umgebung auch aus Copitz/Pirna und Dippelsdorf bekannt. Die Sperbergrasmücke kommt ziemlich regelmäßig in nächster Nachbarschaft des Neuntöters vor.

*Phylloscopus trochilus* – Fitis
Allen Beobachtern als Brutvogel bekannt. Im Wald sowie an Waldrändern zahlenmäßig dem Zilpzalp überlegen. Trifft Ende April/Anfang Mai bei uns ein und verläßt uns wieder im September.

*Phylloscopus collybita* – Zilpzalp
In fast allen kleineren Gehölzen mit Unterwuchs vertreten. In den Parkanlagen entschieden zahlreicher als der Fitis. Der Zilpzalp trifft Anfang April (auch Ende März) ein, oft noch bei Schnee und Frost, und zieht im Oktober wieder ab.
Von einem von KREISSIG auf dem Heidefriedhof beringten Vogel liegt eine Rückmeldung aus Mia-Mia (Sidon), Libanon, vor.

*Phylloscopus sibilatrix* – Waldlaubsänger
Er weilt von Mai bis August bei uns und ist die seltenste Laubsänger-Art. Er bevorzugt auch in unserem Raum die lichten, möglichst mit Buchen durchsetzten Laubwälder, doch fehlt er auch im Mischwald nicht. Nestfunde meldeten nur JOKIEL, JOKISCH, MORGENEYER und SCHRACK.

*Regulus regulus* – Wintergoldhähnchen
Obgleich keine Nestfunde bekannt wurden, ist das Wintergoldhähnchen nach Aufenthaltszeit und Verhalten fraglos ein Brutvogel, der kaum einem größeren Koniferenbestand fehlt.

*Regulus ignicapillus* – Sommergoldhähnchen
SCHUBERT verhörte in der Malte einen Vogel am 17. 4. 1971, während HOFFMANN (J. Orn. 66, 1918: 328) ihn zur Brutzeit im Prießnitzgrund bei Klotzsche feststellte. Ein direkter Brutnachweis fehlt auch für diese Art.

*Muscicapa striata* – Grauschnäpper
Häufiger Brutvogel (mit zunehmender Tendenz?).

*Ficedula hypoleuca* – Trauerschnäpper
Sehr häufige Art und über das ganze Gebiet verbreitet, in manchen Nistkasten-Revieren die dominierende Erscheinung.
Im Heidefriedhof wurden von 1956–1970 3368 Ex. beringt, davon wurden 196 Ex. wieder gefangen, außerdem liegen zwei Fernmeldungen vor aus Cabeza la Vaca (Spanien) und Pirmasens (Pfalz). Diese Angaben wurden den Listen KREISSIGs entnommen. Zwischen 1960 und 1971 liegen aus Graupa und dem Borsberggebiet 99 Beringungen mit Rückmeldungen vor. Die meisten Vögel wurden am gleichen Ort wieder gefangen, andere fanden sich in Moritzburg usw. und Schirgiswalde (JOKIEL/LANGE). 5 weitere Beringungen und Wiederfänge teilte Dr. MIERDEL für die Dresdner Heide mit (1963–1967).
Es sei hier mit festgehalten, daß JOKIEL am 4. und 6. 6. 1972 am Borsberg einen Halsbandschnäpper beim Inspizieren eines Kastens beobachten konnte! Aus der näheren Umgebung liegen die Beobachtungen KÖHLERs (1927–29) vom Moritzburger Schloßteich vor (HEYDER, Vögel des Landes Sachsen, p. 190).

*Ficedula parva* – Zwergschnäpper
KREISSIG entdeckte einen Brutplatz dieser Art, erstmalig für unser Gebiet, 1971 auf dem Heidefriedhof und beringte 3 Jungvögel.

*Saxicola torquata* – Schwarzkehlchen
In neuerer Zeit offenbar als Brutvogel verschwunden. Die von SCHWARZE bei Ullersdorf gesammelten Jungvögel befinden sich noch in der Sammlung des Staatl. Museums f. Tierkunde Dresden. Im übrigen, um Wiederholungen zu vermeiden, sei auf die ausführliche Darstellung in HEYDERs Werk (1952, p. 219 ff.) verwiesen.

*Saxicola rubetra* – Braunkehlchen
Brutvogel am Birkwitzer Graben 1971 (HÖHNE). RÖSSLER stellte ein Pärchen am 7. 5. 1972 bei Oberpoyritz fest. Mit großer Wahrscheinlichkeit auch Brutvogel oberhalb Kauschas (ECK, GEIDEL, MORGENEYER). Die Beobachtung eines einzelnen Vogels gelang auch an der Quohrener Kipse.
Zur Zugzeit ist das Braunkehlchen im Ostteil häufig festzustellen.

*Phoenicurus phoenicurus* – Gartenrotschwanz
Häufiger Brutvogel, nicht selten von Ortschaften weit entfernt im Wald wie in Plantagen brütend. Ein am 27. 5. 1961 am Borsberg nestjung beringter Vogel wurde am 9. 5. 1962 in Pillnitz festgestellt.

*Phoenicurus ochruros* – Hausrotschwanz
Häufiger Brutvogel.

*Luscinia megarhynchos* – Nachtigall
Die Nachtigall ist als Brutvogel unseres Gebietes nicht gefährdet, ja hat eher zugenommen und ist zumindest im Ostteil (Pillnitz, Lockwitz, Prohlis, Räcknitz, Großer Garten) keine ungewöhnliche Erscheinung. Das Aufsuchen von Wassernähe (Bäche, Grubenteiche) ist kennzeichnend.

*Erithacus rubecula* – Rotkehlchen
An geeigneten Örtlichkeiten stets auch als Brutvogel anzutreffen.

*Oenanthe oenanthe* – Steinschmätzer
In der Zeit nach dem 2. Weltkrieg in den Ruinenfeldern der Innenstadt brütend, auch hier und da in den Randbezirken. SCHUBERT beobachtete in Johannstadt ein Pärchen von Mai bis Juni 1971 und eines am 3. 5. 1972.

*Turdus viscivorus* – Misteldrossel
Brutvogel in den Waldungen Graupas (Dr. CREUTZ) und der Dresdner Heide. Weitere Brutnachweise sind sehr erwünscht. Regelmäßiger Durchzügler.

*Turdus pilaris* – Wacholderdrossel
Von SCHUBERT als Brutvogel für das Gebiet zwischen Leubnitz und dem Gebergrund (in diesem im Mai 1964 Einzelnest in 15 m Höhe) genannt. Nistete in einer kleinen Ansammlung früher auch in Nickern. Brutvogel ferner am Birkwitzer Graben (HÖHNE), bei Oberpoyritz (Dr. CREUTZ) und bei Weixdorf (SCHRACK).

*Turdus philomelos* – Singdrossel
Häufige Art, brütet außer in den Wäldern auch in Parks und Vorstadtgärten.

*Turdus merula* – Amsel
Fehlt nirgends und zählt zu den häufigsten Brutvogelarten. Bestimmte Schlafplätze (Straßenbäume, kleinere Waldstücke) werden seit Jahrzehnten aufgesucht. Im Winter steigt die Individuendichte in der Innenstadt deutlich an. Amselgesang im Januar ist fast alljährlich zu hören. Außer den verwilderten Haustauben und Haussperlingen gehören die Amseln zu den festen Bewohnern der großen Bahnhöfe (s. auch GÜNTHER, Falke 13, 1966: 426).

*Aegithalos caudatus* – Schwanzmeise
Brutplätze wurden gemeldet aus der Umgebung Weixdorfs (SCHRACK), der Jungen Heide (KREISSIG), vom St.-Pauli-Friedhof 1969 (KLAPPER), Prohlis (JOKISCH) und dem Borsberggebiet (Dr. CREUTZ).

*Remiz pendulinus* – Beutelmeise
Wohl zuerst von KAULFUSS als Brutvogel am Birkwitzer Graben festgestellt (Nest im Museum für Tierkunde Dresden), ferner von HÖHNE 1966 und 1967 ebenda, sowie im Mai 1972 von MATTERNE! Das vom Sturm heruntergerissene Nest mit 2 Eiern gelangte dankenswerterweise ins Museum für Tierkunde.

*Parus cristatus* – Haubenmeise
Aus Graupa, Weixdorf und der Jungen Heide (LANGE, SCHRACK, KREISSIG) als Brut-

vogel gemeldet. Im Winter vielerorts in separaten Schwärmen zu beobachten. Dr. MIERDEL beringte in Bühlau am 18. 1. 1964 ein ♀, das er am gleichen Ort am 29. 5. und 3. 6. 1967 wiederfing.

*Parus palustris* – Nonnenmeise
Häufiger Brutvogel, in den Winterschwärmen oft zusammen mit Weidenmeisen beobachtet (ECK).

*Parus atricapillus* – Weidenmeise
Nachdem diese Meise bis in die neueste Zeit bei uns wohl meist übersehen worden ist (BECKMANN beobachtete am 10. 4. 1925 die Art in der Dresdner Heide – Orn. Monatsber. 34, 1926: 3), wurde sie als Brutvogel von ECK auf der Quohrener Kipse (ECK & GEIDEL, Falke 15, 1968: 350–351), von KREISSIG auf dem Heidefriedhof (1970 9 Junge beringt) und von ECK 1971 in der Malte (verlassenes Gelege im Museum für Tierkunde) nachgewiesen. Außerdem wurde die Weidenmeise, namentlich im Winter, auch andernorts bemerkt: Lockwitzgrund, Birkwitzer Graben, Graupaer Tännicht, Talgründe bei Niederpoyritz, im August im Gebergrund. Für das Moritzburger Gebiet (Georgenteich) erbrachte GEIDEL 1970 den ersten Brutnachweis.

*Parus caeruleus* – Blaumeise
Häufiger Brutvogel.
Eine am 1. 6. 1964 in Graupa nestjung beringte Blaumeise wurde am 6. 8. 1964 in Oberloschwitz (10 km entfernt) tot gefunden. Ein am 20. 5. 1963 in Pillnitz beringtes ♀ wurde 3 km entfernt in Graupa am 3. 7. 1965 brütend angetroffen.
Den sicheren Nachweis einer Lasurmeise (*P. caeruleus cyanus*) erbrachte Frau D. BLESSIG für Goppeln (am Stadtrand), wo sie 1 Ex. unter anderen Meisen im Februar 1972 am Futterhäuschen sah. Der Vogel, der Frau BLESSIG vom Petersburger Vogelmarkt her eine geläufige Erscheinung ist, fiel durch seine Größe und die leuchtend weiße Kopfplatte auf (deshalb wohl kaum *P. c. tianschanicus*). Die Beobachtung kann nicht angezweifelt werden, zumal Frau BLESSIG früher zu den besten ornithologischen Beobachtern des Baltikums gehörte.

*Parus major* – Kohlmeise
Häufiger Brutvogel. – Anfang der 60er Jahre erhielt der Zoologische Garten ein Nest mit Jungen aus Dresden-Reick, denen jede Spur von Lipochrom fehlte. – 9 Wiederfunde beringter Vögel teilte Dr. MIERDEL mit: Zwischen 1960 und 1965 wurden in der Dresdner Heide und in Dresden-Plauen Nestjunge beringt, die jeweils im gleichen Jahr oder bis nach 4 Jahren am selben Ort oder ganz in der Nähe wiedergefunden wurden.

*Parus ater* – Tannenmeise
In Wirklichkeit sind die Brutplätze dieser Art häufiger und weiter verbreitet, als es die wenigen Nachweise für den Borsberg, Graupa, Weixdorf und die Junge Heide (JOKIEL, LANGE, SCHRACK, KREISSIG) erscheinen lassen.

*Sitta europaea* – Kleiber
Häufiger Brutvogel. Ein am 23. 5. 1970 nestjung in Graupa beringter Vogel wurde am 21. 5. 1971 einen halben km vom Beringungsort beim Füttern seiner Jungen angetroffen.

*Certhia familiaris* – Waldbaumläufer
Zweifellos ist der Waldbaumläufer bei uns ein häufiger Brutvogel, er ist auch häufiger als

der Gartenbaumläufer, doch sind genauere Feststellungen des Vorkommens beider Arten erwünscht.

*Certhia brachydactyla* – Gartenbaumläufer
Dr. HEYDER ist die Art von früher her als im Gebiet weit verbreitet bekannt, doch gelangten aus neuerer Zeit nur wenige Brutplätze zu unserer Kenntnis: Junge Heide (Dr. HUMMITZSCH), Weixdorf (SCHRACK), Pillnitz und Borsberg (Dr. CREUTZ), Graupa (LANGE).

*Emberiza calandra* – Grauammer
Die Beobachtungen singender Vögel, die Dr. MIERDEL zusammenstellte, konzentrieren sich auf die Elbniederung, wo PÄTZOLD 1962 in Kaditz auch ein Nest fand.

*Emberiza citrinella* – Goldammer
Häufigste Ammerart im ganzen Gebiet. Am Stadtrand bei Kauscha, wo die Goldammer neben dem Ortolan brütet, hat sie sich nach einigen wenigen Beobachtungen (ECK) dessen unverkennbaren Gesang angeeignet.
In landwirtschaftlichen und ähnlichen Betrieben stellen sich zur Winterszeit Goldammern in oft großen Schwärmen ein, die nur zum kleinsten Teile aus ansässigen Vögeln bestehen dürften, wie Zugbeobachtungen im Frühjahr vermuten lassen.

*Emberiza hortulana* – Ortolan
Im Juni 1891 bei Pillnitz festgestellt (KREZSCHMAR, Orn. Monatsber. 5, 1897: 44–45). Nach älteren Mitteilungen liegen Junifunde von 1914–1916 auch aus Kreischa sowie der weiteren Umgebung Dresdens vor. Ein ♂ wurde am 7. 5. 1970 auf der Quohrener Kipse bemerkt (ECK). Derselbe Beobachter stellte am 30. 4. 1973 auf einem Felde bei Gaustritz (Gebietsgrenze) unter zahlreichen Goldammern einen Ortolan fest. Der Ortolan ist (wie es scheint, zeitweise) Brutvogel zwischen den Dörfern Sobrigau, Kauscha und Gaustritz (mit Obstbäumen gesäumte Wege zwischen großen Feldern), eventuell auch zwischen Goppeln und Leubnitz (D. BLESSIG). Sichtbeobachtungen ohne Datumsangabe sind aus dem Großen Garten und einem anderen Platz inmitten der Stadt bekannt. In beiden Fällen wird es sich um Durchzügler gehandelt haben.

*Emberiza schoeniclus* – Rohrammer
Brutvogel am Birkwitzer Graben (HÖHNE, JÄGER, ECK) und im „Naturpark Prohlis" (JOKISCH). Nahe der Gohliser Windmühle zur Brutzeit und in Coschütz am 19. 5. von Dr. HUMMITZSCH ein singendes ♂ festgestellt.

*Fringilla coelebs* – Buchfink
Häufiger Brutvogel inmitten der Stadt ebenso wie in den umliegenden Waldgebieten, in denen er, im Gegensatz zur Amsel, keineswegs scheuer ist. Es überwintern mehr männliche Vögel. Im Frühjahr sieht man oft gewaltige Buchfinkenschwärme, vermischt mit Bergfinken.

*Serinus canaria* – Girlitz
Mäßig häufige, aber sehr konstante Brutplätze meist in der Nähe von Gärten.

*Carduelis chloris* – Grünfink
Häufiger Brutvogel.

*Carduelis carduelis* – Stieglitz
Regelmäßiger Brutvogel vor allem in den ländlichen Randbezirken. Gemeldet von vielen Stellen des Lockwitztales, aus Prohlis, Räcknitz, Weixdorf, Graupa, Birkwitz, Pillnitz und dem Zschonergrund (ECK, JOKISCH, Dr. HUMMITZSCH, SCHRACK, LANGE, NEUMANN, ANDERS, MORGENEYER, PILZ); im Stadtgebiet 1973 auf der Reichenbachstraße (GLEINICH).

*Carduelis spinus* – Erlenzeisig
Von KREISSIG in 2 Paaren 1964 auf dem Heidefriedhof brütend festgestellt!

*Carduelis cannabina* – Bluthänfling
Mäßig häufiger Brutvogel im ganzen Gebiet, in Kleingartenanlagen ziemlich regelmäßig anzutreffen.

*Coccothraustes coccothraustes* – Kernbeißer
In waldigen Teilen und Parks mit hohen Bäumen regelmäßiger Brutvogel.

*Pyrrhula pyrrhula* – Gimpel
Brutvogel bei Weixdorf (SCHRACK), Klotzsche (Dr. CREUTZ), auf dem Heidefriedhof (KREISSIG), Löbtauer Friedhof (OBST), im Helfenberger Grund (rechtselbisch), Pillnitz und Oberpoyritz (Dr. CREUTZ), Graupa und im Borsberggebiet (LANGE und JOKIEL). Ein am 21. 3. 1971 in Graupa beringter Altvogel (♂) wurde am 20. 7. desselben Jahres abermals dort gefangen. Wenngleich unsere Gimpel den Winter hier verbringen sollten, ist Zuzug aus anderen Gegenden mit Sicherheit anzunehmen.

*Passer domesticus* – Haussperling
Ohne daß Zählungen erfolgt wären, darf behauptet werden, daß der Haussperling unser häufigster Brutvogel ist. Es sei hier empfohlen, sich in bionomischer Hinsicht näher mit diesem Vogel zu befassen, von dem MEISE sagt, daß ihm „die Menschheit bisher weder theoretisch noch praktisch ganz gewachsen" ist. Es liegen aus unserem Untersuchungsgebiet leider keine Feststellungen über Einzelnester, Baumnester (die in Fichten, Birken und Obstbäumen gebaut werden) wie überhaupt Neststandorte und deren Häufigkeit vor.

*Passer montanus* – Feldsperling
Sehr häufig, oft in kleineren Gesellschaften an Waldrändern oder inmitten der Wälder (dort auch brütend?).

*Sturnus vulgaris* – Star
Häufiger Brutvogel.

*Oriolus oriolus* – Pirol
Brutvogel im Graupaer Tännicht (LANGE, JOKIEL), auf der Pillnitzer Insel (Dr. CREUTZ), in der Malte (SCHUBERT), im Gebergrund (MORGENEYER, SCHUBERT), in Räcknitz (Dr. HUMMITZSCH), in Prohlis (JOKISCH), im Zschonergrund, in Weixdorf (NEUMANN, SCHRACK) und auf dem St.-Pauli-Friedhof (KLAPPER), aber gewiß auch andernorts wie im Lockwitzgrund und (am Lockwitzbach) in Zschachwitz.

*Garrulus glandarius* – Eichelhäher
In den Waldgebieten weit verbreiteter Brutvogel, dessen Verstädterung hier nicht die Fortschritte zeigt wie anderswo. Dr. CREUTZ kannte im Stadtgebiet einen Nistplatz auf der Trinitatiskirche.

Ein am 9. 10. 1934 in Dresden-Briesnitz gefangener Eichelhäher wurde vom 10. 10. 1937 aus Besain, Dép. Jura/Frankreich gemeldet. Kleinere lockere Wanderverbände sind alljährlich zur Zugzeit und im Winter zu beobachten.

*Pica pica* – Elster
Dieser zu stark verfolgte Vogel ist noch in allen Teilen als Brutvogel anzutreffen, auch im Großen Garten, selbst an Häusern an verkehrsreichen Straßen oder in Siedlungen auf Obstbäumen.

*Corvus monedula* – Dohle
In einigen der noch vorhandenen Ruinen inmitten der Stadt brütend. Sogenannte Baumdohlen gibt es in Dresden-Nord nahe dem Dr.-Kurt-Fischer-Platz, auf der Pillnitzer Insel und der Graupaer Lindenallee (ECK, Dr. CREUTZ).

*Corvus corone* – Aaskrähe
Brütet im Borsberggebiet (Dr. CREUTZ), im Graupaer Tännicht (LANGE, JOKIEL), in Prohlis (JOKISCH), bei Weixdorf (SCHRACK), im Zschonergrund (NEUMANN) und der Jungen Heide (Dr. HUMMITZSCH).

Die Saatkrähe, *C. frugilegus*, wurde von Dr. CREUTZ 1939 brütend auf der Elbinsel bei Gauernitz (unterhalb Dresdens) gefunden. Seitdem gibt es keinen Nachweis mehr. Die Pillnitzer Insel diente Jahrzehnte als Übernachtungsort gewaltiger Winterschwärme, wird dazu in jüngster Zeit aber nicht mehr aufgesucht.

Anhang:

*Phasianus colchicus* – Fasan
In den locker bewaldeten und durch landwirtschaftliche Bearbeitung sowie Obstbau geprägten Randgebieten ein häufiger Brutvogel mit noch zunehmender Tendenz. Der Fasan ist im Begriff, sein Vorkommen bis in die Parkanlagen nahe dem Stadtzentrum auszudehnen.

*Columba livia* f. domestica – Verwilderte Haustaube
Im Stadtzentrum haben sich zahlreiche Schwärme angesiedelt, teils an Kirchen, teils in Ruinen, wo sie sich trotz ständiger Nachstellung behaupten.

## 2. Gastvögel

*Gavia arctica* – Prachttaucher: Wintergast.

*Gavia stellata* – Sterntaucher: Wintergast.

*Podiceps cristatus* – Haubentaucher: Durchzügler.

*Podiceps auritus* – Ohrentaucher: seltener (Winter-)Gast.

*Podiceps nigricollis* – Schwarzhalstaucher: Durchzügler, selten im Winter.

*Phalacrocorax carbo* – Kormoran: seltener Gast.

*Ardea cinerea* – Graureiher: Durchzügler.

*Nycticorax nycticorax* – Nachtreiher: cf. HEYDER 1952, p. 307.

*Ciconia nigra* – Schwarzstorch: Durchzügler.

*Cygnus olor* – Höckerschwan: Wintergast (ob es sich dabei um Wildschwäne handelt oder um Parkschwäne, die ihre zugefrorenen Gewässer verließen, sei dahingestellt).

*Cygnus cygnus* – Singschwan: Durchzügler.

*Anser fabalis* – Saatgans: Durchzügler.

*Anser albifrons* – Bleßgans: Durchzügler.

*Branta bernicla* – Ringelgans: seltener Gast.

*Anas penelope* – Pfeifente: seltener Durchzügler.

*Anas strepera* – Schnatterente: Durchzügler (cf. MEYER, Falke 15: 391, 1968, wonach am 31. 12. 1965 2 Ex. auf der Elbe beobachtet wurden).

*Anas crecca* – Krickente: Durchzügler.

*Anas acuta* – Spießente: Durchzügler und seltener Wintergast.

*Anas clypeata* – Löffelente: Durchzügler (selten).

*Aythya ferina* – Tafelente: Wintergast und Durchzügler.

*Aythya fuligula* – Reiherente: seltener Wintergast und Durchzügler.

*Aythya marila* – Bergente: seltener Gast (im Winter).

*Melanitta nigra* – Trauerente: seltener Gast (cf. SPITTEL, Falke 4: 32, 1957).

*Bucephala clangula* – Schellente: Wintergast.

*Mergus albellus* – Zwergsäger: Wintergast.

*Mergus serrator* – Mittelsäger: seltener Gast.

*Mergus merganser* – Gänsesäger: Wintergast.

*Buteo lagopus* – Rauhfußbussard: Wintergast.

*Milvus milvus* – Rotmilan: Durchzügler.

*Milvus migrans* – Schwarzmilan: Durchzügler.

*Haliaeetus albicilla* – Seeadler: Wintergast.

*Circus cyaneus* – Kornweihe: 1 Ex. von GLEINICH am 12. 1. 1969 bei Kaditz beobachtet.

*Circus macrourus* – Steppenweihe: Durchzügler (cf. HEYDER 1952, p. 283).

*Circaetus gallicus* – Schlangenadler: seltener Durchzügler (cf. HEYDER 1952, p. 294).

*Pandion haliaetus* – Fischadler: Durchzügler.

*Falco peregrinus* – Wanderfalke: seltener (Winter-)Gast.

*Falco columbarius* – Merlin: Durchzügler, gelegentlich im Winter.

*Falco vespertinus* – Rotfußfalke: seltener Gast (Beleg im Museum f. Tierkunde).

*Grus grus* – Kranich: seltener Durchzügler (darunter 1 Januar-Beobachtung).

*Porzana porzana* – Tüpfelsumpfhuhn: Durchzügler.

*Porzana parva* – Kleines Sumpfhuhn: Durchzügler (im Museum f. Tierkunde befindet sich ein ♀ aus Bühlau vom 2. 5. 1951).

*Otis tarda* – Großtrappe: seltener Gast, zuletzt am 20. 3. 1972 von Dr. SCHIEMENZ am linken Elbufer gesehen, cf. auch Beitr. Vogelkd. 7: 126 ff.).

*Tetrax tetrax* – Zwergtrappe: seltener Gast (cf. HEYDER 1952, p. 405).

*Haematopus ostralegus* – Austernfischer: 1 Nachweis am 14. 12. 1969 durch Dr. HUMMITZSCH.

*Charadrius hiaticula* – Sandregenpfeifer: Durchzügler.

*Pluvialis squatarola* – Kiebitzregenpfeifer: Durchzügler (cf. DATHE, Beitr. Vogelkd. 1949: 79).

*Arenaria interpres* – Steinwälzer: seltener Gast (28. 8. 1926, Ostragehege; am 28. 8. 1955 an der Gohliser Windmühle unmittelbar am Stadtrand, cf. Beitr. Vogelkd. 8: 89).

*Lymnocryptes minimus* – Zwergschnepfe: seltener Gast (7. 1. 1914 bei Cossebaude unmittelbar am Stadtrand, cf. HEYDER 1952, p. 386).

*Scolopax rusticola* – Waldschnepfe: Durchzügler.

*Numenius arquata* – Großer Brachvogel: Durchzügler (Dr. MEYER meldete 1 Ex. vom rechten Elbufer: 9. 3. 1960).

*Numenius phaeopus* – Regenbrachvogel: Durchzügler.

*Tringa erythropus* – Dunkler Wasserläufer: Durchzügler.

*Tringa totanus* – Rotschenkel: Durchzügler.

*Tringa nebularia* – Grünschenkel: Durchzügler.

*Tringa ochropus* – Waldwasserläufer: Durchzügler (selten, Dr. MEYER sah 1 Ex. am 18. 8. 1963 am rechten Elbufer).

*Tringa glareola* – Bruchwasserläufer: Durchzügler (GEISSLER beobachtete 4 Ex. am 18. 7. 1970 in Gittersee, Dr. HUMMITZSCH nennt ihn ebenfalls).

*Tringa hypoleucos* – Flußuferläufer: Sommergast (in jüngster Zeit wieder an der Pillnitzer Insel festgestellt; ein eventuelles Brüten daselbst diskutierte HEYDER 1952, p. 375).

*Calidris minuta* – Zwergstrandläufer: seltener Durchzügler (Beobachtungen GEISSLERs: 28. 9. 1969 Gittersee, 7. 9. 1973 Stetzsch).

*Calidris alpina* – Alpenstrandläufer: Durchzügler.

*Calidris ferruginea* – Sichelstrandläufer: seltener Durchzügler (ein Beleg im Museum f. Tierkunde: ♂ vom 23. 9. 1923, zusammen mit einem nicht mehr vorhandenen ♀ von SCHWARZE erlegt; von GEISSLER am 7. 9. 1973 bei Stetzsch beobachtet).

*Calidris alba* – Sanderling: seltener Gast (HEYDER 1952, p. 367).

*Philomachus pugnax* – Kampfläufer: Durchzügler.

*Burhinus oedicnemus* – Triel: seltener Gast (ein von HEINK im Ostragehege gesammelter Jungvogel ist nicht mehr vorhanden).

*Stercorarius pomarinus* – Spatelraubmöwe: seltener Gast (die Beobachtung von MÄRZ unmittelbar am Stadtrand in Heidenau am 2. 10. 1937 ist wohl der einzige Nachweis geblieben).

*Stercorarius longicaudus* – Falkenraubmöwe: einziger Nachweis ein 1819 von SCHOB präparierter Vogel im Jugendkleid, vgl. GERBER, Orn. Mitt. 2, 1950: 104.

*Larus marinus* – Mantelmöwe: seltener Gast (HEYDER 1952, p. 392).

*Larus fuscus* – Herings- und Silbermöwe: gelegentlicher Wintergast, wobei Silbermöwen seltener auftreten (Dr. MEYER vermerkte im Januar und Februar 1966 4 Ex.).

*Larus canus* – Sturmmöwe: Wintergast.

*Larus ridibundus* – Lachmöwe: Jahresgast.

*Larus minutus* – Zwergmöwe: seltener Gast (Dr. MEYER stellte einen Jungvogel am 1. 1. 1967 an der Prießnitzmündung fest; Falke 15, 1968: 319).

*Rissa tridactyla* – Dreizehenmöwe: seltener Wintergast (HEYDER stellte in den Nachträgen 1962, p. 98 ff., die Einflüge der 50er Jahre zusammen, unter denen keine den Dresdner Raum berührten, doch befindet sich ein Balg vom 16. 9. 1958 in der coll. GEIDEL).

*Chlidonias niger* – Trauerseeschwalbe: Durchzügler (GEISSLER: 21. 5. 1968, JOKIEL: 9. 6. 1972 3 Ex. morgens bei Kleinzschachwitz gesehen).

*Nyctea scandiaca* – Schnee-Eule: seltener Gast (der einzige verbürgte Nachweis aus neuerer Zeit scheint der von CREUTZ zu sein, s. HEYDER 1952, p. 253: 26. 12. 1930 am Birkwitzer Graben).

*Surnia ulula* – Sperbereule: seltener Gast (1 Nachweis im Herbst 1885 in Dresden-Gittersee, cf. HEYDER 1952, p. 262).

*Asio flammeus* – Sumpfohreule: gelegentlicher Wintergast, doch auch schon im Juli nachgewiesen, cf. HEYDER 1952, p. 256.

*Apus melba* – Alpensegler: seltener Gast (HEYDER 1952, p. 246, schreibt: „Ein Alpensegler wurde am 24. 11. 1939 tot in Dresden-Cotta aufgehoben und BERNHARDT überbracht.").

*Merops apiaster* – Bienenfresser: seltener Gast (ein Nachweis für Dresden wurde am 21. 10. 1893 erbracht, der Vogel ging 1933 im Tausch an das Berliner Museum; J. Orn. 42, 1894: 106).

*Coracias garrulus* – Blaurake: seltener Gast (1 Ex. mit der Angabe „Dresden" im Museum f. Tierkunde).

*Eremophila alpestris* – Ohrenlerche: Wintergast (FRIEDLAND, Falke 4: 68).

*Anthus pratensis* – Wiesenpieper: Durchzügler.

*Anthus cervinus* – Rotkehlpieper: (seltener) Durchzügler.

*Anthus spinoletta* – Wasserpieper: Durchzügler.

*Bombycilla garrulus* – Seidenschwanz: Wintergast.

*Acrocephalus paludicola* – Seggenrohrsänger: seltener Durchzügler (cf. HEYDER 1952, p. 199).

*Ficedula albicollis* – Halsbandschnäpper: wohl Durchzügler, vgl. unter *Ficedula hypoleuca*.

*Luscinia svecica* – Blaukehlchen: seltener Gast ist die rotsternige Form, cf. HEYDER 1952, p. 226; Durchzügler ist die weißsternige Form, von welcher 12 Ex. im Museum f. Tierkunde vorliegen (April, Mai).

*Turdus iliacus* – Rotdrossel: Durchzügler.

*Turdus torquatus* – Ringdrossel: seltener Gast (nach BÜNGER, Orn. Monatsber. 5, 1897: 9, waren einmal „20–30 Stück im Kiefernbestande eines .... Forstreviers" festgestellt worden).

*Plectrophenax nivalis* – Schneeammer: Wintergast, von Dr. MEYER u. a. auch noch am 25. 3. in 1 Ex. festgestellt; FINKE, Falke 12, 1965: 142.

*Fringilia montifringilla* – Bergfink: Durchzügler.

*Carduelis flammea* – Birkenzeisig: Wintergast.

*Carduelis flavirostris* – Berghänfling: Wintergast.

*Loxia leucoptera* – Bindenkreuzschnabel: seltener Gast (cf. HEYDER 1952, p. 139).

*Nucifraga caryocatactes* – Tannenhäher: gelegentlicher Wintergast.

*Corvus frugilegus* – Saatkrähe: Wintergast.

*Corvus corax* – Kolkrabe: Auftreten unklar (cf. HEYDER 1952, p. 102).

## 3. Subspezies-Namen

Lokalfaunistik, in ihrem Verhältnis zu Zoogeographie und Taxonomie gesehen, sollte sich weder damit begnügen, nur die im Gebiet nachgewiesenen Arten zu nennen, noch damit – um „gründlicher" zu sein – die vermeintlich in Frage kommenden Subspeziesnamen einem überregionalen systematischen Faunenwerk zu entnehmen. Neben der lokalen Bestandsermittlung sollten die morphologischen Untersuchungen einher gehen. Denn was nottut, ist weniger die Kenntnis des Subspezies-Namens als die des Variationsspektrums räumlich eng gefaßter Vorkommen, also der Populationen. Zum historischen Verständnis unserer bodenständigen Fauna ist deren Einordnung in die Tendenzen geographisch gerichteter Abänderungen eine Voraussetzung. Wenn „Die Brutvögel Dresdens" nun der Subspezies-Namen entbehren, obgleich sie an einem großen Museum mit umfangreichen Sammlungen abgefaßt wurden, dann deshalb, weil einesteils das hierzu verfügbare Material nur in verhältnismäßig wenigen Fällen ausreicht, und anderenteils der Verfasser die Ansicht vertritt, daß die Subspezies-Gliederung unserer Vogelarten in neuerer Zeit einer zu starken Vereinfachung unterworfen wurde, um mit ihrer Hilfe lokale Feinheiten ausdrücken zu können.

## Zusammenfassung

Eine erste Übersicht der für die Großstadt Dresden nachgewiesenen Vögel, wobei Brut- und Gastvögel, letztere ohne Kommentar, getrennt aufgeführt werden. Auf die Brutvögel entfallen 124, auf die Gastvögel 96 Arten.

## Summary

### THE BREEDING BIRDS OF DRESDEN
### (A LIST)

A first survey of birds detected in the city of Dresden is given. Breeding and migrating birds, the latter without comment, are listed separately. 124 species of breeding birds and 96 species of migrants have been found.

## Literatur

HEYDER, R., 1952: Die Vögel des Landes Sachsen. Leipzig.
—, 1962: Nachträge zur sächsischen Vogelfauna. – Beitr. Vogelkd., **8**: 1–106.
KAESTNER, A., 1972: Lehrbuch der Speziellen Zoologie, Bd. I Wirbellose, 3. Teil, A. Jena.
MAUERSBERGER, G., 1970: Biotop, Habitat und Nische. – Beitr. Vogelkd., **16**: 260–266.
NEEF, E., 1960: Die naturräumliche Gliederung Sachsens. – Sächs. Heimatblätter, 1960: 1–80.
PEUS, F., 1954: Auflösung der Begriffe „Biotop" und „Biozönose". – Dtsch. Ent. Z., N. F., **1**: 271–308.
STEPHAN, B. und J. BREITMEIER, 1973: Geschützte und jagdbare Vögel. Leipzig, Jena, Berlin.
STEPHAN, B. und J. STÜBS, 1971: Die Vögel der Deutschen Demokratischen Republik, Artenliste. – Mitt. IG Avifauna DDR, Nr. 4: 67–93.

Anschrift des Autors:
Siegfried Eck, Staatliches Museum für Tierkunde,
DDR - 801 Dresden, Augustusstraße 2.

III-28-2 D 2/4/74 u. D 250/74

# ZOOLOGISCHE ABHANDLUNGEN

STAATLICHES MUSEUM FÜR TIERKUNDE IN DRESDEN

Band 33 Ausgegeben: 17. Februar 1975 Nr. 12

## Ein sächsischer Arktisforscher

**Zur 100. Wiederkehr des Geburtsjahres von Bernhard Hantzsch (1875–1911)**

mit 1 Abbildung

RICHARD HEYDER
Oederan

Als am 12. Januar 1875 der Dresdener Lehrerfamilie ADOLPH HANTZSCH der jüngste Sohn geboren wurde, sprach selbstverständlich nichts dafür, daß dieser einstmals als Naturforscher bedeutend, sein Lebensweg aber voller Tragik sein würde. Im Gegenteil. Die Berufswahl war wohl längst schon nach seinem Sinne entschieden, als er das Fletchersche Seminar seiner Heimatstadt bezog, um den Beruf des Vaters zu ergreifen und Lehrer zu werden. Wiederholte Kränklichkeit ließ die erste Hilfslehrerstelle im waldumschlossenen Grillenburg willkommen heißen. Sie verhalf auch einer nach Entfaltung drängenden Zuneigung zum Durchbruch – zur Beschäftigung mit der Natur. Besonders die Vögel zogen den jungen Lehrer an. Das Schrifttum wurde emsig studiert und vor allem den Vögeln selber nachgegangen, um sie und ihre Lebensgewohnheiten kennen zu lernen.

Von 1897 an war er in Dresden-Plauen angestellt, Verbindung mit den damals gebotenen Pflegestätten der Vogelkunde die rasche Folge. Solche waren ihm das damalige Zoologische und Anthropologisch-Ethnographische Museum in Dresden, zu dieser Zeit im Zwinger, der Ornithologische Verein Dresden, der Deutsche Verein zum Schutze der Vogelwelt und später auch die Deutsche Ornithologische Gesellschaft. Bald weiteten sich die heimatlichen Studienausflüge zu Reisen in besonders vogelreiche Gebiete aus. Besuche der Donauniederungen im Süden Ungarns und der Rhodopen in Bulgarien brachten Berührung mit ihm unbekannten Vogelarten und boten nun Stoff zu gelegentlichen Veröffentlichungen. In dieser raschen Entwicklung offenbarte sich schon die Zielstrebigkeit als ein Grundzug von HANTZSCHs Wesen. Im Dresdener Ornithologischen Verein, der bisher kaum in Erscheinung getreten war, drängte er mit Nachdruck auf die Erarbeitung eines Buches über die Vögel Sachsens. Dieses wurde tatsächlich als Gemeinschaftsarbeit beschlossen, wobei HANTZSCH die Leitung und der Hauptanteil zugemessen wurden. Aber das Tempo erlahmte bald, einmal, weil er als die Seele des Unternehmens zeitweilig außer Landes war, zum anderen, weil die weiteren Beteiligten nicht entfernt seine Tatkraft und seinen Eifer aufbrachten, ja ihm z. T. insgeheim Schwierigkeiten in den Weg legten (HEYDER 1966). Das geschah offensichtlich, weil sie HANTZSCHs Methoden und Auffassungen hinsichtlich der in jener Zeit kritischen Fragen der ornithologischen Nomenklatur und Taxonomie nicht billigten und vielleicht wohl auch nicht verstanden.

Bald hatte HANTZSCH sein Augenmerk auf Island gerichtet, ein Land geographischer Gegensätze, die Insel der Vulkane und heißen Quellen, ihre Vogelwelt von nordischem

BERNHARD HANTZSCH (1875–1911)

Gepräge und dazu noch wenig erforscht. Fünf Monate verbrachte er dort im Sommer 1903. Das Ergebnis war ein umfassendes Buch (HANTZSCH 1905), dessen Inhalt nicht allein Verbreitung und Zusammensetzung der Vogelwelt nach den vorhandenen landschaftlichen Gegebenheiten beschrieb, sondern auch die Rassenausprägung der Vogelarten beachtete, ihre wirtschaftliche und ethische Bedeutung für die Landesbewohner, die landesüblichen Vogelnamen und die Geschichte der ornithologischen Erforschung eingehend abhandelte. Um der Abschätzung der artlichen Besonderheiten halber waren nun auch Vogelbälge in größerem Umfang als bisher gesammelt worden. Alles das entsprach ganz HANTZSCHs nun schon unter verschiedenen Breiten geschärftem und aufs Totale gerichtetem Blick.

Die nordische Vogelwelt hatte es ihm nun angetan. Durch Zufall hatte er Verbindung mit der Brüdergemeine in Herrnhut aufnehmen können, die in der amerikanischen Arktis unter den dortigen Eskimos (Grönland, Labrador) Missionsstationen unterhielt. Von ihr und besonders von dem gerade aus Labrador nach der Heimat beurlaubten Missionar SIEGMUND WALDMANN, der insgesamt 37 Jahre in diesem Land verbracht hat [1]), angeregt, entschloß sich HANTZSCH, seine Studien jenseits des Ozeans fortzusetzen.

Mit einem 400-Tonnen-Segler, dem nachträglich noch eine Dampfmaschine eingebaut worden war, war er bereits 1906 auf der Reise nach dem neuen Ziel. Sie verlief glücklich, obgleich Eisfelder die Einfahrt in die Ungava-Bai versperrt hatten. Von der Missionsstation Killinek aus, am Nordrand von Labrador und vor dem Eingang zur Hudson-Straße auf einer vorgelagerten Insel gelegen, wurde nun die landschaftliche Erkundung des Gebietes betrieben. Mittelpunkt blieb die Station als Lager und Versorgungsbasis. HANTZSCH dingte einen Eskimo, Paksau, als Ruderer und Jagdgehilfe, der zuweilen auch beim Präparieren half, und erkundete in Bootsfahrten längs der Küste die Umgebung. Sie war waldlos, die Vegetation überhaupt gering, das Gelände steinig, oft steilfelsig, ohne jedoch so bedeutende Höhen zu erreichen, um „Vogelberge" mit Massensiedlungen von Lummen, Alken und anderen Seevögeln erwarten zu lassen. Das Innere war weithin unbewohnt und wurde nur auf kürzere Strecken berührt. Da Killinek sich noch am 4. August völlig winterlich zeigte, waren „Frühling" und Sommer kurz und zwangen, die Zeit zu nutzen.

[1]) Nach Auskünften aus dem Archiv der Brüdergemeine Herrnhut, 1966 und 1968.

Völlig eisfrei wurde es in diesem Jahr erst am 22. September, woran die Schwierigkeit des Reisens und gleichzeitigen Sammelns zu ermessen ist. Am 11. Oktober begann die Rückfahrt, doch legte das Schiff auf je einige Tage an allen übrigen, längs der Ostküste verstreuten Missionsstationen an, was für diese in der Regel die jährlich einmalige Verbindung nach Europa war, die zuweilen sogar ausfallen konnte. Für HANTZSCH boten diese Unterbrechungen die Möglichkeit, sich südlicher umsehen und neben zoologischen auch völkerkundliche Gegenstände sammeln zu können (HANTZSCH 1908b). Bei etwas mehr Glück hätte er hier dem Polarforscher ROBERT PEARY begegnen können, der mit Havarie südwärts steuerte und Hebron gerade verlassen hatte, als HANTZSCH dort eintraf (HANTZSCH 1909). Dessen Fahrt endete zunächst in St. Johns, Neufundland; nach der Überfahrt über den Atlantik auf einem anderen Schiff in Glasgow.

Nach Dresden zurückgekehrt, war die folgende Zeit von der Bearbeitung seiner Notizen und Sammlungen in Anspruch genommen (HANTZSCH 1908a, 1908b, 1909). Daneben aber bereitete er eine neue und größere Reise vor, die ihn nördlicher führen und durch Überwinterung in Eis und Schnee auch länger dauern sollte. Die Labradorfahrt war für sie eine Probe gewesen, dazu bestimmt, die sich bietenden besten Möglichkeiten zu ergründen. Es war HANTZSCH, der bei aller Begeisterung ein kühl wägender Kopf war, klar, daß eine solche Reise nicht nur ein von vielerlei Zufälligkeiten abhängiges Wagnis war, sondern auch von ihm selbst höchste Hingabe und Anstrengung fordern würde. Um dem Rechnung zu tragen, war er bereit, nach Art der Eskimos und mit ihnen zu leben, denn er würde auf ihre Begleitung und Hilfe angewiesen und mit ihnen auf Gedeih und Verderb verbunden sein. In Labrador hatte er sich von ihrer Brauchbarkeit und Zuverlässigkeit überzeugen können. Er setzte sein volles Vertrauen in sie, wie sich erweisen sollte, mit vollstem Recht. Er ließ auch ihren Schwächen mehr Verständnis zuteil werden als mancher der Missionare. Die Beschaffung der Mittel für die Reise, in die sich gelehrte Gesellschaften, Museen und private Förderer teilten, verlief so, daß nach menschlichem Ermessen Gefahren vermindert waren. So stand vorläufig alles gut.

Eine grundsätzliche Frage taucht hier auf. Was versprach sich der entschlußfreudige Forscher von den unwirtlichen Gefilden im Norden? Was trieb ihn mit magischer Gewalt an diese Aufgabe? Eine wirtschaftliche Erschließung kam kaum in Frage. Es spricht für keinen ökonomischen Wert des Landes, daß damals die staatliche Zugehörigkeit des Gebietes nicht klar entschieden war (ROSENMÜLLER 1913). Die Natur, um deren Rätsel er aufbrechen wollte, war spröde und gab sie ohne höchste Anstrengung nicht preis. Ein überlanger Winter begrub Land und See unter Eis und all das, was sich in dem kurzen Sommer ans Licht wagte. Der Walfang lohnte ohne räumliche Ausdehnung nicht gut. Die Jagd auf Pelztiere trieben seit jeher die eingeborenen Eskimos auf Altväterart wie auch mit neuzeitlichen Schußwaffen.

Die Antwort auf diese Frage haben schon hundertfältig die Forschungsreisenden gegeben, die gleich HANTZSCH in ungewisse Fernen gezogen sind. Es ist der alte Drang, Unbekanntes zu ergründen, um das Wissen zu vermehren, der sie wie ihn beseelte und der alle Widerstände als gering erachtete, auch wenn sie das Ende bedeuteten.

Ende Juli 1909 lag der holländische Schoner „Janthina Agatha", der im Dienste des Aberdeener Reeders Crawford Noble nach der Walstation Kikkerten im Cumberland-Sund bestimmt war und Proviant, Kohle und Bedarf für Schußwaffen geladen hatte, bereit, von Dundee aus in See zu gehen. HANTZSCH war mit seiner Ausrüstung an Bord, zufällig mit ihm auch der englische Missionar Reverend GREENSHIELD, der ebenfalls zum Cumberland-Sund, nach Blaklead Island, wollte. Die Fahrt ging längs der Ostküste Schottlands nordwärts, nördlich der Orkneyinseln nach West wendend, auf den Ozean hinaus. Infolge widriger Stürme ging diesmal die sonst mit 25 Tagen bemessene Überfahrt nur langsam vor sich und benötigte 40 Tage. Das Schiff wurde gezwungen, weit nach Norden, bis in die Nähe von Island, auszuweichen und kam am Eingang zur Davis-Straße tagelang gar nicht voran. Als neues Hindernis kam nun mit reißender Gegenströmung Treibeis hinzu, dem auszuweichen nicht immer gelang. Am späten Abend des 27. September erfolgte ein neuer heftiger Anprall, der das Verhängnis besiegelte. Das Schiff war leck. Die einzige gebrauchsfähige Pumpe arbeitete so mangelhaft, daß der Kapitän, der gehofft hatte, mit ihrer Hilfe noch in Landnähe kommen zu können, die zwei Boote besteigen ließ, um an Land zu rudern. Nur das Nötigste konnte mitgenommen werden, alles andere ging in die Tiefe, mit ihm die Hoffnung auf ein glückliches Ende der Reise! Im größeren, HANTZSCH gehörenden Boot fuhr der Kapitän mit drei Mann der Besatzung, im kleineren deren zwei, HANTZSCH und der Missionar.

Nach zwölfstündiger nächtlicher Ruderfahrt erreichten alle eine kleine unbewohnte Insel, die nach Abflauen der Morgenbrandung betreten werden konnte. Zum Glück war die See glatt, wenn auch Eis und Kälte zu schaffen gemacht hatten. Die Schiffbrüchigen bauten eine Notunterkunft, worauf der Kapitän mit drei Mann, darunter der Missionar, nach dem 35 Seemeilen entfernten Blacklead Island ruderte. Am 30. September nachts kamen sie zurück, mit ihnen zwölf Eskimos mit zwei großen Booten als Helfer aus der Not. Am 1. Oktober nachts 2 Uhr landeten sie an der Missionsstation, deren drei heizbare Häuser so viele Menschen kaum aufzunehmen vermochten.

Am schwersten hatte das Unglück zweifellos HANTZSCH betroffen, der reichlich Dreiviertel seiner Habe verloren hatte. War unter diesen Umständen überhaupt noch an eine Reise nach vorgehabtem Plan zu denken? Kein Mensch mit Verantwortung hätte es von ihm zu fordern gewagt! Der arktische Winter stand unmittelbar bevor. Eher waren eine Verkürzung, eine Zielverlegung zu erwägen. HANTZSCH selbst schlug derartige Gedanken nieder. Nach Überstehen der unausbleiblichen Depression prüfte er, was ihm geblieben, aus Europa aber unter zwei Jahren nicht zu ergänzen war und überschlug die verbliebenen Möglichkeiten, freilich ohne einzurechnen, daß die Tragödie erst am Anfang war. Er vertraute einem Glücksstern und verließ damit den Boden einer unerbittlichen Wirklichkeit. Der Eintrag von damals in sein Tagebuch „Das Glück verloren, aber nicht den Mut!" verrät in aller Schärfe, sich selbst vorhandene Bedenken auszureden. Tatsächlich begann er in dieser ihn zur Untätigkeit zwingenden Zeit für das Frühjahr einen Vorstoß nach Norden vorzubereiten. Er setzte seine Bemühungen, die Sprache der Eskimos zu erlernen, erfolgreich fort, beschäftigte sich auch näher mit ihren Sitten und Bräuchen, ihrer Denkweise, ihrem geistigen Leben. Er kam ihnen damit zweifellos näher und gewann ihr Vertrauen. Um seinen Nahrungsmittelvorrat zu strecken, lebte er, solange etwas zu jagen war, von Wild (Rentieren, Seehunden, Geflügel) und Fischen nach Art der Eskimos. Doch versiegten diese Quellen allmählich mit dem nahenden Winter. Damit nahmen die Ernährungsschwierigkeiten allgemein zu. Die Missionsstation vermochte den Bedarf so vieler Personen nicht voll zu decken. Die Blicke richteten sich immer begehrlicher auf HANTZSCHs gehütete Vorräte, ohne danach zu fragen, daß mit ihrem Verbrauch seine Reise gefährdet würde. Es kam dadurch zu erregten Auftritten, obgleich HANTZSCH schon bisher zur allgemeinen Versorgung beigetragen hatte. Rentiere und Seehunde waren sogar vorzeitig selten geworden. Die Not ergriff damit auch die Eskimos, die bisher für ihren Unterhalt selbst gesorgt hatten und nicht anspruchsvoll waren. Der Missionar konnte nur gütlich vermitteln, ihm stand in dem wilden Lande keinerlei Rechtskraft zur Seite. Endlos schlichen die Wochen dahin. Anfang Januar ließ sich HANTZSCH auf Hundeschlitten der Eskimos nach der Walstation Kikkerten bringen, um Schlittenhunde und einen Schlitten zum Bootstransport zu kaufen, lockte damit aber einen dort wohnenden Händler herüber, der HANTZSCHs Notlage zu gaunerischen Erpressungen benutzte. Dieser mußte den gekauften Schlitten ein zweites Mal bezahlen und obendrein 30 Pfund Hartbrot opfern. Als im März aufs neue Unruhe entstand, an der der erwähnte Warrender nicht unbeteiligt war, war die Fortsetzung der Reise ernstlich in Frage gestellt. Ein namhafter Teil der Lebensmittel, bezeichnenderweise 90 Pfund Tabak dabei, die zu Tauschzwecken hatten dienen sollen, war das Lösegeld aus auswegloser Lage. Es war das Herzblut, was damit dem Rachen gewissenloser Plünderer zufloß! Denn nun war der Reisende dazu verurteilt, die bisher nur für den Notfall erwogene Ernährung nach Eskimoart auf die Dauer zu übernehmen, in der neben Fisch und Fleisch, roh oder hergerichtet, Blut, Seehundsfett und – je nach Jagdergebnis – auch der Hunger ihre Rolle spielten. Der Inhalt von Rentiermagen galt als Leckerei, unbewußt wohl auch, weil dem Vitaminmangel entgegenwirkend, der bei dieser Einseitigkeit der Ernährung droht.

Dennoch wurde es als Erlösung empfunden, als am 23. April 1910 Blacklead Island verlassen werden konnte. HANTZSCH hatte drei Eskimos angeworben, deren Familien nach alter Gewohnheit mitgingen, wie das auch sonst geschah, wenn sie im Sommer unbewohnte Gegenden im Norden aufsuchten, um zu jagen oder Treibholz zu sammeln. Es waren Aggâkdjüg mit Frau, vier Kindern und einem angenommenen Sohn (18 Jahre), Ittirk mit Frau und zwei Söhnen (15 und 18 Jahre) und Ittŭsâkdjŭg nur mit Frau. Noch war vollkommen Winter, was Landweg und Beförderung durch Schlitten bedeutete. 24 Hunde waren deren Vorspann. Auch das Boot mußte transportiert werden. Unterwegs jagten die Männer, HANTZSCH war schriftlich oder präparierend tätig und vermaß und skizzierte die durchwanderte Strecke, war also nicht nur zoologisch und ethnographisch, sondern auch geographisch tätig. Die Fahrt ging nordwestwärts, wandte sich aber, als der Nettilling Lake erreicht war, an dessen Südseite scharf westwärts. Das Tempo war jedoch mäßig, weicher Schnee und brüchig werdendes Eis hielten den Weitermarsch zu HANTZSCHs Verdruß oft auf. Doch wurde im Mai und Juni die Jagd ergiebiger, auch fanden sich frische Fährten von Rentieren und Wölfen und Spuren vorjähriger Sommerlager von Eskimos. Die Hunde waren erschöpft. Drei waren schon verendet, als weitere drei getötet werden mußten.

Am 8. Juli war die Halbinsel Tikkerákdjug erreicht. Es wurde sommerlich warm, Temperaturen um 22° im Schatten. Damit wuchs freilich die Moskitoplage ins Unerträgliche, so daß drei weitere Hunde eingingen und die Rentiere sich höhenwärts verzogen. Im August milderte Regen die Moskitoplage etwas. Wie verabredet, sollte nun Ittirk mit Familie nach Blacklead Island zurückgehen, um Sammlungen und Briefe zu überbringen, was auch geschah. Doch war ihm die Entlohnung zu gering. HANTZSCH bewilligte weitere Ausrüstungsstücke, darunter eine Flinte und ein Segel.

Trotz aufkommender Bedenken wurde der Weitermarsch beschlossen und am 13. August angetreten. Die Hoffnung HANTZSCHs, weiter nördlich Eskimos anzutreffen, bei denen überwintert werden konnte, erfüllte sich nicht. Es fehlte weniger an Fleisch als an Brennholz. Das Fleisch mußte roh, später sogar gefroren gegessen werden. Selbst die Begleiter, denen gewiß Nahrungsnot nicht unbekannt war, verzagten. Entschluß zu einstweiliger Umkehr und zur Fortsetzung der Fahrt auf dem Landweg! Inzwischen war die Westküste Baffinlands gegen den Foxkanal mit dem in gleicher Richtung sich ergießenden Abfluß des mächtigen Nettilling Lake erreicht worden. Das Land war ebene Tundra und naß. Aggâkdjüg wurde angewiesen, die Gegend für ein Winterlager auszusuchen und Schneehäuser anzulegen. Das Boot war schon nebst einigen Proviantkisten unterwegs liegengelassen worden. HANTZSCH brach am 26. September 1910, begleitet von Ittŭsâkdjŭg mit Frau und dem jungen Agŭllŭkdjüg mit zehn Hunden zu neuer Erkundung nordwärts auf. Alles umsonst! Diesmal brach der Winter strenger herein als gewöhnlich. Alles Tierleben erlosch. Ein Eispanzer schlug Land und See in seine Fesseln. Die Temperaturen fielen zeitweilig auf — 50°. Der Hunger zwang, die unterwegs verlassenen Proviantkisten heranzuholen und anzugreifen. Der Reisende mußte sich überwinden, gleich den Eskimos den Hunger mit Seehundfett und Schneehuhnlosung zu stillen. Dunkel und trostlos schlichen die nicht endenwollenden Wintertage dahin.

Was diese Zeit an Qual und Entbehrung für Menschen und Tiere bedeutete, ist nicht zu schildern. Keinesfalls darf die hier nüchterne und wenig Einzelheiten berührende Schilderung über die Schwere des Geschehens hinwegtäuschen.

Endlich und nach wiederholtem Anlauf begann am 16. April 1911 die Weiterwanderung, diesmal nur mit Ittŭsâkdjŭg und dessen Frau Sirkinirk. Aber HANTZSCH war krank. Die Entbehrungen hatten ihn entkräftet und seine Widerstandskraft stärker erschüttert als den noch immer eisernen Willen.

Am 8. Mai, dem Tage der endgültigen Umkehr, waren aufs neue 200 km zurückgelegt worden. Die Schwächeanfälle hatten zugenommen und häuften sich so, daß Ittŭsâkdjŭk den im Lager verbliebenen Aggâkdjüg zur Hilfe holte. Noch ehe dieses erreicht war, starb HANTZSCH. Es war Anfang Juni, der Tag ist nicht genau bekannt.

Das war das Ende einer zuversichtlich begonnenen, umsichtig vorbereiteten, aber steten Widerständen ausgesetzten Arktis-Expedition!

Die Männer betteten den Toten in ein Steingeviert, das mit Blöcken abgedeckt Wölfen u. a. den Zugang verwehrte, eine Bestattungsart, die dieser erst zwei Jahre zuvor (HANTZSCH 1909) beschrieben hatte. Dann kehrten sie mit der ihnen letztwillig vermachten Habe des Forschers, mit Briefen, Aufzeichnungen und Sammelgut nach Blacklead Island zurück und lieferten pflichtgetreu ab, was ihnen nicht zustand.

Es ist höchst aufschlußreich, HANTZSCHs Urteil über seine Begleiter, das infolge engen Zusammenlebens und unausbleiblicher Belastung sicher kritisch geprägt sein wird, zu erfahren. Er hatte nur Lob für sie. Er rühmte sie als treu, ehrlich und unverdrossen, obgleich er ihnen gelegentlich Eigenwillen nicht absprach, und freute sich geradezu ihrer Zuverlässigkeit, Hilfsbereitschaft und ihres in aller Bedürfnislosigkeit vorhandenen Frohsinnes. Man muß dieses Urteil um so höher bewerten, als HANTZSCH's eigenes Verhalten zeigte, welche Pflichttreue er für sich zum Maßstab erhob, bereit auch das letzte für die selbstgewählte Aufgabe zu geben. Im Vergleich mit ihnen gesteht er, der mit seinesgleichen so schlechte Erfahrungen hatte machen müssen, diese „hassen" gelernt zu haben (HANTZSCH 1909, ROSENMÜLLER 1913). Wie oft mag ihm das bekannte SEUME-Wort in den Sinn gekommen sein!

Auf seiner Reise und angesichts eintretender Schwierigkeiten erscheint er als ein Mann von ungewöhnlicher Härte, den alle Hindernisse nur noch unnachgiebiger machten. Doch war er das nicht allein. Wohl war er zäh und entschlossen, so leicht nicht zu kapitulieren, aber sein Inneres barg als „zweite Seele" ein sehr empfindsames Gemüt. Er achtete das Achtenswerte, fühlte mit Mensch und Tier, urteilte unvoreingenommen, konnte sich an der Wiederkehr der bescheidenen arktischen Flora ebenso herzlich erfreuen wie am grandiosen Farbenspiel der Nordlichter. Er brachte dem Geisterglauben „seiner" Eskimos Verständnis entgegen, und die drückende Winternacht ließ ihn zartempfundene Verse niederschreiben. Auch ROSENMÜLLER (1913) und HOFFMANN (1929) geben dem bewegt Ausdruck.

Im Spätherbst 1912 kam die Kunde vom Ende des Forschers nach Europa, ihr folgten seine Sammlungen und Niederschriften. Die Wissenschaft folgte der Pflicht, die Ergebnisse zu veröffentlichen und ließ es nicht an ehrenden Worten fehlen. Der bald darauf entbrannte Krieg drängte das Gedenken an den mutigen Mann zurück, doch nicht für immer. Heute strömt an der Grabstätte ein „Hantzsch River" vorüber, und Dresden ehrte sich selbst mit einer „Hantzsch-Straße".

Uneigennützig hat er auch dem Schreiber dieser Zeilen über die ersten Hürden der Vogelbeobachtung hinweggeholfen, was mit tiefem Dank hier festgehalten sei. Er konnte nicht ahnen, daß dieser sein einstiges sächsisches Anliegen 50 Jahre später als ein Vermächtnis weitertragen würde.


## Summary

AN ARCTIC SCIENTIST FROM SAXONY
ON BERNHARD HANTZSCH'S (1875–1911) 100TH BIRTHDAY

BERNHARD HANTZSCH's life and work are briefly appreciated on the occasion of his 100th birthday. HANTZSCH was born in 1875 in Dresden and, still young, became prominent by own contributions and suggestions regarding the investigation of native bird fauna in Saxony. While growing in science, he directed his attention more and more to northern birds. A travel of several months through Iceland and an informative visit to Labrador served for collecting zoological and ethnographical materials and induced him to start an independent exploring expedition to northern Canada. This expedition is shown here in detail. The scientist devoted himself to this undertaking with great self-denial but, due to a coincidence of unfortunate circumstances, the end was a tragic one.

HANTZSCH's results, records, and publications show his wide interest and the fixity of purposes and dutifulness in materializing his intentions.

## Literatur

ANDERSON, R. M., 1928: The work of Bernhard Hantzsch in arctic Ornithology. – The Auk, **45**, p. 450–466 (m. Verz. d. Veröffentl.).
GEBHARDT, L., 1964: Die Ornithologen Mitteleuropas. Gießen.
HANTZSCH, B., 1905: Beitrag zur Kenntnis der Vogelwelt Islands. Berlin.
HANTZSCH, B., 1908a: Beitrag zur Kenntnis der Vogelwelt des nordöstlichsten Labradors. – Journ. Orn., **56**, p. 177–202 und 307–392.
HANTZSCH, B., 1908b: Über Eskimo-Steingräber im nordöstlichen Labrador und das Sammeln anthropologischen Materials aus solchen. – Abhandl. Ber. Zool. Anthropol.-Ethnogr. Mus. Dresden, **12**, Nr. 3, p. 55–58.
HANTZSCH, B., 1909: Beiträge zur Kenntnis des nordöstlichsten Labradors. – Mitt. Ver. Erdk. Dresden, 1, p. 168–229 und 245—320.
HANTZSCH, B., 1913: Beobachtungen über die Säugetiere von Baffinsland. Mit einer Einleitung von Paul Matschie. – Sitzungsber. Ges. naturf. Freunde Berlin, Nr. 2, p. 141–160.
HANTZSCH, B., 1914: Ornithologisches Tagebuch. Aufzeichnungen während einer Reise in Baffinland. Mit Einleitung durch Rchw. [Anton Reichenow]. – Ebenda, Nr. 4, p. 129–165.
HESSE, E., 1915: Bernhard Hantzschs ornithologische Ausbeute in Baffinland. – Journ. Orn., **63**, p. 137–228.
HEYDER, R., 1966: Der Ornithologische Verein zu Dresden und sein Buch über Sachsens Vogelwelt. – Beitr. z. Vogelkunde, **11**, p. 313–317.
HOFFMANN, B., 1929: Aus Bernhard Hantzschs letztem Tagebuch (Baffinland-Reise). – Mitt. Ver. sächs. Ornithol., **2**, Sonderheft.
HOFFMANN, B., 1930: Würdigungen von Bernhard Hantzschs Tätigkeit auf Baffinland. – Ebenda, **3**, p. 103–104.
JACOBI, A., 1913: Bernhard Hantzsch †. – Journ. Orn., **61**, p. 161–167.
REICHERT, R., 1954: Persönlichkeiten, von denen unsere Sammlungen erzählen. Dresdener Wissenschaftliche Museen. Beiträge zur 750-Jahr-Feier unserer Stadt, p. 8–12 (m. Bildnis S. 16).
ROSENMÜLLER, M., 1913: Bernhard Hantzsch und seine Forschungsreise in Baffinland. Vorläufiger Bericht. – Mitt. Ver. Erdk. Dresden, **2**, p. 669–715.

Anschrift des Autors:
Dr. R. HEYDER, DDR – 9388 Oederan, Kurt-Baumann-Straße 8.

## Illustrationen

Für Strichätzungen werden einwandfreie Original-Tuschezeichnungen auf weißem Papier oder Transparentpapier (ohne Braun- und Grautöne!) gefordert. Bei Zusammenstellungen von Tafeln aus Zeichnungen auf Transparentpapier ist darauf zu achten, daß zum Aufkleben farbloser Leim verwendet wird! Bei der Anfertigung der Zeichnungen ist auf den Verkleinerungsmaßstab zu achten. Unser Satzspiegel mißt 12 × 18 cm. Die dünnste, gerade noch durch die Strichätzung reproduzierbare Linie (bzw. der Abstand zwischen zwei Strichen) ist 0,1—0,15 mm stark bei einer Wiedergabe von 1:1. Soll eine Zeichnung um die Hälfte verkleinert wiedergegeben werden, dann sollte der dünnste Strich bzw. schmalste Abstand von 0,2 (besser 0,3) mm zwischen zwei Strichen auf keinen Fall unterschritten werden.

Große Zeichnungen mit winzigen Punktierungen und Strichelungen sind also für eine stark verkleinerte Reproduktion nicht zu verwerten!

Fotos sollen scharf sein, auf weißem Hochglanzpapier abgezogen und einzeln eingeschickt werden.

Sämtliche Abbildungen und deren Legenden sind vom Manuskript gesondert zu halten.

## Korrekturgang

Änderungen und Zusätze zu eingereichten Manuskripten sind unerwünscht und, wenn unerläßlich, baldigst nachzureichen.

Der Autor erhält je zwei Fahnen- und Umbruchexemplare seiner Arbeit zur Korrektur; je eines ist mit der Korrektur versehen zurückzusenden. Die Rücksendung hat bis spätestens 2 Wochen nach Erhalt der Korrekturexemplare zu erfolgen, bei später abgeschickten Korrekturen muß der Autor damit rechnen, daß diese nicht mehr berücksichtigt werden können.

Sämtliche Reihen unserer Publikationen, außer „Reichenbachia“, nehmen nur Arbeiten über Material aus der palaearktischen Region auf. Publikationen über Material aus dem Gebiet der Deutschen Demokratischen Republik und den angrenzenden Gebieten werden vorrangig behandelt. Für Arbeiten über museumseigene Bestände kann diese regionale Begrenzung überschritten werden.

**Reichenbachia:**

Inhalt: Entomologische Taxonomie, vorwiegend für Neubeschreibungen und kleinere Revisionen (einschl. Spinnentiere und Tausendfüßer), Gebiet: orbis terrarum

Seitenzahl pro Arbeit: nicht mehr als 48 Seiten.

**Entomologische Abhandlungen:**

Inhalt: Bestimmungstabellen, Revisionen, Monographien, biologische, morphologische, anatomische Arbeiten, Entwicklungslehre. (Insekten, Spinnentiere, Tausendfüßer)

Seitenzahl pro Arbeit: In der Regel nicht mehr als 200 Seiten.

**Faunistische Abhandlungen:**

Inhalt: Faunistik unter ökologischem, tiersoziologischem oder tiergeographischem Aspekt (Insekten, Spinnentiere, Tausendfüßer)

Seitenzahl pro Arbeit: In der Regel nicht mehr als 80 Seiten.

**Zoologische Abhandlungen:**

Inhalt: Taxonomie, Biologie, Faunistik, Tierökologie und -geographie, Anatomie, Morphologie, Entwicklungslehre.

(Nicht Physiologie, Ethologie usw.) Umfassend: Säuger, Vögel, Amphibien, Reptilien, Fische, Wirbellose (außer Insekten, Spinnentiere, Tausendfüßer, Mollusken, Protozoen).

Seitenzahl pro Arbeit: In der Regel bis zu 80 Seiten.

**Malakologische Abhandlungen:**

Inhalt: Taxonomie, Ökologie, Faunistik, Tiergeographie, Anatomie, Morphologie, Entwicklungslehre bei Mollusken.
(Nicht Physiologie, Palaeontologie usw.).
Seitenzahl pro Arbeit: In der Regel bis zu 80 Seiten.

Der Herausgeber

## Übersicht über die Publikationen des Staatlichen Museums für Tierkunde Dresden

Nach 1945 erschienen bisher folgende Bände:

**Abhandlungen und Berichte aus dem Staatlichen Museum für Tierkunde Dresden**

Band 21 (1953)
Band 22 (1) (1954)
Band 22 (2) (1955)
Band 23 (1) (1956)
Band 23 (2) (1957)
Band 24 (1958)
Band 25 (1960)

Ab 1961 wurden die Abhandlungen und Berichte des Staatlichen Museums für Tierkunde in Dresden in folgende Reihen unterteilt:

**Entomologische Abhandlungen**
**Zoologische Abhandlungen** (ab 1964 ohne Mollusken)

Später kamen folgende Reihen hinzu:

**Reichenbachia** (ab 1962)
**Faunistische Abhandlungen** (ab 1963)
**Malakologische Abhandlungen** (ab 1964)

Davon sind erschienen oder in Vorbereitung:

**Entomologische Abhandlungen**

Band 26 (1961/62)
Band 27 (1962)
Band 28 (1963/64)
Band 29 (1963/64)
Band 30 (1964)
Band 31 (1964/65)
Band 32 (1964/67)
Band 33 (1966)
Band 34 (1966/68)
Band 35 (1966/68)
Band 36 mit Supplementband (1967/70)
Band 37 (1969/71) Supplementband im Druck
Band 38 (1970/71)
Band 39 in Vorbereitung

**Zoologische Abhandlungen**

Band 26 (1961/64)
Band 27 (1964/65)
Band 28 (1965/66)
Band 29 (1967/68)
Band 30 (1969/71)
Band 31 (1970)
Band 32 in Vorbereitung

**Reichenbachia**

Band 1 (1962/63)
Band 2 (1963/64)
Band 3 (1964)
Band 4 (1964/65)
Band 5 (1965)
Band 6 (1965/66)
Band 7 (1965/66)
Band 8 (1966/67)
Band 9 (1967/68)
Band 10 (1968)
Band 11 (1968/69)
Band 12 (1968/70)
Band 13 (1970/71)
Band 14 im Druck

**Faunistische Abhandlungen**

Band 1 (1963/66)
Band 2 (1967/69)
Band 3 (1969/71)
Band 4 im Druck

**Malakologische Abhandlungen**

Band 1 (1964/67)
Band 2 (1966/69)
Band 3 im Druck

FSC
www.fsc.org
MIX
Papier | Fördert
gute Waldnutzung
FSC® C083411

Kolibri 360 GmbH
Ferdinand-Jühlke-Straße 7
99095 Erfurt, Deutschland
produktsicherheit@kolibri360.de